高等学校水利学科专业规范核心课程教材·农业水利工程
全国水利行业"十三五"规划教材
"十四五"时期水利类专业重点建设教材

工程经济学（第2版）

主　　编　武汉大学　王修贵
副主编　武汉大学　邱元锋
　　　　　武汉大学　李小平

U0238686

中国水利水电出版社
www.waterpub.com.cn
·北京·

内 容 提 要

本书以满足高等学校水利类各专业以及农业工程类农业水利工程专业的《工程经济学》教学要求为原则，以《建设项目经济评价方法与参数》（第三版）为主要依据，结合水利水电工程全面系统地介绍了工程经济学的基本理论、基本方法及其在项目投资决策中的应用。主要内容包括：经济学基础、工程经济分析的基本要素、资金的时间价值与等值计算、经济评价指标与方法、国民经济评价与财务评价、不确定性分析与风险分析、改扩建及设备更新项目经济分析、项目后评价、工程经济预测、价值工程以及建设项目经济评价案例等。

本书可作为高等学校理工类专业的教材，也可作为研究生及工程技术人员的参考书。

图书在版编目（ＣＩＰ）数据

工程经济学 / 王修贵主编. -- 2版. -- 北京 : 中国水利水电出版社，2023.4
高等学校水利学科专业规范核心课程教材. 农业水利工程 全国水利行业"十三五"规划教材 "十四五"时期水利类专业重点建设教材
ISBN 978-7-5226-1229-4

Ⅰ．①工… Ⅱ．①王… Ⅲ．①工程经济学－高等学校－教材 Ⅳ．①F062.4

中国国家版本馆CIP数据核字(2023)第015129号

书　　　名	高等学校水利学科专业规范核心课程教材·农业水利工程 全国水利行业"十三五"规划教材 "十四五"时期水利类专业重点建设教材 **工程经济学 （第 2 版）** GONGCHENG JINGJIXUE
作　　　者	主　编　武汉大学　王修贵 副主编　武汉大学　邱元锋　武汉大学　李小平
出 版 发 行	中国水利水电出版社 （北京市海淀区玉渊潭南路 1 号 D 座　100038） 网址：www.waterpub.com.cn E-mail：sales@mwr.gov.cn 电话：（010）68545888（营销中心）
经　　　售	北京科水图书销售有限公司 电话：（010）68545874、63202643 全国各地新华书店和相关出版物销售网点
排　　　版	中国水利水电出版社微机排版中心
印　　　刷	清淞永业（天津）印刷有限公司
规　　　格	184mm×260mm　16 开本　17.25 印张　420 千字
版　　　次	2008 年 12 月第 1 版第 1 次印刷 2023 年 4 月第 2 版　2023 年 4 月第 1 次印刷
印　　　数	0001—2000 册
定　　　价	**50.00 元**

总　前　言

　　随着我国水利事业与高等教育事业的快速发展以及教育教学改革的不断深入，水利高等教育也得到很大的发展与提高。与 1999 年相比，水利学科专业的办学点增加了将近一倍，每年的招生人数增加了将近两倍。通过专业目录调整与面向新世纪的教育教学改革，在水利学科专业的适应面有很大拓宽的同时，水利学科专业的建设也面临着新形势与新任务。

　　在教育部高教司的领导与组织下，从 2003 年到 2005 年，各学科教学指导委员会开展了本学科专业发展战略研究与制定专业规范的工作。在水利部人教司的支持下，水利学科教学指导委员会也组织课题组于 2005 年底完成了相关的研究工作，制定了水文与水资源工程，水利水电工程，港口、航道与海岸工程以及农业水利工程四个专业规范。这些专业规范较好地总结与体现了近些年来水利学科专业教育教学改革的成果，并能较好地适用不同地区、不同类型高校举办水利学科专业的共性需求与个性特色。为了便于各水利学科专业点参照专业规范组织教学，经水利学科教学指导委员会与中国水利水电出版社共同策划，决定组织编写出版"高等学校水利学科专业规范核心课程教材"。

　　核心课程是指该课程所包括的专业教育知识单元和知识点，是本专业的每个学生都必须学习、掌握的，或在一组课程中必须选择几门课程学习、掌握的，因而，核心课程教材质量对于保证水利学科各专业的教学质量具有重要的意义。为此，我们不仅提出了坚持"质量第一"的原则，还通过专业教学组讨论、提出，专家咨询组审议、遴选，相关院、系认定等步骤，对核心课程教材选题及其主编、主审和教材编写大纲进行了严格把关。为了把本套教材组织好、编著好、出版好、使用好，我们还成立了高等学校水利学科专业规范核心课程教材编审委员会以及各专业教材编审分委员会，对教材编纂与使用的全过程进行组织、把关和监督。充分依靠各学科专家发挥咨询、评审、决策等作用。

本套教材第一批共规划52种，其中水文与水资源工程专业17种，水利水电工程专业17种，农业水利工程专业18种，计划在2009年年底之前全部出齐。尽管已有许多人为本套教材作出了许多努力，付出了许多心血，但是，由于专业规范还在修订完善之中，参照专业规范组织教学还需要通过实践不断总结提高，加之，在新形势下如何组织好教材建设还缺乏经验，因此，这套教材一定会有各种不足与缺点，恳请使用这套教材的师生提出宝贵意见。本套教材还将出版配套的立体化教材，以利于教、便于学，更希望师生们对此提出建议。

高等学校水利学科教学指导委员会

中国水利水电出版社

2008年4月

第 2 版 前言

本书是基于认证要求的高等学校水利学科专业规范核心课程教材，根据高等学校水利学科教学指导委员会《关于公布基于认证要求的高等学校水利学科专业规范核心课程教材及数字教材立项名单的通知》（水教指委〔2018〕01号）中确定的教材名称，在《工程经济学》第1版的基础上修订而成。

《工程经济学》第1版于2008年出版，根据高等学校水利学科教学指导委员会《关于水利学科专业规范核心课程"十一五"教材建设规划的通知》（水教指委〔2007〕1号），第1版主要面向农业水利工程专业、水文与水资源工程专业。本书参照《工程专业认证标准》（通用标准及水利类专业补充标准）以及通过专业认证的农业水利工程专业、水文与水资源工程专业的工程经济学课程大纲进行修编。本次修编保留了第1版的结构与内容体系，结合《建设项目经济评价方法与参数》（第三版）、《水利建设项目经济评价规范》（SL 72—2013）中发布的参数和方法，对部分内容进行了修订，同时增加了水利水电工程、灌溉工程和供水工程等经济评价案例。本书可作为工科类各专业的必修、选修和课外阅读教材，也可作为研究生及工程技术人员的参考书。

参加本书第2版修订工作的有：武汉大学王修贵（第1章、第2章、第3章）、李小平（第4章、第6章、第9章）、洪林（第7章、第8章）、邱元锋（第10章），内蒙古农业大学高瑞忠（第5章、第11章），武汉工程大学孟戈（第12章）。全书由王修贵主编和统稿，邱元锋、李小平任副主编并承担部分统稿工作，梁利承担各章的汇总及文字修订工作。

在编写和修订过程中参阅了相关教材、专著和论文，在此一并致谢。由于编写水平及时间所限，难免存在不足之处，恳请读者提出宝贵意见。

编者

2022 年 8 月

第 1 版 前 言

　　本书是高等学校水利学科教学指导委员会规划教材。根据高等学校水利学科教学指导委员会《关于水利学科专业规范核心课程"十一五"教材建设规划的通知》（水教指委〔2007〕1号）中确定的教材名称和推荐专业，经编写人员讨论大纲后分工编写。

　　本书是在总结工程经济学、水利工程经济学等课程多年教学实践经验的基础上，结合水利水电工程编写的。根据高等学校水利学科教学指导委员会有关分委员会在讨论本教材的编写时提出的"厚基础、宽口径"的原则，本教材全面系统地介绍了工程经济学的基本理论、基本方法及其在项目投资决策中的应用，并给出了案例，配备有习题。本书可作为工科类各专业的必修、选修和课外阅读教材，也可作为研究生及工程技术人员的参考书。

　　参加编写工作的有：武汉大学王修贵（第1章、第3章）、洪林（第8章）、邱元锋（第6章），扬州大学蔡守华（第2章、第7章），河北工程大学胡浩云（第4章），内蒙古农业大学王永康、高瑞忠（第5章、第11章），河北农业大学梁素韬（第9章）、绳莉丽（第10章），武汉工程大学孟戈（第12章）。全书由王修贵主编并统稿，蔡守华承担了部分统稿工作，河海大学张展羽主审。

　　在编写过程中参阅了相关教材、专著和论文，在此一并致谢。由于编写水平及时间所限，难免存在不足之处，恳请读者提出宝贵意见。

编者

2008 年 11 月

数 字 资 源 清 单

资源编号	资 源 名 称	资源类型	资源页码
资源1-1	水利工程建设程序管理暂行规定	拓展资料	2
资源4-1	资金时间价值含义	图片	50
资源4-2	资金时间价值的表现形式	视频	51
资源4-3	资金回收公式示例	视频	56
资源4-4	递减等差序列	视频	58
资源4-5	单利复利	视频	60
资源5-1	静态、动态评价指标	图片	67
资源5-2	全部投资	图片	67
资源5-3	动态评价指标	视频	71
资源5-4	净现值法	视频	86
资源5-5	效益费用比法	视频	90
资源5-6	各种方法总结	视频	92
资源5-7	综合示例	视频	92
资源5-8	互斥方案	图片	93
资源6-1	社会折现率	图片	101
资源6-2	关于印发《企业负责人重大经营决策失误责任追究暂行办法（修订）》的通知	拓展资料	102
资源6-3	万科企业股份有限公司公开发行公司债券募集说明书	拓展资料	106
资源9-1	中央政府投资项目后评价管理办法	拓展资料	171
资源9-2	项目后评价的作用	拓展资料	171
资源9-3	中央政府投资项目后评价报告编制大纲（试行）	拓展资料	177
资源9-4	一些水利工程项目后评价指标体系	拓展资料	181
资源10-1	工程经济预测的目的和步骤	视频	187
资源10-2	经济预测	图片	188
资源10-3	主观概率法	图片	188
资源10-4	德尔菲法	视频	188
资源10-5	回归分析法	视频	190

续表

资源编号	资源名称	资源类型	资源页码
资源 10－6	移动平滑法	视频	192
资源 10－7	指数平滑法	视频	193
资源 10－8	投入产出分析	图片	196
资源 10－9	投入产出法	视频	197
资源 11－1	价值工程	视频	206
资源 11－2	生产成本	图片	207
资源 11－3	使用成本	图片	207
资源 11－4	ABC 分析法	视频	210
资源 11－5	价值系数法	视频	211
资源 11－6	最合适区域法（田中法）	视频	213
资源 11－7	功能分析	视频	214
资源 11－8	方案创新与评价	视频	217
资源 12－1	摊销费	图片	233
资源 12－2	库区维护基金	图片	233
资源 12－3	移民后期扶持基金	图片	233

目　录

总前言

第 2 版前言

第 1 版前言

数字资源清单

第 1 章　绪论 ··· 1

　　1.1　工程经济学的发展概况 ·· 1

　　1.2　工程经济学的任务 ··· 3

　　1.3　工程经济分析的原则和方法 ·· 4

　　1.4　本教材的主要内容与学习方法 ·· 8

　　思考与习题 ··· 9

第 2 章　经济学基础 ·· 10

　　2.1　经济学的定义与基本问题 ··· 10

　　2.2　需求、供给与市场均衡 ·· 12

　　2.3　生产函数及生产要素的优化配置 ··· 16

　　2.4　外部性与公共物品 ··· 19

　　2.5　宏观经济主要指标 ··· 22

　　思考与习题 ··· 25

第 3 章　工程经济分析的基本要素 ·· 27

　　3.1　投资与资产 ··· 27

　　3.2　成本费用 ·· 31

　　3.3　费用分摊 ·· 39

　　3.4　工程效益 ·· 45

　　思考与习题 ··· 49

第4章　资金的时间价值与等值计算 ······················· 50

4.1　资金的时间价值 ······································· 50

4.2　资金的等值计算 ······································· 52

4.3　通货膨胀与通货紧缩对等值计算的影响 ··········· 61

思考与习题 ··· 65

第5章　经济评价指标与方法 ····························· 66

5.1　经济评价指标 ··· 66

5.2　方案比选 ·· 83

5.3　项目方案群的选优 ···································· 92

思考与习题 ··· 97

第6章　国民经济评价与财务评价 ····················· 100

6.1　建设项目经济评价概述 ······························ 100

6.2　项目资金来源与筹措 ································· 104

6.3　国民经济评价 ··· 109

6.4　财务评价 ·· 115

思考与习题 ··· 127

第7章　不确定性分析与风险分析 ····················· 130

7.1　敏感性分析 ·· 130

7.2　盈亏平衡分析 ··· 135

7.3　风险分析 ·· 140

思考与习题 ··· 146

第8章　改扩建及设备更新项目经济分析 ·············· 148

8.1　改扩建项目的特点及经济分析的内容 ·············· 148

8.2　工程磨损与经济寿命 ································· 157

8.3　设备大修和更新的经济分析 ························ 164

思考与习题 ··· 169

第9章　项目后评价 ······································· 171

9.1　项目后评价概述 ······································· 171

9.2　项目后评价的内容与程序 ···························· 173

9.3　项目后评价的方法 ···································· 177

思考与习题 ··· 185

第10章　工程经济预测 ··································· 187

10.1　预测方法与应用 ······································ 187

10.2　投入产出分析方法及其应用 ························ 196

思考与习题 ··· 203

第 11 章　价值工程 ··· 205

11.1　价值工程概述 ··· 205

11.2　对象的选择与情报收集 ··· 209

11.3　功能分析 ··· 214

11.4　方案创新与评价 ·· 217

11.5　应用案例 ··· 224

思考与习题 ··· 230

第 12 章　建设项目经济评价案例 ··· 232

12.1　水电工程经济评价 ·· 232

12.2　灌溉工程经济评价 ·· 243

12.3　供水工程经济评价 ·· 251

参考文献 ··· 262

第1章

绪 论

1.1 工程经济学的发展概况

1.1.1 经济学概述

1.1.1.1 经济学的形成

经济学算不上是一门古老的学问。如果把亚当·斯密（Adam Smith，1723—1790）1776 年出版的《国富论》作为经济学的起点，经济学至今只有 240 余年的历史。如果要评选人类历史上最伟大的经济学家，恐怕也是非斯密莫属。如果说牛顿是现代物理学的奠基人，斯密就是经济学的奠基人。他的《国富论》提出了市场经济的运行规律。他关于一只"看不见的手"自发调节经济的思想至今仍然是"经济学皇冠上的宝石"。关于"市场"，斯密有如下一段精辟论述："每个人都在力图应用他的资本，来使其生产品得到最大的价值。一般地说，他并不企图增进公共福利，也不知道他增进的公共福利是多少。他所追求的仅仅是他个人的安乐，仅仅是他个人的利益。在这样做时，有一只看不见的手引导他去促进一种目标，而这种目标绝不是他所追求的东西。由于追逐他自己的利益，他经常促进了社会利益，其效果要比他真正想促进社会利益时所得到的效果为大。"

1930 年美国发生经济大萧条，至 1933 年全国经济几乎瘫痪，4 年前的繁荣景象几乎消失了一半，一般人的生活水准几乎倒退到 20 年前。根据亚当·斯密的经济理论无法提出解决方案，因为失业根本没有列入这种制度的病症里面。在此背景下，于 1936 年出版的《就业、利息和货币通论》一书中，凯恩斯宣称：资本主义的自发作用不能保证资源的使用达到充分就业水平，因此，资本主义国家必须干预经济生活以便解决失业问题。凯恩斯这部巨著的问世被誉为"经济学的革命"，并发展形成了"新经济学"，成为经济学的一个重要分支。

1.1.1.2 经济学分支

经济学分为理论经济学和应用经济学。

理论经济学论述经济学的基本概念、基本原理，以及经济运行和发展的一般规律，为各个经济学科提供基础理论。理论经济学分为微观经济学与宏观经济学两个分支。微观经济学以单个经济单位为研究对象，通过研究单个经济单位（生产者和消费者）的经济行为和相应的经济变量单项数值，来说明如何解决社会资源的配置问题，即如何把资源分配到各种可供选择的用途中，以生产出能够满足人们不同需要的不同物品。宏观经济学以整个国民经济为视野，研究一个国家整体经济的运行及政府运用经济政策来影响整体经济等宏观经济问题，解决的问题是资源利用，即人类社会如何更好地利用现有的稀缺资源，使之生产出更多的商品。工程经济学的重点落在单个经济组织的决策上，因此它与微观经济学有着更为紧密的联系。

应用经济学是指理论经济学与某一行业、技术或工程相结合而形成的经济学分支学科，如管理经济学、技术经济学、工程经济学、能源经济学、生态经济学等。工程经济学就是工程学与经济学相结合而形成的一门科学。工程师的任务是把资源转化为有益于人类的产品，满足人们的需求。因为资源的稀缺性，工程学已经与经济学紧密地结合起来了，这种关系如同工程学与物理学的关系一样密不可分。

通常所说的经济学指理论经济学，而应用经济学会冠以应用领域或对象的名称加以限定。

1.1.2　工程经济学的产生

工程经济学是经济学的一个重要的应用性分支，主要研究工程技术方案的物质和服务性产出的生产、分配、消耗等问题，是基于工程建设中资源稀缺条件下产生的、为稀缺资源的合理配置提供决策依据的应用性经济学科。1887 年，惠灵顿（A. M. Wellington）首先应用工程经济的概念处理在投资不足时多种铁道规划方案的选择问题。1923 年美国斯坦福大学的 C. L. Fish 撰写了第一部工程经济学专著。1930 年出版的 E. L. Grant 的《工程经济学原理》一书首次系统地阐述了关于动态经济的计算方法，从而奠定了经典工程经济学的基础。从这以后，尤其是折现技术被广泛接受之后，工程经济的方法才真正开始用于建设实践。20 世纪 30 年代，美国开始对改进港口、内河航道和流域水资源工程进行评价。20 世纪 20—50 年代，费用效益分析（benefit cost analysis）是工程经济分析的主要方法，大部分政府的水资源工程采用效益费用比指标（benefit cost ratio 或 B/C）进行项目的经济分析。所谓效益费用比是指正常运行年份的年效益 B（包括直接效益与间接效益）与年费用 C（包括项目建设投资、年运行费和间接费用）之比，要考虑利率、分析期长短与价格水平的影响。只有 $B/C \geqslant 1$，项目在经济上才算可行。

然而，当时的费用效益分析一般仅是对单个项目的分析，而不是针对实现某一目标的众多项目的比较分析。第二次世界大战后，由于运筹学的发展、计算机的逐步应用、许多新的工程经济问题（例如多目标问题、工程决策问题）的出现，在工程经济学中也出现了许多新的理论与方法，比较有代表性的是主要用于国防工程中的费用效率方法（cost effectiveness），强调与系统分析相结合的投资费用的效率（系统实施时间、资金的效率），并考虑系统的多种效用、风险等的影响。

1.1.3　工程经济学在工程投资决策中的应用

20 世纪 60 年代以后，工程经济学的理论与方法广泛应用于工程项目的投资决策，包括在工程规划设计阶段进行方案选择，以及在项目最后实施之前对选定的方案进行技术经济评价。

中国 20 世纪 50 年代初沿引了苏联的经济评价技术与方法，采用静态的方法，不计算资金的时间价值及投入物与产出物价格变化影响。而在实际工程建设中，经济评价的结果并未受到真正的重视，最后的投资决策往往取决于决策者的经验与偏好。20

资源 1-1
水利工程建
设程序管理
暂行规定

世纪 70 年代末实行改革开放之后，工程经济研究开始真正受到重视，但缺乏指导性的评价规范。1993 年，国家计委等单位颁布了《建设项目经济评价方法与参数》，有了指导全国建设项目经济评价的标准与方法。当时我国建设项目的前期工作有 6 个环节，即项目建议书—可行性研究报告—项目评估报告—设计任务书—扩大初步设计—开工报告。可行性研究和项目评估是当时投资项目决策过程中两项基本工作，包括技术、经济、社会、环境等方面内容，其中技术与经济上可行是投资决策最基础、最重要的前提。工程经济学在这两个阶段提供基础理论和经济评价方法，并在可行性研究与项目评价过程中得到了丰富和发展。

从 20 世纪 70 年代起，我国经济学家又创立了一门新兴的技术经济学，以研究技术与经济关系及其最佳的结合。技术经济学研究领域包含技术的整个领域，工程也包括技术的内容，因此工程经济可被包括在技术经济学中；但工程经济学终究是一门比较经典的科学，有其独特的研究范围与研究特点，许多理论与方法可以成为技术经济学的一部分，但在理论与方法上，特别是在突出的工程特点上，如工程的效益、费用组成和计算等，工程经济学有自己的特色，技术经济学还代替不了工程经济学。工程的特点在技术经济学中被抽象了，从更高层次的技术经济关系上进行研究，却离实际工程学科更远了，难以解决许多重要的实际问题。

1.2　工程经济学的任务

评价一个建设工程项目该不该修建、项目的好坏，不仅是经济问题，但是，只有它的经济问题渗入各个评价阶段与方面。概括地说，工程中经济问题包括以下几个基本方面。

（1）确定工程项目开发或运行管理的目标、水平及标准。

（2）正确计算和预测工程项目建设与管理中的投资与费用（资金流出）。

（3）正确计算和预测建设项目的效益或收益（资金流入）。

（4）确定工程项目可行或不可行，在有限资金条件下正确选择最好方案或可行项目排序、排队。

（5）运用工程规划、设计、施工、管理各阶段经济分析的理论与方法，实现资源的最优配置与最高的生产、管理效率。

工程建设项目会遇到各种资源的稀缺问题，例如，在资金不足时，如何在可以实施的众多项目中，选出一个或几个实施；在资源不足时，如何将建设材料、原料等在许多部门中实行合理的分配；在土地不足时，如何在项目建设中选用少占土地的方案；在技术和信息相对缺乏时，如何尽可能占有更多的信息，采用先进的技术水平；在时间有限或紧迫时，如何采用合适的施工期限与尽早受益等。在许多具体情况下，还会碰到许多投入资源不足的情况，例如设备不足、先进技术不足、施工场地狭小、能源不足、运输不足、材料不足、人才不足等，存在大量有限资源的配置问题。正是因为这种资源的稀缺性，才会出现各种经济学。因而工程经济学，可以说是在工程中投入缺乏条件下，合理配置资源的科学。工程经济学不能解释投入稀缺的原因，却可在稀缺条件下提供有限投入的最佳配置理论与方法，提高资源的利用率与生产效率。

工程经济学是经济学在工程建设方面应用的分支科学。从其发展的过程看，工程经济学的出现，主要是为了在工程建设过程中选择最优方案，所以工程经济学是提供工程建设项目评选理论与方法的科学。为了形成方案与进行方案评选，必须进行不同技术可行方案的投资与效益分析、预测，投资与效益资料系列的可靠程度分析，要设定统一合适的标准，形成适用的评定指标，以判断方案的可行性；经过对比，选择出最优方案、或排定方案优劣次序，为决策者提供依据。这些都需要建立在一定的理论基础上，以使评选更具科学性；还需要系统的方法，以正确反映项目目标与评选理论，使评选结果正确可靠。工程经济学就是提供这种理论与方法的科学。显然，这种理论与方法具有普遍意义，适用于工程建设的前期、建设期及运行期的各个环节、阶段的方案评选。工程经济学是经济学的分支，不研究工程或项目的技术问题，但研究技术与经济关系；不研究工程、项目的具体实施，但研究应如何实施才是经济的。

水利工程建设项目大都是属于国家或地方政府投资的公共工程，在国民经济与地方经济发展中具有一定的地位与作用，项目的效果带有相当的福利性质，不是或不完全是以盈利为目的；因而不具有完全竞争性市场的性质，而属于国家地方垄断或垄断竞争性，从而使其费用、效益分析，评价指标及参数选择具有自己的特点；一般以国民经济评价为主，而不以盈利最大为目标，但是，也必须注意财务上的评价，为项目投产后提高经济效益与实现自我维持创造条件。所以，水利工程项目建设与管理上的这一特点，构成极其复杂的经济和财务分析内涵，区别于一般的房地产业与非国有企业的项目建设。

1.3　工程经济分析的原则和方法

1.3.1　工程经济分析的基本原则

工程经济分析涉及众多的、繁杂的计算，如投资、费用、效益、成本等基本要素的确定，工程建设期及运行期间资金时间价值的折算，项目评价指标的确定，方案的比较，项目不确定性分析及风险分析等。尽管内容繁杂，但这些理论与方法都是基于下面一些具有普遍意义的基本原则，掌握这些基本原则，便可更好地应用工程经济学的理论和方法。

1.3.1.1　可比性

工程经济分析要涉及不同方案的比较，因而可比性是最基本的原则。在经济分析中，通常要满足以下 4 个方面的可比。

1. 需要的可比

实施任何一个方案，其主要目的就是为了满足一定的社会需求，不同方案只有在满足相同社会需求的前提下才能进行比较。首先，产量可比，产量是指项目产出的满足社会需要的产品的数量。例如地下水和地表水虽然在水质方面有区别，但都能满足电力工业的冷却水需要，作为冷却水具有可比性。另外，不同项目的产量或完成的工作量的可比是指其净产量或净完成工作量之间的可比，而不是其额定产量或额定工作量的可比。其次，质量可比，不同方案的产品质量相同时，直接比较各项相关指标；质量不同时，则需经过折算后才能比较。在实际中，由于有些产品的质量很难用数字准确地描述，而有些项目的产品质量会有所不同，这样，在进行比较时就要进行修正或折算。例如，作为灌溉用的地下水和地表水，两者质量可能不同。进行经济比较时，通常就要将这两个方案在提供的水质上做出相应的修正，以考虑两者对作物产量的影响，或者考虑对水质差的水源进行水处理的费用，以便比较。在进行产量或质量的可比性转换时，要注意方案规模不同时，应考虑规模小的方案扩大到与规模大的方案具有相同生产能力后，再进行比较；对产品可能涉及其他部门或造成某些损失的方案，应将该方案本身与消除其他部门损失的方案组成联合方案进行比较。

2. 时间的可比

如果两个方案在投资、费用、产品质量、产量相同的条件下，投入和产出的时间不同，则经济效果显然不同。比较不同方案的经济效果时，时间因素的可比条件应满足方案经济分析期的一致性、基准年的一致性、规划水平年的一致性、考虑货币的时间价值等。

3. 价格的可比

一般主张将投入、产出的相关费用、效益通过统一的价格变换为以货币表示的收益与费用，方能进行比较分析。这个价格一般应是均衡价格，没有价格歪曲，或对被扭曲了的价格进行了修正。在市场机制不发达的发展中国家，许多价格是被扭曲了的，为了使经济分析具有可比性，价格的修正将是一项十分复杂的工作。价格的修订方法将在 6.3 节介绍。

4. 环境保护、生态平衡等要求的可比

无论采取什么方案，都应同等程度满足国民经济对环境保护、生态平衡等方面的要求，如果对生态及环境有某些方面的影响，应采取相应的补偿措施，使各个比选方案都能满足国家的规定和要求。例如，兴建水库枢纽工程时一般均有水库淹没损失或其他方面的影响，此时应考虑这种损失和影响的补偿费用，以便妥善安置库区移民，使他们搬迁后的生产和生活水平不低于原来水平。对淹没对象考虑防护工程费或恢复改建费，满足生态平衡和可持续发展要求。如果水利工程的兴建可能会对周围的环境造成污染，应考虑相应的治污和防污措施，以保证环境质量，为此而增加的费用，均应计入项目的投资之中。

许多项目的效益或费用是很难或不能用货币形式表达的，例如防洪工程挽救的生命，工程项目所带来的环境、景观、空气的改善或恶化，项目所带来的社会稳定程度与对人们心灵、健康上的影响等，这些至少在目前很难用货币表达。当方案在这类效益或费用上有差异时，应该详细描述或进行相对的比较。

此外，可比性还要求在项目各方案涉及的范围、规划水平、分析深度上一致，分析参数一致，资料的可信度与精度一致，预测效益、费用的发生概率一致，计算范围的一致，以及项目对于各种不可预见事件发生的应变机动性能一致等。这里，良好的经济分析，要作出许多属于计量经济学或并非经济学范畴的细致的分析与研究。只有把握好可比性的要求，才能取得良好的比较结果。

1.3.1.2　相容性

在工程经济分析中，相容性指采用的理论方法与项目的目标应一致。例如，公共工程与私营企业的经济目标不同，因而理论方法也有差别，项目的国民经济评价与财务评价的方法、参数都要与评价角度相一致。

此外，相容性还指在经济分析中效益与费用的因果关系清晰、因果相应，任何效果或结果都与一定投入、费用相联系、相对应。一般来说，因果关系是在一定时间与空间范围内发生的，项目投入会引起直接或间接效果，然而这些效果，不论是有益或无益，都应是项目投入的结果。效益或费用有时具有不同的承受者，因此在项目经济分析过程中，需进行费用分摊或效益分摊，以使项目的投入与其效益相容，而不致出现不合理的、非客观的和张冠李戴的因果关系。

在投资分析中的沉资（sink cost）处理，在边际分析（marginal analysis）中投入增量与效益增量以及最小替代费用等，都要符合相容性原则，否则，就会出现被人为歪曲了的不公正的比较结果。

相容性还涉及工程经济学的许多理论与方法，都基于一定的假定。因而在应用这些理论与方法时，应与基本假定相容，例如，不少理论基于完全竞争条件，就不能应用在垄断市场的条件。

1.3.1.3　完备性

工程经济分析的主要任务是选定方案，因而针对某一目标的备选方案必须完备，以免遗漏真正的最优方案。所以在工程经济分析中，正确拟定各种可行方案是至关重要的。特别是复杂的、大型的、多目标的项目可行方案更要详尽完备。对于特大型的项目，一般要经过多次遴选、逐次筛选，最后集中到几个较好的可行方案上。目标、约束条件变化，又可能出现新的方案，所以，在方案遴选上，存在大的工作量，有时需要借助于系统分析的方法。当出现非线性目标与约束条件时，可能出现局部最优解而非全局最优解问题，这也是未满足完备性要求的问题。

完备性还表现在目标、约束的完备上。一定目标下的约束条件一定要完备，否则，约束不够，目标的可行域变大，就会使方案间违背相容性的原则，失去可比性。

1.3.1.4　公正性

公正性是项目评价人员应尊重的重要原则，主要指分析、评价人员的客观公正性，反对任何偏见或偏袒、护短的主观性和不作深入研究的主观臆断。要避免把一些其实是不太好的项目，当成自己的宠物（pet project）；也不要被他人尤其是权威人士的意见左右，不顾事实与科学根据，主观做出偏好性选择。这些不仅会产生危险的误导，而且与一个工程技术人员的职业道德不相容，会在大众面前造成很不好的印象。学习"工程经济学"这门课程的人可能大多是搞工程技术的，常常不能正确对待来自社会、环保、法律等方面的意见，过分夸大工程技术的作用，这也是不公正的表现。

只有遵循上述基本原则，才能选择正确的方案，实现资源的最优配置。

1.3.2　工程经济分析的基本方法

一项工程的建设、运行和管理涉及不同的领域，对社会、经济、环境、生态会产生多方面的影响。为了全面、正确评价其效果，在进行工程经济分析时主要采用以下基本方法。

1.3.2.1 对比法

对比法包括有无对比和前后对比。经济分析时一般应遵循有无对比的原则，正确识别和估算有项目和无项目状态的效益和费用。

有无对比是指有项目相对于无项目的对比分析。无项目状态是指不对该项目进行投资时，在分析期内，与项目有关的资产、费用与收益的预计发展情况；有项目状态是指对该项目进行投资后，在计算期内，资产、费用与收益的预期情况。有无对比求出项目的增量效益，排除了项目实施以前各种条件的影响，突出项目活动的效果。有项目与无项目两种情况下，效益和费用的计算范围、计算期应保持一致，具有可比性。

前后对比是指项目建设前和建设后有关的资产、费用与收益的实际发展情况的对比分析。与有无对比相比，前后对比法基于实际发生的情况，因而更符合实际。但在资产、费用与收益方面应保持前后的一致性，排除项目以外的影响。例如，在灌溉工程评估中，农作物的增产效益可能包括农药、化肥、作物品种等投入量的增加所产生的效益，而这些投入并不是灌溉工程的投入。因而，从农作物增产效益中扣除上述因素所产生的效益，才是灌溉效益。

1.3.2.2 定量分析和定性分析相结合的方法

定性分析是通过文字、声像等综合描述工程投入、产出和影响及其相互关系的方法，而定量分析则是通过量化的数据及其变化规律反映投入、产出和影响及其相互关系的方法。许多工程尤其是大型建设工程，影响范围大，涉及的问题多且复杂，有许多费用与效益（包括影响）不能用货币表示，甚至不能量化，进行综合经济评价时应采用定量分析和定性分析相结合的方法，以全面反映其费用、效益和影响。

1.3.2.3 多目标协调和主导目标优化相结合的方法

许多工程具有多种功能与用途，为不同的目的与部门服务。如大型综合利用水利工程具有防洪、灌溉、发电、航运、水产、旅游等综合功能，其综合效益由各功能的效益所组成。但大型综合利用工程往往有一两个是其主要目标，对大型综合利用水利工程的兴建起关键性的作用。例如，长江三峡主要是为解决长江中下游的防洪问题而兴建的；20世纪五六十年代兴建丹江口、三门峡工程，是因为汉江、黄河的防洪问题很突出，防洪也是其主要目标。因此，对大型综合利用水利水电工程的综合经济分析与评价应采取多目标协调和主导目标优化相结合的方法。通过协调平衡，从宏观上拟定能正确处理各部门之间、各地区（干支流、上下游、左右岸）之间关系的合理方案（也可能只是一个合理的范围）；通过计算分析选出综合效益最大和主导目标最优（或较优）的方案。

1.3.2.4 总体评价与分项评价相结合的方法

一项工程尤其是大型工程建设往往涉及多个部门和多个地区，为了全面分析和评价国家和各有关部门、有关地区的经济效益，工程的经济评价应采用总体评价与分项评价相结合的方法，首先将工程作为一个系统，计算其总效益和总费用，进行总体评价；然后，将各部门、各地区分摊的费用与效益作为子系统，评价其单目标的经济效益。

1.3.2.5 多维经济评价方法

工程建设往往涉及技术、经济和社会等多方面的问题，因此，对大型工程应实行多维经济评价方法，要在充分研究工程本身费用和效益的基础上，高度重视工程与地区、国家社会经济发展的相互影响，从微观、宏观上分析与评价工程建设对行业、地区甚至全国社会经济发展的作用和影响。

1.3.2.6 逆向反证法

逆向思维是人们重要的一种思维方式，是对司空见惯的似乎已成定论的事物或观点反过来思考的一种思维方式，从问题的相反面深入地进行探索。人们习惯于沿着事物发展的正方向去思考问题并寻求解决办法。其实，对于某些问题，尤其是一些特殊问题，从结论往回推，倒过来思考，从求解回到已知条件，反过去想可能会使问题简单化，使解决它变得轻而易举，甚至因此而有所发现。而反证法是从反面的角度思考问题的证明方法。它先假设"结论"不成立，然后把"结论"的反面当作已知条件，进行正确的逻辑推理，得出与已知的结论相矛盾的结论，从而说明假设不成立。在工程经济学中，逆向反证法就是从与工程方案的合理性、期望效果相反的观点中思考问题、寻求答案，重新判别方案的合理性，以使选定的方案更加完善，或者放弃已有的方案，寻找新的方案。

工程建设尤其是大型工程建设涉及的技术、经济、社会问题复杂，因此，对工程建设和综合经济评价往往存在不同的观点，有时可能由于有不同的观点而推翻原有的设计方案。例如长江三峡工程，在 1960 年完成的《三峡水利枢纽初步设计要点报告》中，推荐三峡枢纽水库正常蓄水位 200m 方案，有人提出这个方案的水库淹没损失太大；为减少水库淹没，在 1983 年完成的《三峡水利枢纽可行性研究报告》中，推荐三峡枢纽正常蓄水位 150m，又有人提出该方案虽然减少了水库淹没，但综合利用效益小，不能满足航运、防洪的基本要求；经过反复论证和比较，最后选用了能兼顾水库淹没和综合利用要求的水库正常蓄水位 175m 的方案。为了使大型水利工程建设更稳妥可靠，减少失误，取得更大的综合经济效益，在进行大型水利工程的综合经济分析与评价时，应重视运用逆向反证法，注意从与正面论证结论不同的意见（包括看法、做法、措施、方案）中吸取"营养"，通过研究相反的意见，或更肯定（证明）原方案的合理性；或补充和完善原方案，加强原方案的合理性；或修正（修改）原方案，避免决策失误，提高水利工程建设的经济效益。

1.4 本教材的主要内容与学习方法

本教材主要内容包括工程经济学的基本原理、基本方法及其在项目投资决策中的应用。全书共分 12 章，第 1 章介绍工程经济学的基本概念，讨论工程经济学的研究内容和分析方法。第 2 章讨论作为工程经济学理论基础的一些经济学基本概念与基本理论，包括需求、供给、市场均衡、生产函数与优化配置、生产的外部性与公共物品，以及工程经济评价中涉及的国内生产总值和物价指数的概念。第 3 章介绍工程经济分析涉及的基本要素,包括建设投资、成本费用、工程效益以及综合利用工程的费用分摊。第 4 章介绍资金的时间价值与等值计算,讨论相关概念和各种等值计算公式,是工程经济学的核心技术。第 5 章介绍项目评价的指标体系、方案的种类和各种方案的评价与比较方法。第 6 章介绍国民经济评价和财务评价的相互关系、国民经济评价中的效益和费用的确定、财务报表的编制,以及国民经济评价和财务评价指标的计算。第 7 章介绍不确定性的处理方法与风险分析,包括敏感性分析、盈亏分析和风险分析等内容。针对近些年来改扩建项目增多的情况,第 8 章介绍改扩建及设备更新项目的特点和评价方法。第 9 章介绍近些年来逐渐受到重视的项目后评价的内容与评价方法。第 10~11 章是关于工程经济预测方法和产品功能改进、成本控制的价值工程的相关内容。第 12 章分别给出了水电工程、灌溉工程和供水工程的经济评价案例。

本教材坚持深入浅出、循序渐进的原则,注重基本概念和基本理论的阐述,给出了相关例题、习题和案例,以供使用者在应用中掌握基本方法,解决实际问题。学习本教材要注意理论联系实际,在实际中深入理解相关概念和理论方法,不提倡死记硬背。

思 考 与 习 题

1. 请归纳一下工程经济学的研究内容,工程经济分析的基本原则与方法。

2. 为什么经济学是建立在资源稀缺的基础上?你能想象出水利水电项目将碰到哪些资源稀缺问题吗?

3. 如何全面描述一项工程的影响?

4. 简述工程经济学有哪些基本方法。

第2章

经济学基础

工程经济学以经济学理论为基础，掌握必要的经济学基础知识有助于对工程经济问题的理解。理论经济学主要包括微观经济学和宏观经济学，微观经济学是运用个量分析的方法，研究个别经济单位的经济活动，以实现资源最优利用；宏观经济学是将整个国民经济活动作为考察对象，采用总量分析方法，研究社会资源的充分利用问题。本章讲述与工程经济相关的经济学基础知识。

2.1 经济学的定义与基本问题

2.1.1 经济学的定义

经济学对人类经济活动的研究是从资源开始的。经济学就是研究稀缺资源在各种可供选择的用途之间进行配置与利用的科学。

2.1.1.1 经济资源

经济学中论及的资源是指经济资源。经济资源是指具有价格的资源，即必须付出代价才能获取的资源。一般来说资源可以划分为四大类：自然资源、人力资源、资本和企业家才能。自然资源又称天然资源，即土地、矿藏、原始森林、空气、阳光、河流等一切自然形成的不含有任何人类劳动的资源，其中，除阳光和空气之外，其他形式的自然资源均为经济资源；人力资源即人们的体力和脑力的运用，包括人们的技能等；资本又称资本品，即经过人类劳动加工过的生产手段或原材料，如厂房、机器设备、存货等；企业家才能又称企业家精神，指在寻找资源、创办企业或生产过程中，组织、指导、协调和管理各种生产要素的特殊能力。大部分的自然资源、人力资源、资本以及企业家才能均为经济资源。

2.1.1.2 资源的稀缺性

人类社会的基本问题是生存与发展。生存与发展就是不断地用物质产品（或服务）来满足人们日益增长的需求。需求来自人类的欲望。欲望的特点在于无限性，即欲望永远没有完全得到满足的时候，一个欲望满足了，又会产生新的欲望。传统观念中的"存天理，灭人欲"，认为人的欲望是罪恶之源。其实人心满足了，社会还会发展吗？正是欲望的无限性推动了人类不断去追求，才有了社会的发展。

人类的欲望要用各种物质产品（或服务）来满足，物质产品（或服务）要利用各种资源来生产或提供。然而，自然赋予人类的资源是有限的。一个社会无论拥有多少资源，总是一个有限的量，相对于人们的无限欲望而言，资源量总是有限的、不足的。这就是所谓的资源稀缺性。资源的稀缺性是经济学产生的根本原因，也是人类社会面临的永恒问题。每个人都可以感受到这种稀缺性的存在，如收入有限、上班族时间不够用、政府财政紧张、住房短缺、交通拥挤、能源危机等。当穷人为一日三餐担心时，富人也正在考虑买一辆名贵轿车还是买一座别墅；当发展中国家为把有限财政收入用于基础设施建设还是用于教育投资而争论不休时，发达国家也在为把收入用于国防建设还是社会福利而发愁。这些都是资源稀缺性不同的表现形式。

2.1.1.3 选择的必要

一切经济问题来源于稀缺性。由于稀缺性，怎样使有限的物品和劳务在有限的时间内去满足人们最急需和最迫切的欲望，就成为人类社会经济生活的首要问题。要解决这个问题人们只有去"选择"。选择就是资源的配置，即如何利用既定的资源去生产经济物品，以便更好地满足人类的需求。经济学要研究的正是这种选择问题，或者说是资源配置问题。正是在这一意义上，经济学被称为"选择的科学"。

选择的前提是同一资源有多种用途。煤炭既可用于发电、炼钢，又可用于做饭、取暖；有限的时间，人们既要安排工作、学习、吃饭、睡觉，又得考虑旅游、锻炼、聚会；一定的人力资源，既可投入军需品生产制造，又可生产民用品。由于资源稀缺，无法满足人们的多种多样的、无限的、不间断的需求，人们不得不权衡和做出选择。例如，生产更多的军需品，就得减少民用品的供给；多生产奢侈品，就得减少必需品生产。

2.1.2 经济学的基本问题

经济学的研究对象包括由稀缺性引起的选择问题，即资源配置问题和资源利用问题。

2.1.2.1 资源配置问题

人类进行选择的过程也是资源配置的过程，选择要解决以下三个基本问题。

1. 生产什么与生产多少

由于资源有限，人们在生产时，首先要考虑生产什么。如果生产的产品非常符合人们的需要，说明资源得到了有效利用；反之，如果生产出来的产品没有人需要，就会造成资源的浪费。另外，用于生产某种产品的资源多一些，用于生产其他产品的资源就会少一些，因此还需要决定各种产品生产多少。

在解决生产什么和生产多少这个问题上，不同的经济制度有不同的解决方法。在计划经济国家，生产什么和生产多少由各级政府决定。由于人们的需要纷繁复杂且千变万化，生产出来的产品无论是品种还是数量，都很难与人们所需要的相一致，因而就避免不了资源的浪费。在市场经济国家，生产什么是由全体消费者用手中的钞票"投票"解决的。消费者用手中的钞票去购买那些能满足自己需要的产品及服务，按照产品满足需要的大小来安排消费，获得最佳满足。而厂商只有按照消费者的需要来安排生产，其产品才能售出，从而为获得最大利润创造前提条件。从20世纪总体经济状况来看，市场经济表现出高效率。然而市场经济也造成经济波动和资源浪费，因此也需要政府用各种干预手段来纠正市场经济的缺点。这种以市场调节为基础，又有政府适当干预的经济制度称为混合经济，也称为现代市场经济。混合经济已成为许多国家的经济制度模式，中国也基本采用了这种经济制度。企业在很大程度上可以决定生产什么和生产多少，但是也有相关政策规范和约束企业的决策，以避免错误的决策对经济资源造成浪费。

2. 怎样生产

生产某种物品，使用多少自然资源、多少生产资料、多少劳动力，理论上说可能有无数种组合。人们必须决定：如何进行生产，即各种资源如何进行有效组合。一位缺乏经济学知识的工程师可能会从技术偏好出发，认为机械化、自动化程度越高越好。但是经济学家会认为，生产的组织应该以经济效率最高为目标，即当成本既定时收益最大，或者当收益既定时成本最小。同样一种生产方法，在不同的环境下技术效率一般不会变化，但是经济效率可能会大不相同。比如自动化生产相对于人工生产来说，会有更高的技术效率，但不一定具有更高的经济效率。经济效率的高低还取决于其他生产要素的价格，若劳动力价格比较高，采用自动化技术可能是合理的，如果劳动力价格比较低，采用自动化技术就可能不合理。

3. 为谁生产

为谁生产即财富如何进行分配。由于资源是有限的，因此不可能使全社会每一个人的欲望都获得充分满足。对此问题的回答颇有争议，因为它涉及对公平的认识问题。一些人认为，分配应该绝对公平，公平是指分配结果的均等，而不论人们的努力如何不同。与此相反，另一些人认为，分配应该按资源所有者所拥有的资源数量大小，即资源边际生产力来进行分配，主张公平即机会均等。显然，后者主张公平即机会均等更有利于资源利用效率的提高。

由于资源稀缺性和选择性引发的这三大基本问题，被称为资源配置问题。

2.1.2.2　资源利用问题

在现实的经济社会中，出现失业意味着经济资源的闲置与浪费。经济学不仅研究资源配置问题，还研究资源利用问题。所谓资源利用是指人类社会如何更好地利用现有的稀缺资源，使之生产出更多的物品。资源利用包括以下三个问题：

（1）为什么资源得不到充分利用？如何解决失业问题，实现"充分就业"？

（2）经济为什么会产生波动？如何实现经济的持续增长？

（3）货币的购买力对资源的配置与利用有何影响？如何对待通货膨胀与通货紧缩？

可见，稀缺性不仅引起了资源配置问题，而且还引起了资源利用问题，所以可以认为，经济学是研究稀缺资源配置与利用的科学。

2.2　需求、供给与市场均衡

2.2.1　需求与需求规律

2.2.1.1　需求

需求是消费者在某一价格下对一种商品愿意而且能够购买的数量。按照这一定义，如果消费者对一种商品虽然有购买欲望，但是没有购买能力，仍不能算需求。因此经济学中定义的需求是有效需求，即既有购买欲望又有货币支付能力的需求。

在一定的收入水平下，一个消费者对某种商品的需求是随商品的价格降低而增加的。市场上的消费者为数众多，把所有消费者的需求综合（相加）起来，就是市场需求。

2.2.1.2 需求函数、需求曲线和需求规律

影响需求的因素包括商品价格、消费者的收入、消费者偏好、消费者对价格预期和相关商品的价格等。在经济学中，往往假定其他因素是不变的，只研究价格和需求量之间的关系。在这样的假设下，一种商品的需求量的决定因素只有这种商品的价格。表示商品需求量和价格这两个变量之间的关系的函数称为需求函数。需求函数可表示为

$$Q_d = f(P) \tag{2.1}$$

式中：Q_d 为商品需求量；P 为商品价格。

需求函数表明，消费者对某一商品的需求量同这种商品的价格之间存在着一一对应的关系。不同的价格对应着不同的需求量。需求函数可绘成曲线，如图 2.1 所示，该曲线称为需求曲线。

需求曲线向右下方倾斜，表明了商品价格上涨时，这种商品的需求量下降；相反，价格下降时，需求量上升。价格与需求量的这种关系称为需求规律。

需要注意的是，在经济学中，需求量的变化与需求的变化是两个不同的概念。需求量的变化是指在需求曲线上，需求量随价格的变化而变化。需求变化是指需求曲线本身发生的变化，表现为需求曲线的左右移动。

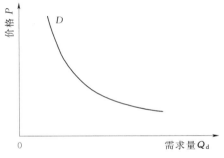

图 2.1　需求曲线

需求曲线向右移动，表明需求增加；向左移动，表明需求减少。消费者收入增加、消费者偏好增强、替代商品价格上升等因素会引起需求增加，从而使需求曲线向右上方移动。

2.2.2 供给与供给规律

2.2.2.1 供给

供给为生产者在一定价格下对一种商品愿意并且能够提供出售的数量。按照这一定义，如果生产者对一种商品虽然有提供的愿望，但没有实际提供的能力，就不能算作供给。

2.2.2.2 供给函数、供给曲线与供给规律

影响一种商品供给量的主要因素有商品价格、生产技术水平、生产成本或投入、其他商品的价格等。除上述四项因素外，生产者对价格的预期也是一个影响商品供给量的因素。当生产者预期他们生产的商品价格不久会上涨时，就会减少这种商品目前的供应量。

在讨论供给函数时，一般都假设其他情况不变，只研究价格与供给量之间的关

系。若以 Q_s 表示供给量，P 表示价格，则供给函数可以写作

$$Q_s = g(P) \tag{2.2}$$

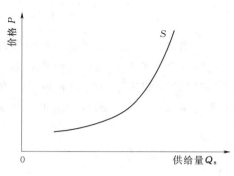

图 2.2　供给曲线

与需求函数一样，供给函数也可绘成曲线，即为供给曲线，如图 2.2 所示。根据经验可知，在其他因素不变时，某种商品供给量与其价格同方向变动，即价格上升，供给量增加；价格下降，供给量减少。这一规律在经济学中称为供给规律。根据这一规律，供给曲线一般向右上方倾斜，曲线上各点的斜率为正。

同样，这里需要注意供给量与供给的不同。价格变动引起供给数量的变化称为供给量的变化，表现为同一条供给曲线上点的移动；价格以外的因素引起供给数量的变化称为供给的变化，表现为供给曲线的平行移动。

价格上升引起供给量增加；技术进步、成本下降等因素则引起供给增加，供给曲线向右下方移动。反之，价格下降引起供给量减少；成本上升等因素引起供给减少，供给曲线向左上方移动。

2.2.3　市场均衡

需求曲线说明某一商品在某一价格下的购买量是多少，但不能决定这一商品合理的价格。同样供给曲线也不能决定某一商品的价格，只说明不同价格下供给量是多少。价格是需求和供给两种相反的力量共同作用的结果。

按照需求曲线，某一商品价格持续上涨时，供给量增加，但需求量减少，最后会使供给量超过需求量，出现过剩，过剩后又会使价格下降；相反价格持续下降时，需求量增加，但供给量减少，最后会使需求量超过供给量，出现短缺，这就会使价格上涨。需求和供给两者相互作用，最终使这一商品的需求量和供给量在某一价格上正好相等。这时既没有过剩，也没有短缺。经济学中把在某一价格上需求量和供给量正好相等时的商品的交易数量称为均衡数量，把使需求量和供给量正好相等时的商品的价格称为均衡价格。

如果将某一商品的市场供给曲线和需求曲线绘在同一张图上（为便于说明，将需求曲线 D 和供给曲线 S 简化为直线），如图 2.3 所示，便会得到一个交点 E_0，称为均衡点，相应的价格 P_0 即均衡价格，相应的商品数量 q_0 即为均衡数量；若价格上涨到 P_2 时，供给量增加到 q_3，需求量减少到 q_2，供给超过需求，造成过剩，过剩量为 $q_3 - q_2$；当价格下降到 P_1 时，需求量增加到 q_4，供给量减

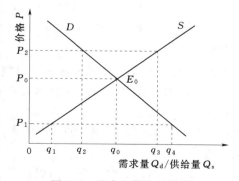

图 2.3　需求和供给的均衡

少到 q_1，需求超过供给，造成短缺，短缺量为 q_4-q_1。很显然均衡点是供需双方都可以接受的状态。在均衡点上，实现了资源的优化配置——消费者的需求得到了满足，生产者的产品全部卖出。若某种商品供大于求时，价格下降，反之价格上升，结果使供求趋于平衡，这一过程就是一只"看不见的手"（市场）调节供需，使资源配置实现最优化的过程。如果由于人为干预，强制使价格偏离均衡价格，会出现什么结果呢？如果通过干预使价格低于均衡价格，可能导致如下问题：

（1）需求受到刺激，供给却受到抑制，因此必然造成商品短缺。

（2）投资枯竭。由于价格低于均衡价格，企业盈利减少，因此企业不会再增加投资，扩大这种商品的生产。

（3）由于商品短缺，有人愿意支付更高价格获得商品，因而会出现黑市贸易。

（4）给消费者发出了一个商品价值的错误信号。

（5）导致劣质产品或服务。由于企业盈利减少，为减少成本，可能会降低产品质量和服务水平。

反之，通过干预使价格过高，会出现以下问题：

（1）商品剩余。

（2）投资过剩。

（3）生产者提供消费者并不需要的多余的附加服务。

（4）向生产者提供了错误的信息。

长期以来，我国供水水价偏低，结果导致人们节水意识淡薄，加剧了水资源供需矛盾，影响了民间投资供水的积极性。可见确定合理的水价对实现水资源的优化配置、缓和供需矛盾具有重要作用。

2.2.4 需求价格弹性

弹性表示需求量或供给量对其某一种影响因素变化的反应程度或敏感程度。弹性有需求价格弹性、需求收入弹性和供给价格弹性等，它们分别反映需求或供给对价格或收入变化的反应程度。其中需求价格弹性最为常用，因此下面主要介绍需求价格弹性。

需求价格弹性简称需求弹性，指价格变动的百分比与所引起的需求量的百分比的比值，它反映需求量变动对价格变动的灵敏程度。需求价格弹性的计算公式为

$$E_d = \frac{\Delta Q/Q}{\Delta P/P} = \frac{\Delta Q}{\Delta P}\frac{P}{Q} \tag{2.3}$$

式中：E_d 为需求价格弹性；ΔQ 为商品需求量的变化量；Q_d 为商品需求量；ΔP 为商品价格的变化量；P 为商品的价格。

根据各种商品需求弹性的大小，可以把需求弹性分为五类：

（1）需求无弹性，即 $E_d=0$。在这种情况下，无论价格如何变动，需求量都不会变动。

（2）需求无限弹性，即 $E_d \to \infty$。在这种情况下，当价格发生微小变化时，需求量会引起无穷大的变化。

（3）单位需求弹性，即 $E_d=1$。在这种情况下，需求量变动的比率与价格变动的

比率相等。由于价格的下降导致正好相当的需求量的增加，因而供应商的总收益基本保持不变。

（4）需求缺乏弹性，即 $0 < E_d < 1$。在这种情况下，需求量变动的比率小于价格变动的比率。价格上升使总收益增加，价格下降使总收益减少。

（5）需求富有弹性，即 $E_d > 1$。在这种情况下，需求量变动的比率大于价格变动的比率。价格上升使总收益减少，价格下降使总收益增加。

决定某种物品需求弹性大小的因素很多。一般来说，越是奢侈品、替代产品越多、在家庭支出中所占比例越大的物品，需求弹性越大。反之，越是生活必需品、替代产品越少、在家庭支出中所占比例越小的物品，需求越缺乏弹性。例如，化妆品属于奢侈品且替代品多，需求富有弹性；而水、食盐、粮食等属于必需品且几乎无替代品，需求缺乏弹性。

2.3　生产函数及生产要素的优化配置

2.3.1　生产函数

生产函数表示在一定的时间内在技术条件不变的情况下，生产要素的投入同产品或劳务的产出之间的数量关系。简单地说，生产函数是投入的函数。生产函数不但存在于企业，而且可以说存在于任何一种营利性的或非营利的经济组织。灌区、自来水厂和水电站等都具有生产函数。

在生产函数中，生产投入常以生产要素来表示。生产要素一般包括劳动、资源和资本。劳动是人们为了进行生产或获取收入而提供的劳务。资源首先是土地，不论工业、农业、交通业都要占用土地；除了土地资源也包括各种矿藏及淡水等自然资源。资本指机器、厂房等生产设备和资金。因此，在经济学中的生产函数可表示为

$$Y = f(L, K, R) \tag{2.4}$$

式中：Y 为生产中新增的产量或产值；L、K 和 R 分别为生产过程中占用的劳动力、资本和资源。

2.3.2　边际收益递减规律

假设其他生产要素投入量不变，只有劳动量投入变化。多投入单位劳动量，能多产出多少呢？这个值可以用偏导数 $\dfrac{\partial f}{\partial L}$ 来表示。很明显，$\dfrac{\partial f}{\partial L}$ 不但取决于投入的劳动量，而且也与已投入的其他生产要素的数量（K、R）有关，因而 $\dfrac{\partial f}{\partial L}$ 仍旧是 L、K 和 R 的函数。$\dfrac{\partial f}{\partial L}$ 称为劳动力对于产出的边际收益，简称为劳动的边际收益。与此类似，$\dfrac{\partial f}{\partial K}$ 为资本的边际收益，$\dfrac{\partial f}{\partial R}$ 为资源的边际收益。

边际收益描述了产量随生产要素投入增加而增加的速度。一般当生产要素投入总量较少时，边际效益可能随生产要素投入量的增加而增加，这时总收益也逐渐加大；随着

投入的增加，边际收益最终会下降。如果边际收益不出现下降，那么一亩❶地上可以生产出全世界人口所需要的粮食，只要不断在这块土地上增加化肥和灌溉等投入。当边际收益达到最大值后，再增加投入，边际收益就会开始减小。在边际收益仍为正值时，总收益仍在增加；当边际收益降至零时，总收益达到最大；随着投入的不断增加，边际效益将会出现负值，也就是说增加投入，不但不能增加收益，反而导致收益的减少。

边际产量的上述变化反映了某种客观规律，这就是著名的"边际收益递减规律"。这条规律告诉人们：在其他生产要素的投入都不变的条件下，不断增加一种要素的投入，边际收益最终会下降。

边际收益为什么递减？这是因为各种投入之间具有一定的比例关系。比如一亩水稻最多只能灌水 1500m^3，再多反而会产生渍害，造成减产；若一台机器适宜三个人操作管理，由一个人增加到三个人，边际效益相应增加，再增加几个帮手，边际收益开始减少，但总收益可能还在增加，但如果几十个人全部挤在这台机器上，反而会因为拥挤，操作不便，导致产量下降。

2.3.3 生产要素的最优组合

如果劳动力、资本和资源的价格分别为 P_L、P_K 和 P_R，则生产成本可表示为

$$C = P_L L + P_K K + P_R R \tag{2.5}$$

下面讨论如何组合生产要素，使在成本一定的条件下产出最大。用数学模型来表示，目标函数是

$$\text{Max} Y = \text{Max} f(L, K, R)$$

约束条件是

$$C = P_L L + P_K K + P_R R$$

其中 L、K 和 R 为待求的决策变量。用拉格朗日乘数法求解，构建拉氏函数：

$$U = Y + \lambda(C - P_L L - P_K K - P_R R)$$

投入要素的最优解应满足下列关系式：

$$\frac{\partial U}{\partial L} = \frac{\partial Y}{\partial L} - \lambda P_L = 0$$

$$\frac{\partial U}{\partial K} = \frac{\partial Y}{\partial K} - \lambda P_K = 0$$

$$\frac{\partial U}{\partial R} = \frac{\partial Y}{\partial R} - \lambda P_R = 0$$

合并以上三式可得

$$\frac{\partial Y}{\partial L}\frac{1}{P_L} = \frac{\partial Y}{\partial K}\frac{1}{P_K} = \frac{\partial Y}{\partial R}\frac{1}{P_R} = \lambda \tag{2.6}$$

尽管生产函数的形式是未知的，但是式（2.6）却有很明显的经济意义。P_L 为劳动力价格，其单位可以是每一名职工 1 年的工资额，则 $\frac{1}{P_L}$ 的意义为每 1 元成本可雇

---

❶　1 亩 $\approx 666.67\text{m}^2$。

用多少名职工工作 1 年；$\dfrac{\partial Y}{\partial L}$ 为劳动力的边际产出，即每增雇一名职工 1 年内创造的新增价值。因而 $\dfrac{\partial Y}{\partial L}\dfrac{1}{P_L}$ 表示 1 元成本用于增雇职工 1 年内创造的新增价值。$\dfrac{\partial Y}{\partial K}\dfrac{1}{P_K}$ 和 $\dfrac{\partial Y}{\partial R}\dfrac{1}{P_R}$ 也具有类似的含义。式 (2.6) 的含义是：生产要素的最优组合必须满足这样的条件，即 1 元钱不论用于增雇职工，或用于增加投资，或用于增加资源的使用，应该取得相同的边际收益。如果 1 元钱用于投入任何两种要素所得的边际收益不等，则应削减边际收益少的要素的投入量，增加边际收益大的要素的投入量。

式 (2.6) 还可推广到其他多种资源的情况。

【例 2.1】　有生产函数 $y=2x_1^{0.22}x_2^{0.76}$，其中 x_1 指灌水量（万 m^3），x_2 是播种面积（亩）。已知供水单价为 1500 元/万 m^3，耕地单价为 300 元/（亩·年），要求粮食产出 $y_0=1500t$/年，市场价格为 1200 元/t。求费用最小时各生产要素投入组合。

解： 根据生产函数，有

$$\frac{\partial y}{\partial x_1}=0.44x_1^{-0.78}x_2^{0.76}$$

$$\frac{\partial y}{\partial x_2}=1.52x_1^{0.22}x_2^{-0.24}$$

由式 (2.6) 有

$$\frac{\dfrac{\partial y}{\partial x_1}}{\dfrac{\partial y}{\partial x_2}}=\frac{P_1}{P_2}$$

因而有

$$\frac{0.44x_1^{-0.78}x_2^{0.76}}{1.52x_1^{0.22}x_2^{-0.24}}=\frac{1500}{300}$$

即

$$\frac{x_2}{x_1}=17.273$$

另已知粮食产量为 1500t/年，因而有

$$2x_1^{0.22}x_2^{0.76}=1500$$

解方程组

$$\begin{cases}\dfrac{x_2}{x_1}=17.273\\[2mm] 2x_1^{0.22}x_2^{0.76}=1500\end{cases}$$

得 $x_1=94.22$ 万 m^3，$x_2=1627.5$ 亩。

因而灌溉定额为 579m^3/亩，生产成本为

$$94.22\times1500+1627.5\times300=62.958（万元）$$

净效益为

$$1200\times1500-629580=117.042（万元）$$

如果供水价格低于供水成本，约 500 元/万 m³，只有成本水价的 1/3。按上述方法可计算得，$x_1 = 220.85$ 万 m³，$x_2 = 1271.65$ 亩，灌溉定额为 1737m³/亩。此时生产成本为 71.277 万元，净效益为 108.723 万元。

可见价格被歪曲之后，投入比例随之被扭曲，实际成本增加，效益下降，同时造成水资源严重浪费，灌溉定额提高了 2 倍。

2.3.4 利润最大化原则

下面再来讨论某一产品生产多少时利润最大。如果以 P 表示利润，X 表示产量，R 表示总收益，C 表示总成本，则

$$P = R(X) - C(X) \tag{2.7}$$

式中：$R(X)$ 和 $C(X)$ 分别为收益函数和成本函数。

需要注意的是，收益函数不同于生产函数。生产函数反映产出与投入之间的关系，收益函数反映收益与产量的关系。同样，$C(X)$ 反映的不是成本与投入的关系，而是成本与产量的关系。

根据最优化理论，使利润最大的条件是

$$\frac{\mathrm{d}[R(X) - C(X)]}{\mathrm{d}X} = 0$$

即

$$\frac{\mathrm{d}R}{\mathrm{d}X} = \frac{\mathrm{d}C}{\mathrm{d}X} \tag{2.8}$$

式中：$\frac{\mathrm{d}R}{\mathrm{d}X}$ 为产量的边际收益；$\frac{\mathrm{d}C}{\mathrm{d}X}$ 为产量的边际成本。

式（2.8）说明，利润最大的条件是边际收益与边际成本相等。

如果 $\frac{\mathrm{d}R}{\mathrm{d}X} > \frac{\mathrm{d}C}{\mathrm{d}X}$，表明每多生产一件产品，所增加的收益大于生产这件产品所消耗的成本，这时还有潜在的利润没有得到，因此增加生产是有利的。增加生产后，供给量增加，价格下降，边际收益减少，边际成本增加，直到边际效益与边际成本相等时，不应再增加生产。

反之，如果 $\frac{\mathrm{d}R}{\mathrm{d}X} < \frac{\mathrm{d}C}{\mathrm{d}X}$，表明多生产一件产品所增加的收益小于生产这件产品所消耗的成本，减少生产反而有利。减少生产后，供给量减少，价格上升，边际收益增加，边际成本减少，直到两者相等时，不应该再减少生产。

可见只有在 $\frac{\mathrm{d}R}{\mathrm{d}X} = \frac{\mathrm{d}C}{\mathrm{d}X}$ 时，利润实现最大化，这时不应再增加或减少生产。

2.4 外部性与公共物品

2.4.1 外部性与资源配置的扭曲

市场经济在某些情况下不能实现资源的有效配置，即仅仅依靠价格调节不能实现

资源最优配置，经济学家称为市场失灵。市场失灵的典型例子是，个人或企业的行为直接地影响了他人的利益而又不需要为这种影响付出代价或给予补偿，这种情况被称为经济活动的外部性。外部性的例子在现实生活中很多。例如一个人在公共场所吸烟，汽车排出废气，工厂排放污水等都产生经济活动的外部性。当外部性存在时，不仅仅当事人要承受他们自己行为所带来的后果，其他一些人也受影响。由于外部性不需要当事人对所产生的一切后果负责，因此可以认为发生了市场失灵。发生市场失灵时，应采用其他机制进行补救，通常政府在这方面可以发挥很好的作用。

外部性按其效应的有利或不利，可分为正外部性和负外部性两种。上面提到的污水排放的例子就是负外部性。排放污水的工厂未进行污水处理，降低了生产成本，然而，社会却承受了这种有害的外部性。正外部性的典型例子是新发明。当一个新发明能带来较大的生产力时，广大消费者都跟着受益。

外部性的存在将造成资源配置的扭曲。当一个企业的生产存在负外部性，且又没有为这种外部性付出代价时，社会或社会中其他人为这种负外部性付出了代价，这将导致企业生产过多的产品。反之，当一个企业的生产存在正外部性，而没有从其他途径得到合理补偿，将导致生产不足。

2.4.2　处理外部性的对策

在市场失灵的情况下，只能依靠政府来干预和配置资源。政府可以通过有关的政策来解决市场失灵问题，以便使经济正常运行。

2.4.2.1　产权界定

当经济活动的外部性导致了市场失灵时，政府能做些什么呢？罗纳德·科斯（Ronald Coase，1919—2013）认为政府只要重新安排产权就可解决这一问题。罗纳德·科斯认为，造成市场失灵的原因是产权未能明确地界定，即使存在外部性，只要产权明确界定，市场机制就能达成资源的有效配置。

明确产权可将外部性内部化，因此产权改革是消除外部性的重要对策。在许多情况下，外部性导致资源配置失当，多是由产权不明确造成的。如果产权完全确定并能得到充分保障，就可杜绝一部分外部性发生。例如，一个化工企业之所以能长期向一条河流排放污水，使下游渔场鱼类大量死亡，渔场无法获得赔偿或无法加以阻止，其原因是排污河段产权不明确。如果企业排污口处的河段产权属于渔场的话，企业排污就侵犯了渔场的权利，渔场就有权加以阻止或要求赔偿。如果要求的补偿大于企业污水处理成本，那么企业会自行兴建污水处理厂。如果要求的补偿小于污水处理成本，企业虽会继续排放污水，但由于承担了必要的社会成本，对其生产起到一定的扼制作用，从而避免生产过多的产品，渔场也因为获得合理赔偿而感到满意。

2.4.2.2　制定有关收费和补贴政策

对于外部性所导致的市场失灵，政府可以采用税收和补贴来加以矫正。税收和补贴已成为政府矫正市场失灵的常用手段。存在负外部性情况下，政府可通过税收对市场失灵加以矫正，其征税额应该等于该个体给社会造成的损失额，从而使该个体的私人成本等于社会成本。例如，某企业污染了水环境，就应向其征收排污费，排污费的数额应等于该企业对社会造成的损失额，或者应等于社会为治理该企业造成的水环境污染而付出的治理费用。对于造成正外部性的个体，政府应给予适当补贴。灌溉工程往往具有一定的正外部性，因而经常获得政府的补贴。

2.4.2.3　制定相关条例

在处理外部性时，许多国家的政府制定一些限制性条例，如制定限定污水排放的标准。企业或个人可以在允许的范围内排放污水，当超过限定标准时，政府将处罚这些企业或个人。这是一种不罚或全罚的处理外部性的方法，一般不能有效地控制污染。另外，企业可能会对排放标准提出异议，以各种借口要求降低标准，甚至有可能发生偷排现象。

2.4.2.4　企业合并

使用企业合并的方法，可以将外部性内部化。例如，在 2.4.2.1 节提到的化工企业与渔场的例子中，可以将渔场和化工企业合并成一个企业。为了自己的利益最大化，合并后的企业会自觉地考虑如何控制污水排放，从而实现资源的高效配置。

2.4.3　公共物品

公共物品与私人物品相对应，指供集体共同消费的物品。一条街道、一条河流都是一种公共物品，人们不需支付费用就可在街上行走，船只不需支付费用就可以航行。公共物品的特征是消费的非排他性和非竞争性。

非排他性是公共产品的第一个特性，即无法排除其他人从公共物品中获得利益。例如每人可以从气象预报中得到好处。公共物品的非排他性意味着消费者可能做一个"免费搭车者"，免费享用公共物品，平等地享受公共物品。例如国防保护着每一个公民，但是有人却想着避免为国防纳税，做一个"免费搭车者"。显然，公共物品是正外部性的一个特殊情况。

非竞争性是公共物品的第二个特性。非竞争性是指在一定条件下，消费者的增加并不引起生产成本的增加。例如，在道路并不拥挤时，多一个行人或多一辆汽车新增成本为零；电视节目的接收者的增加，不会引起电视节目成本的增加。

不少公共物品同时具有非排他性和非竞争性，另一些公共物品可能只有这两个特性中的一个。如道路、桥梁、有线电视等，很容易采用一定的措施向消费者收费，因而虽然具有非竞争性，但具有排他性。

由于公共物品容易产生"搭便车者"，因此以利润最大化为目的的厂商将不会生产公共物品。然而，公共物品也是经济社会所不可缺少的，因此，政府就不可推卸地承担起生产公共物品的责任。这也是在市场失灵的情况下，政府对市场的一种直接干预。

政府常常通过税收来聚集资金，然后将资金用于公共物品的生产，但是政府首先需要判断公共物品的最优产量应是多少。政府在对公共物品生产进行决策时常用的一个重要办法是费用效益分析。费用效益分析是工程经济学中的一个重要内容，主要思想是估计一个建设项目所需要花费的费用以及它所带来的效益，然后把两者加以比较，根据比较的结果来判断该建设项目在经济上是否合理。

2.5　宏 观 经 济 主 要 指 标

宏观经济主要指标一般包括：国内生产总值、物价指数和失业率。这里只介绍工程经济分析中经常涉及的国内生产总值和物价指数两个指标。

2.5.1　国内生产总值

国内生产总值（GDP）是指一国一年内生产的最终产品（物品与劳务）市场价值的总和，它是衡量一个国家经济整体状况的最重要指标。这里所说的"一国"是指在一国的领土范围之内，只要在一国领土之内，无论是本国企业还是外国企业生产的都属于该国的 GDP。过去常用的国民生产总值（GNP）中的一国是指一国公民，本国公民无论在国内还是在国外生产的都属于一国的 GNP。国内生产总值与国民生产总值仅一字之差，但有不同的含义。GNP 强调的是民族工业，即本国人办的工业；GDP 强调的是境内工业，即在本国领土范围之内的工业。在全球经济一体化的当代，各国经济更多地融合，很难找出原来意义上的民族工业。联合国统计司 1993 年要求各国在国民收入统计中用 GDP 代替 GNP 正是反映了这种趋势。

"一年内生产"是指在一年中所生产的，而不是所销售的。例如，某地 2019 年共建房屋价值 1000 亿元，其中 600 亿元是在 2019 年售出的，其余 400 亿元是在 2020 年售出的。在计算 GDP 时，这 1000 亿元全部计入 2019 年的 GDP 中，2020 年卖出的 400 亿元也不再计入 2020 年的 GDP。

"最终产品"是指供人们消费使用的物品，它有别于作为半成品和原料再投入生产的中间产品。GDP 的计算中不包括中间产品，只包括最终产品，以避免重复计算。例如，如果小麦的价值为 100 亿元，面粉为 120 亿元，面包为 150 亿元。这三种产品只有面包是最终产品。GDP 只计算面包的产值 150 亿元，如果把小麦价值 100 亿元，面粉的 120 亿元也计算在 GDP 中，则为 370 亿元，其中 220 亿元为重复计算。在现实中有时难于区分中间产品与最终产品，所以可以用增值法，即计算各个生产阶段的增值。在以上的例子中，小麦产值为 100 亿元，从小麦变为面粉增值为 20 亿元，从面粉变为面包增值为 30 亿元，把小麦的产值和这些增值加起来与最终产品的价值一样，等于 150 亿元。还需要注意的是，最终产品中既包括有形的物品，也包括无形的劳务，如旅游、电信等。

"市场价值"指 GDP 是按价格计算的。在用价格计算 GDP 时，可以用两种价格。如果用当年的价格计算 GDP，则为名义 GDP；如果用基年的价格计算 GDP，则为实际 GDP。例如，用 2020 年的价格计算 2020 年的 GDP，则为 2020 年的名义 GDP，如果用基年（如 2010 年）的价格计算 2020 年的 GDP，则为 2020 年的实际 GDP。

为了用 GDP 反映宏观经济中的各种问题，还可以定义各种相关的 GDP。潜在GDP 是经济中实现了充分就业时所能实现的 GDP，又称充分就业的 GDP，反映一个国家经济的潜力；人均 GDP 是指平均每个人的 GDP。一个国家的实际 GDP 反映该国的经济实力和市场规模，而人均 GDP 反映一国的富裕程度。

由于 GDP 是一个最基本的宏观经济指标，因而水利行业经常将万元 GDP 用水量作为衡量节水水平的一个指标。有关统计显示，通过采取行政、经济、技术、宣传等综合措施，近年来中国节水工作取得明显成效。按照 2019 年价格水平计算，中国万元 GDP 用水量已经从 1980 年的 2325m³ 降至 2019 年的 60.8m³。2014—2019 年中国万元 GDP 用水量统计见表 2.1。

表 2.1   2014—2019 年中国万元 GDP 用水量

年　　份	2014	2015	2016	2017	2018	2019
万元 GDP 用水量/m³	96	90	81	73	66.8	60.8

注　各年 GDP 均按当年价格计算。

从万元 GDP 用水量的差异上，也可以看出中国水资源利用效率与国际先进水平相比存在的差距。2002 年，中国万元 GDP 用水量为 537m³，相当于世界平均水平的 4 倍、美国的 8 倍、德国的 11 倍。造成这种差距的主要原因是在生产和生活领域均存在严重的结构型、生产型和消费型的浪费。经过十余年的努力，中国万元 GDP 用水量 2019 年达到 60.8m³，高于世界的平均水平，但与发达国家还有一定的差距。

GDP 是最重要的宏观经济指标，但并不是一个完美的指标，也存在一些缺点。例如，引起污染的生产也带来 GDP，但是在对 GDP 的测算中，却忽视了带来 GDP 过程中对环境造成的破坏。

在 20 世纪 60—70 年代，全球性的资源短缺、生态环境恶化等问题给人类带来空前的挑战，一些经济学家和有识之士开始认识到使用 GDP 来表达一个国家或地区经济的增长存在明显的缺陷，由此开始探讨并提出"绿色 GDP"概念，构成现代"绿色 GDP"概念的理论基础。

所谓"绿色 GDP"是指用扣除自然资产损失后新创造的真实的国内生产总值。也就是从现行统计的 GDP 中，扣除由环境污染、自然资源退化、人口数量失控等因素引起的经济损失，从而得出更真实的 GDP。"绿色 GDP"有望在不远的将来替代传统的 GDP。

2.5.2　物价指数

在市场经济中，通货膨胀是一个普遍而又重要的问题。物价指数就是衡量通货膨胀的一个经济指标。物价指数是指一定时期（通常为 1 年）商品价格变动趋势和程度的相对数，以一定时期末商品平均价格与该时期商品平均价格比值的百分数表示。物价指数反映了物价总水平变动情况，物价总水平上升表示发生了通货膨胀，物价总水平下降表示发生了通货紧缩，因此，物价指数反映了经济中的通货膨胀或通货紧缩。

计算物价指数的基本方法是抽样统计法，即通过调查统计一定数量的固定物品与劳务在不同年份的价格来计算物价的变化。下面以一个简单的例子说明计算物价指数的基本原理。所选的一定数量的物品是 5 个面包和 10 瓶饮料。在 2020 年，每个面包价格为 1 元，每瓶饮料价格为 2 元，这两种物品的总支出是 25 元。在 2021 年，每个面包价格为 2 元，每瓶饮料价格仍为 2 元，这两种物品的总支出是 30 元。把 2020 年作为基年，则 2021 年的物价指数是：（30/25）×100＝120。从 2020 年到 2021 年，物价指数上升了 20，所以通货膨胀率为 20%，显然，通货膨胀率就是物价的增长率。

在实际计算中，一定数量的固定物品中包括的物品与劳务的种类要多得多，计算过程也要复杂得多，但是基本原理是相同的。

用以衡量价格水平的物价指数多种多样，常见的物价指数主要有商品零售价格指数、居民消费价格指数、工业品出厂价格指数、农产品收购价格指数、生产资料购进价格指数和 GDP 平减指数等。

2.5.2.1　商品零售价格指数

商品零售价格指数是反映城乡商品零售价格变动趋势的一种经济指数。零售物价的调整变动直接影响到城乡居民的生活支出和国家的财政收入，影响居民购买力和市场供需平衡，影响消费与积累的比例。因此，计算商品零售价格指数，可以从一个侧面对上述经济活动进行观察和分析。

2.5.2.2　居民消费价格指数

居民消费价格指数是反映一定时期内城乡居民所购买的生活消费品价格和服务项目价格变动趋势和程度的一个指标，是对城市居民消费价格指数和农村居民消费价格指数进行综合汇总计算的结果。利用居民消费价格指数，可以观察和分析消费品的零售价格和服务价格变动对城乡居民实际生活费用支出的影响程度。

2.5.2.3　工业品出厂价格指数

工业品出厂价格指数是反映全部工业产品出厂价格总水平的变动趋势和程度的相对数。其中除包括工业企业售给商业、外贸、物资部门的产品外，还包括售给工业和其他部门的生产资料以及直接售给居民的生活消费品。通过工业品出厂价格指数能观察出厂价格变动对工业总产值的影响。

2.5.2.4　农产品收购价格指数

农产品收购价格指数是反映国有商业、集体商业、个体商业、外贸部门、国家机关、社会团体等各种经济类型的商业企业和有关部门收购农产品价格的变动趋势和程度的相对数。农产品收购价格指数可以用来观察和研究农产品收购价格总水平的变化情况，以及对农民货币收入的影响，可以作为制定和检查农产品价格政策的依据。

2.5.2.5　生产资料购进价格指数

生产资料购进价格指数是反映企业购进原材料和燃料动力价格变动趋势和程度的相对数。编制生产资料购进价格指数，在于全面地、及时地掌握生产资料价格总水平和变动趋势。我国生产资料购进价格指数由中国人民银行编制。生产资料购进价格指数采用加权算术平均公式计算，所用权数根据工业普查资料测算，全国共有 31 个调查城市，1400 多户企业作为基层填报单位，所选商品 146 种。

2.5.2.6　GDP 平减指数

GDP 平减指数是某一年名义 GDP 与实际 GDP 之比。其计算公式是

$$\text{GDP 平减指数} = (\text{某一年名义 GDP}/\text{某一年实际 GDP}) \times 100 \qquad (2.9)$$

例如，某地区 2020 年的名义 GDP 为 5 万亿元，实际 GDP 为 4 万亿元，则 GDP 平减指数为 (5/4)×100＝125，这表明，按 GDP 平减指数，2020 年的物价水平上升了 25%，即通货膨胀率为 25%。

上述几个指数都反映了物价水平变动的情况，它们所反映出的物价水平变动的总

趋势是相同的。但是由于"一定数量的固定物品与劳务"中所包括的物品与劳务种类不同，而各种物品与劳务的价格变动又不同，所以各种指数计算结果并不相同，由此计算出的通货膨胀率也不相同。GDP 平减指数包括所有物品与劳务，最全面而准确地反映经济中物价水平的变动。但是由于居民消费价格指数与人民生活关系最密切，也是根据物价变动来调整工资、养老金、失业津贴、贫困补贴等的依据，所以一般所说的通货膨胀率是指居民消费价格指数的变动。

通货膨胀会从多个方面影响项目的经济评价，对于建设期较长的项目，会直接影响工程投资。通货膨胀对正常运行期的工程效益和年运行费的估算也有明显影响。由于投资估算失实，还会影响到折旧计算。所以，在工程项目经济评价中考虑通货膨胀因素，有助于得出更为准确的评价结果，4.3 节将详细讨论相关内容。

思 考 与 习 题

1. 什么是经济资源？经济资源包括哪些类型？

2. 什么是资源的稀缺性？

3. 简述经济学的基本问题。

4. 需求量的变动与需求的变动有何不同？

5. 通过干预使商品价格高于或低于均衡价格，分别会引起什么后果？

6. 经常看到商场各类服装降价促销，却很少看到酱油、食盐等生活必需品采取类似的促销手段，这是为什么？结合弹性理论简要说明。

7. 根据需求弹性理论解释"薄利多销"和"谷贱伤农"这两句话的含义。

8. 什么是市场失灵？导致市场失灵的原因有哪些？

9. 处理外部性的对策有哪些？

10. 什么是公共物品？公共物品有哪些特点？

11. GDP 与 GNP 有何区别？

12. 什么是"绿色 GDP"？"绿色 GDP"与传统的 GDP 相比有何优点？

13. 常见的衡量通货膨胀或通货紧缩的指标有哪些？试进行比较。

14. 某种商品的市场需求函数为 $Q_d = 300 - P$，供给函数为 $Q_s = -30 + 0.5P$。

（1）求均衡价格和均衡数量。

（2）如果政府对生产者每件物品征收 9 元的销售税，均衡价格和均衡数量将发生什么变化？实际上谁支付税款？征税总额是多少？

（3）如果政府给予生产者每件物品 12 元的补贴，均衡价格和数量将发生什么变化？

15. 已知某产品的需求价格弹性为 0.6，该产品原销售量为 1000 件，单位产品价格为 10 元，若该产品价格上调 20%。计算该产品提价后销售收入变动多少元？

16. 已知生产函数 $Y = 20L + 50K - 6L^2 - 2K^2$，其中，$Y$ 为产量，L 和 K 分别为生产要素投入。若 L 的价格 $P_L = 15$ 元，K 的价格 $P_K = 30$ 元，生产总成本 $C = 600$ 元，试求最优的生产要素组合。

17. 已知某企业的生产函数为 $Y = L^{2/3} K^{1/3}$，劳动力的价格 $P_L = 2$，资本的价格 $P_K = 1$。求：

（1）当成本 $C = 3000$ 时，企业实现最大产量时的 L 和 K 分别为多少？

（2）当产量 $Y = 800$ 时，企业实现最小成本时的 L 和 K 分别为多少？

第3章
工程经济分析的基本要素

3.1 投 资 与 资 产

3.1.1 定义与分类

资产是指国家、企事业单位或其他组织或个人拥有或控制的能以货币计量的并能带来利益的经济资源。资产是进行生产经营活动和公益服务的物质基础，包括各种财产、债权和其他一些权利；其表现形式可以是货币的或非货币的，有形的或无形的，为其所占有的或所使用的；按其流动性可分为流动资产和非流动资产。流动资产是指可以在一年或超过一年的一个营业周期内变现（变为货币形态）或耗用（变为另一种实物形态）的资产，包括现金、存款、短期投资、应收应付款及存货等。非流动资产又称长期资产，包括长期投资、固定资产、无形资产、递延资产和其他资产。资产的货币形式可成为资产，这时必须置于社会再生产过程中，但不是所有的货币都可成为资产，脱离社会再生产过程的货币，仅仅是货币而不是资产。

投资是货币形式的资产投入到社会再生产过程中的一种经济活动，以实现一定的社会、经济目的，获得资产增值与积累。社会再生产活动总是不停地进行，因而投资活动就始终存在。任何国家的社会经济活动基础，都是由过去的投资项目建立起来的，而社会经济要不断发展，还要不断地为未来进行投资。在计划、财务活动中，投资通常指生产性固定资产投资和金融性的股票、债券等各类投资。而可行性研究和项目评估中的投资，是指包括固定资产与流动资产的投资。

3.1.2 投资构成与资产形成

3.1.2.1 投资构成

建设项目的投资是指使项目达到预期效益所需的全部建设费用支出。水利水电项目建设投资的内容，按工程的性质包括主体工程、附属工程及配套工程投资；按照投资的构成，包括工程部分投资、移民和环境部分投资。其中工程部分投资包括工程费、独立费、建设期融资利息。移民和环境部分投资包括水库移民征地补偿、水土保持工程和环境保护工程，在管理阶段还包括流动资金。建设项目投资最后形成固定资产、无形资产、递延资产和流动资产。在财务费用中，建设投资由工程费用（建设工程费、设备购置费、安装工程费）、工程建设其他费用和预备费（基本预备费和涨价预备费）组成。总投资为建设投资、建设期利息和流动资金三项之和。各种规范、规定中，项目总投资划分稍有不同，图3.1所示为《水利建设项目经济评价规范》（SL

72—2013）（条文说明）中提供的水利建设项目建设总投资构成。

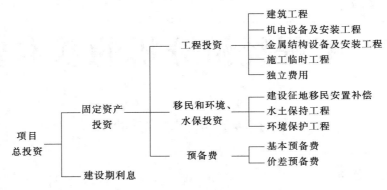

图 3.1　水利建设项目总投资构成图

3.1.2.2　固定资产

建设投资中的绝大部分，在工程项目竣工后，经核准转为工程管理单位的固定资产。

不是所有的固定资产投资都转为固定资产，固定资产是指使用期限超过一年的水工建筑物、设备及设施、工具及仪器、房屋及其他建筑物等。可见，固定资产是指使用时间在一年以上、单位价值在规定标准以上，且在使用过程中保持原有实物形态的资产。它具有以下特点：

（1）资本性支出。按《企业会计准则》，凡支出的收益与几个会计年度相关的，应作为资本性支出；凡为取得本会计期间收入而发生的支出，作为收益性支出；凡为取得以后几个会计期间的收入而发生的支出，作为资本性支出，需要分期从以后各期收入中得到补偿。固定资产按这一准则，属于资本性支出，在会计上属于资产科目。

（2）使用寿命有限。固定资产是企事业单位提供商品或服务的基础，它的价值将随着时间的延续与技术进步而磨损、丧失，因而必须提取折旧作为一种生产成本，分配到各收益期内。

（3）用于生产经营。固定资产投资是为了提高生产能力，形成的设施不是为了出售，因而不同于流动资产。

3.1.2.3　无形资产

无形资产是指那些不具备实物形态，能够在生产经营和服务中较长期发挥作用的权利（专利权、商标权、土地使用权）和技术（非专利、未公开技术、配方、技术资料、工艺等）。其特点是：没有物质实体（区别于有形资产）；可以在较长时期（一般为一年以上）为企事业单位提供超过一般水平的经济利益；但其带来的未来利益具有不确定性，仅对特定单位、特定条件才有价值，有效经济寿命也难确定；然而它具有法定利益与价值。

无形资产在计价入账后，在一定期间内平均摊入"期间费用"的管理费用中，摊销时间按法定的该种资产有效期计，一般为 5～10 年，受益期难以确定的，一般不少于 10 年。

3.1.2.4　递延资产

递延资产指不能全部计入当年损益，应当在以后年度内分期摊销的各项费用，包括开办费（水管单位在筹建期间发生的人员工资、培训、差旅等不能计入固定资产的费用，摊销期不少于 5 年）、大修费（费用较大、受益期较长的固定资产修理费）、租入固定资产的改良支出和土地开发费等。这些资产应在一定年限内分期摊销，如开办费从项目开始运行次月起，按照不短于 5 年的期限摊销。

3.1.2.5　流动资产

流动资产指在一年内或超过一年的营业周期内变动或耗用的资产，按其形态有货币、存货、应收及预付款、短期投资等。流动资产的货币表现即流动资金。加快流动资金的周转速度，可以节约流动资金，使固定资产得到更有效的利用。

3.1.3　投资编制与计算

3.1.3.1　建设投资估算

项目建设投资估算应与工程设计概（估）算投资编制深度相一致，一般根据下列资料进行：

（1）相应阶段（可行性研究、初步设计等）的设计图纸，工程量计算清单，建设占地，材料、设备等的价格信息。

（2）工程设计概（估）算费用构成及计算标准。

（3）有关规范、规定与财会制度等。

投资编制应按投资构成项目归并，主体工程按行业经济规范中规定的项目，配套工程则视工程的性质归并至规范要求的项目内。

财务评价中建设投资可直接采用概（估）算投资归并，国民经济评价时，要换成影子价格，故需要进行调整。具体调整时，主体工程一般应按实体工程量或设备数乘以影子单价逐项计算。无影子价格的材料、设备等要进行成本分解；细部结构、数额较小、或难以计件的可采用单位综合指标，按概（估）算投资额计算其占主体工程的投资百分数估算，要剔出税金、计划利润、国内银行贷款利息等属于国民经济内部转移支付的内容。

3.1.3.2　现有资产的价值评估

在对现有工程进行更新改造时，除了评估更新改造投资的效益以外，往往需要对更新改造之后整个工程的投资，包括现有资产的价值与新增投资在内的整体效益进行评估，因此，需要评估项目现有资产的价值。在会计制度中，资产的计算通常是指实际成本，即以取得资产时发生的货币支出计算其价值。这对新建项目投资阶段的评价是没有多大影响的。但在项目竣工若干年后，对项目经济、财务效益进行评价时，由于价格总体水平的变化（通货膨胀或通货紧缩），仍按原资产实际成本计价，前后投资效益价格不一致，结果便会受到价格的歪曲；同时，固定资产由于磨损，其实体受到了损耗，功能降低，价值量发生了改变。因而，需要对资产进行评估，对水利水电工程而言，通常采用重置成本法，估算出资产的重置成本，然后扣除资产的贬值，得出资产的评估价值。

重置成本有两种确定的方法：复原成本法和更新成本法。

复原成本法是指在评估基准日采用与待评估资产相同的材料、相同的设计、相同的技术条件、相同的建造标准，以现行价格（在国民经济评价中需用影子价格）来构建相同或类似的资产所发生的费用支出。

更新成本法是指在评估基准日，使用现行的材料、按现行普遍采用的设计方式和标准，构建与待评估资产功能相同的全新资产所需的费用支出。

除重置成本法外，物价指数调整法也是一种比较常用的方法。物价指数调整法是指按照行业物价指数，将原来的投资序列调整为评价年的统一物价水平的投资序列。

行业物价指数是指根据不同类型建筑物、设备的投入物比例，将不同投入物的物价指数，按比例综合成不同类型建筑、设备或项目（如灌溉项目、水电站项目等）的物价指数，对原有投资序列进行调整。

3.1.3.3　流动资金的估算

流动资金是工程运行期间用于流通、周转的资金。其构成包括定额流动资金和非定额流动资金。定额流动资金是由国家规定按定额管理的部分，含储备资金、生产资金、成品资金等，占流动资金的主体部分；非定额流动资金，含结算资金，货币资金等。水利水电建设项目的流动资金应包括维持项目正常运行需购买燃料、材料、备品、备件和支付职工工资福利、货币资金等。流动资金一般可根据资料情况采用下列两种方法估算。

1. 扩大指标估算法

该方法就是根据类似项目投入的流动资金与项目的某些特征指标的比例估算待建项目所需流动资金。特征指标通常选取产值、经营成本、产量、营业收入、固定资产投资等。在项目建议书、可行性研究阶段，由于缺乏详细的资料，通常采扩大指标估算法。例如，某拟建项目年产值 3000 万元，同类项目的流动资金占年产值的 40%，则拟建项目的所需流动资金约为 1200 万元。

2. 分项详细估算法

在资料较为充分的情况下，流动资金宜采用分项详细估算法，该方法利用流动资产与流动负债估算项目需要占用的流动资金。流动资产的构成要素一般包括存货、库存现金、应收账款和预付账款。流动负债的构成要素一般只考虑应付账款和预收账款。流动资金等于流动资产与流动负债的差额。

在流动资金的分项估算中，所涉及的有关要素的含义分别如下：存货是指企业在日常生产经营过程中持有的各类材料、商品、在产品、半成品或者成品等；应收账款是指企业对外销售商品或提供劳务尚未收回的资金；预付账款是指企业为购买各类材料、半成品或服务所预先支付的款项；流动资金中的现金是指为维持正常生产运营所必需预留的货币资金；流动负债是指企业将在一年或者超过一年的一个营业周期内需要偿还的债务，包括短期借款、应付票据、应付账款、预收账款、应付工资、应付福利费、应付股利、应交税金、其他暂收应付款项、预留费用和一年内到期的长期借款等。由于项目建议书及可行性研究阶段掌握的资料有限，且应付账款、预收账款占比较大，在项目评价中，流动负债的估算可以只考虑应付账款和预收账款两项。

具体估算可在年运行费用估算的基础上，按表 3.1 列出的各要素的计算公式估算。

表 3.1 流动资金分项估算

流动资金要素	计 算 公 式
流动资金	流动资金＝流动资产－流动负债
流动资产	流动资产＝应收账款＋预付账款＋存货＋现金
流动负债	流动负债＝应付账款＋预收账款
流动资金年增加额	流动资金本年增加额＝本年流动资金－上年流动资金
分项周转次数	分项周转次数＝360 天/最低周转天数
存货	存货＝外购原材料、燃料＋其他材料＋在产品＋产成品
外购原材料、燃料	外购原材料、燃料＝年外购原材料、燃料费用/分项周转次数
其他材料	其他材料＝年其他材料费用/其他材料周转次数
在产品	在产品＝（年外购原材料、燃料动力费用＋年工资及福利费＋年修理费＋年其他制造费用）/在产品周转次数
产成品	产成品＝（年经营成本－年其他营业费用）/产成品周转次数
应收账款	应收账款＝年经营成本/应收账款周转次数
预付账款	预付账款＝外购商品或服务年费用金额/预付账款周转次数
现金	现金＝（年工资及福利费＋年其他费用）/现金周转次数
年其他费用	年其他费用＝制造费用＋管理费用＋营业费用－（以上三项费用中所含的工资及福利费、折旧费、摊销费、修理费）
应付账款	应付账款＝外购原材料、燃料动力及其他材料年费用/应付账款周转次数
预收账款	预收账款＝预收的营业收入年金额/预收账款周转次数

注　本表根据《建设项目经济评价方法与参数》（第三版）整理。

表 3.1 中，各类流动资产和流动负债的最低周转天数，参照同类企业的平均周转天数并结合项目的特点确定，或者按照部门（行业）规定，在确定最低周转天数时，应考虑储存天数、在途天数及适当的保险系数。

3.2 成 本 费 用

我国《企业会计准则》中规定，费用是生产经营过程中发生的各项消耗，以企业单元为计算对象，其目的是衡量企业在一定时期内的耗费内容、规模与水平，用以计算产品成本；而成本是生产制造及销售一定种类和数量的产品而发生的各项费用的总和，是按企业的产品对象归集的生产费用，将费用归集于产品名下即产品的成本。一般来说，成本不一定等于费用，只有将一定时期发生的费用完全归集于该时期的产品时，该时期的生产费用等于产品的成本，一部分费用可能拖后，计入下一期产品的成本中，出现费用与成本时间上的不一致。

3.2.1　成本费用的划分

成本费用内容很广，项目繁杂，内容划分方法不一。这里根据不同的分类标准，分别介绍如下。

3.2.1.1　生产要素法

生产要素法按经济内容划分成本费用，也称为生产要素费用分类法，企业在一定生产时期发生的费用包括劳动对象、劳动力和劳动资料方面的投入费用。如仅根据费用的原始形态，不论在生产过程中的具体用途，企业的生产费用可划分为不同生产要素的费用，即外购材料、外购燃料和动力费、工资及福利费、折旧及摊销费、财务费用和其他费用等。

这种方法按经济内容将成本费用分为若干要素费用，即按照要素归并费用，所以又称要素费用法。此方法便于统计与编制采购计划，用于工程可行性研究与工程规划设计比较简单方便，一般水利工程建设阶段的费用计算多基于这一分类基础。

3.2.1.2　生产成本加期间费用法

生产成本加期间费用法按成本费用的经济用途划分成本费用，也称为制造成本法，是按费用的不同职能归并产品的成本项目，即按产品成本项目反映生产费用。该费用又称产品费用或制造成本，可分为以下成本项目，即生产成本（或生产经营成本，包括直接材料费、直接燃料和动力费、直接工资、其他直接费和制造费用）、管理费用、营业费用和财务费用，后三者统称为期间费用（图3.2）。按成本核算的要求，生产产品的直接费用应计入产品的生产成本；期间费用只能计入当期损益，不得列入生产成本。

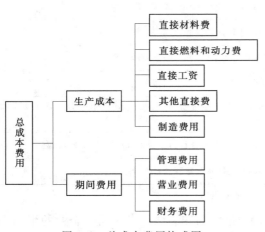

图3.2　总成本费用构成图

按经济用途划分成本费用，便于进行成本分析，与同行业之间进行比较，评价成本效益。

3.2.1.3　固定成本加可变成本法

成本费用的经济习性是它与生产量或销售量的依存关系。据此，可将成本费用分为变动成本（可变成本）和固定成本（不变成本）。可变成本指与产出量有直接关系，随产出增减而增减的那部分成本费用；含要素费用中原材料，燃料，动力，工资福利，运输及产品销售的部分，包含制造成本中的主要部分。不变成本是在一定时期、一定产量范围内不随产出变化的部分，与总的生产能力有关，如管理人员的工资、折旧、利息、保险等，不能在短期随产出变化，即便停产，也必须承担的那一部分成本费用。

这一分类方法在经济学中有重要意义。一般经济学中将经济活动分为短期与长期，因而相应的有短期成本与长期成本。在短期内，企业即使面对兴旺的市场，要想增加产品，只能增加劳动力、原材料等可变投入，加班加点，提高固定生产要素的利用率，导致可变成本增加，而来不及改变固定生产要素（如增加厂房、机械设备）。所以，为了经济分析需要，成本费用要分为可变和不变两部分，两者之和称为总成本。短期成本大多用于日常经营决策的经济活动分析中；而在长期运行中企业可以改变所有投入要素，因而也可改变固定生产要素。所以，长期经济活动的成本都是可变的。可以根据预计的市场情况，合理选择所有的生产投入最佳组合。例如规模的经济性问题，就是属于长期经济活动中企业规模与产出的关系，面对的是可变的总成本。项目或方案比较优选，都属于长期运行问题，而水利水电工程的管理、经营，则属于短期运行范畴。

3.2.1.4　水利工程管理中完全成本法

水管单位的成本核算长期采用完全成本法，按生产费用要素分类，包括年运行费用、折旧费、利息税金等几项。

3.2.2　年运行费用

年运行费用也称为经营成本，是指工程运行初期和正常运行期间每年需要支出的经常性费用，包括外购原材料、燃料及动力费，工资及福利费，修理费和其他费用。

3.2.2.1　外购原材料、燃料及动力费

外购原材料、燃料及动力费主要指工程在运行中所消耗的电、油及材料等费用，一般可按类似工程的实际支出估算，也可按建设项目的规模及预计运行状况进行估算。

3.2.2.2　工资及福利费

这项费用的多少与工程规模、性质、机构编制大小等有关。可按各省区各部门有关规定并参照类似工程设施的实际开支估算确定。

3.2.2.3　修理费

修理费主要指工程中各类建筑物和设备（包括渠道在内）的维修养护费，一般分为日常维修、岁修（每年维修一次，如渠道、堤防的岁修）和大修费等。大修理一般每隔几年进行一次，所以大修费并非每年均衡支出，但为简化起见，在实际经济分析中，往往将大修费用平均分摊到各年，作为年运行费用的一项支出。

日常的维修养护费用的大小与建筑物的规模、类型、质量和维修养护所需工料有关。一般可按相应工程设施投资的一定比率（费率）进行估算，也可参照同类设施、建筑物或设备的实际开支费用分析确定。

3.2.2.4　其他费用

其他费用指除上述三项以外的、需要计入年运行费用的各项开支，如汇兑损失、金融手续费、保险费、广告费、房产税、职工教育费、研究开发费等。

如果按制造成本法计算年运行费用，则年运行费用可直接从总成本费用中求出，即

$$年运行费用＝生产成本＋期间费用－折旧费－摊销费－利息支出$$
$$＝总成本费用－折旧费－摊销费－利息支出$$

以上相关费用成本以财务评价为基础，使用市场价格；6.3 节会讨论到，在国民经济评价时，要剔除转移费用，并使用影子价格，对财务费用成本进行调整。

3.2.3　固定资产折旧

折旧是指固定资产由于使用磨损或陈旧等因素造成的价值降低，是固定资产投资回收的方式，是固定资产投资归集到产品中的费用，是产品成本的一部分。

固定资产是资本性支出，有一定的使用年限，其价值要在预定的使用期内逐步地并最终全部地摊销到产品成本中去，在产品销售或服务收费（或国家补贴）的收入中得到相应的货币补偿，这种价值的转移过程称为折旧。有些项目建设有多种目标，某些投入是为两种以上目标或多个服务对象的共同投入，且对不同目标的功能、对不同对象的效益是不一样的，在项目评价时，常常需要将这些共同投入的投资费用在不同目标间和服务对象间进行分摊，分别承担。这种价值的分配称为投资费用分摊，分摊的办法将在 3.3 节进行详细介绍。

固定资产折旧的原因，是固定资产在生产经营和服务过程中虽然保持其原来的实物形态，但其功能却在逐渐损耗。应根据其发挥功能、产生效益的大小，将其损耗的价值转移到产出的成本中去，尽量符合会计学中的配比原则。配比原则是指一个会计期的收入和获得该收入所发生的费用要相对应，强调会计核算应反映费用与收入之间的因果关系。

固定资产的损耗包括实物形态的磨损和价值形态的贬值。其具体的概念和分类将在第 8 章讨论。

3.2.3.1　固定资产折旧计算的要素

固定资产折旧计算时，要用到下列 4 个计算要素。

1. 固定资产的原值

固定资产的原值即固定资产的原始成本。固定资产的投资大部分形成固定资产，还有一部分形成无形资产与递延资产；固定资产的原值指形成固定资产的那一部分投资。在可行性研究、初步设计或规划阶段，可简单地采用固定资产形成率乘固定资产总投资的方法求得固定资产原值。固定资产形成率应在设计概（估）算中通过分析确定，或根据类似工程的统计数据确定，取 0.85～0.95 不等。

2. 使用年限或折旧年限

它的确定与工程（设备）的实际寿命、经济使用年限、技术进步等因素有关。所谓工程的实际寿命是工程经受有形损耗所能延续使用的时间。水工建筑物的工程实际寿命是很长的。我国的许多水电工程建筑物使用已超过 30～40 年，但仍能继续使用许多年。加强维护是延长工程寿命至关重要的因素。从总体情况看，我国水利水电项目的设备与建筑物维护费用都不足，许多设备、建筑物老化损坏十分严重。当设备、建筑物受到损耗后，通过维护、大小修理可以恢复部分功能，延长工程寿命；但使用

时间越长，维护、修理费用越大，如果靠通过维修维持功能已划不来时，就不如更新改造。这种通过经济分析确定的固定资产最经济的使用年限，称为经济使用年限，一般比工程的实际寿命短。如果在经济分析中，通过与含高科技的设备比较，继续使用老设备的经济效益，不如更新为新设备时，这种考虑无形损耗的经济使用年限一般更短。这里不是不能用，而是不值得用了。关于建筑物及设备的更新将在第8章详细讨论。

水利水电工程固定资产的折旧年限在《水利建设项目经济评价规范》（SL 72—2013）中有规定，可参考使用。一般土建工程为30～50年，金属结构为20～50年，机电设备为10～25年，输配电设备为20～40年，泵为6～12年，工具设备为10～25年。

3. 固定资产净残值

固定资产退废后，有的可以收回一部分残料残件或最后处置价值，也会在清理退废固定资产时花去一定的清理费用。所以固定资产在退废时，要考虑净残值。一部分设备净残值为正，水工建筑物一般为负值。

4. 固定资产的折旧范围

在总的投资中，还有一部分计入其他摊销的资产或由其他方式已计入其价值的转移，为了规范折旧计算，会计制度规定一部分固定资产不计提折旧。未使用、不需要的机器设备，融资租出和以经营租赁方式租入的固定资产，建设项目交付使用前的固定资产，已提足折旧仍继续使用的固定资产，提前退废了的固定资产，破产、关停企业的固定资产等，不提取折旧。土地不存在磨损，也不提折旧。凡必须计提折旧的固定资产原值，才进行折旧。

3.2.3.2 折旧方法

折旧的方法很多，名称也不一样，工程经济涉及众多行业，以下着重介绍几种常用的折旧方法。

1. 直线折旧法

即将需折旧的固定资产原值，在其使用期限内，平均折旧。计算式如下：

$$d = \frac{K-S}{T} = K\ \frac{1-\dfrac{S}{K}}{T} = d_r K \tag{3.1}$$

式中：d 为年折旧额；K 为应计折旧的固定资产原值；S 为残值；T 为折旧年限；d_r 为年折旧率，常以百分率表示。

这种方法简单，适用于固定资产损耗均匀、无形损耗小的固定资产，如道路、输油管道。水利水电工程的固定资产基本上使用直线方法折旧。推荐按固定资产构成类别分别计算。

2. 工作量法

如能估算出固定资产所能完成的总工作量，如汽车吨公里数、公里数、设备台班数、小时数等，则可按使用过程各时段固定资产完成的工作量进行折旧，则有

$$d = \omega_k\ \frac{K-S}{W_k} = d_\omega \omega_k \tag{3.2}$$

式中：W_k，ω_k 分别为总工作量和年完成工作量；d_ω 为单位工作量的折旧额，有计量单位，如元/(t·km)，元/km，元/台班，元/h 等。

固定资产使用情况与年限不完全一致，各年使用程度不一，用年平均折旧不能反映固定资产价值转移状况；但许多固定资产损耗与工作量密切相关，虽然本法仍属线性方法，但各年折旧额不一样，完成工作量越多，折旧额越多，能比较好地符合配比原则。

3. 加速折旧法

一般地说，固定资产投产后，初期效率高，效益好，维修费用少，净效益或利润高，按照配比原则或相容性原理，应多提折旧，可使成本大致保持平衡，因而出现加速折旧法。直线折旧法对固定资产损耗的价值转移与其损耗量按直线关系计算，即损耗量达到一半，累积折旧额也达到一半，尚未折旧的固定资产值（固定资产账面价值）也是一半。如果想使使用时间达到一半时，累积折旧额超过一半，就得使用前大后小的递减折旧率。可以使用各种衰减曲线构造递减折旧率。其中有以下三种常用方法。

（1）自然数序列递减法，又称年数和法、年序加法。最容易的递减折旧率构造是自然数序列，有 N，$N-1$，$\cdots$，5，4，3，2，1。

序列和
$$SUM = \sum_{n=1}^{N} n = \frac{1}{2}N(N+1)$$

则序列 N/SUM，$(N-1)/SUM$，$\cdots$，$2/SUM$，$1/SUM$ 就是一递减折旧率，第 n 年的折旧额 d_n 为

$$d_n = (K-S)\frac{N-(n-1)}{SUM} = (K-S)\frac{2[N-(n-1)]}{N(N+1)} \tag{3.3}$$

（2）定率余额递减法，又称固定百分率法。采用固定资产账面值的固定比率 f 对固定资产进行折旧计算，使第 N 年的账面值刚好等于残值。

$$d_1 = Kf, d_2 = (K-d_1)f = K(1-f)f, d_3 = (K-d_1-d_2)f = K(1-f)^2 f$$

一般有

$$d_n = K(1-f)^{n-1}f \tag{3.4}$$

显然，年折旧率 $(1-f)^{n-1}f$ 是递减的，且 $n \to \infty$，年折旧费趋向无穷小。由式（3.4）可得，第 n 年账面价值为

$$B_n = K - \sum_{n=1}^{n} K(1-f)^{n-1}f = K(1-f)^n \tag{3.5}$$

最后一年末的账面价值，即第 N 年的残值为 $B_N = K(1-f)^N$，令 $B_N = S$，有

$$f = 1 - \sqrt[N]{\frac{S}{K}} \tag{3.6}$$

可知，年折旧费是递减的，且要求 $S > 0$。由式（3.4）得，年折旧额为

$$d_n = K(1-f)^{n-1}f \tag{3.7}$$

（3）双倍余额递减法，又称加倍递减平衡折旧法，即采用残值为零时的两倍直线折旧率对固定资产账面值余额进行折旧计算。在式（3.4）和式（3.5）中，令 $f = \dfrac{2}{N}$，得到双倍余额递减法的折旧费及账面价值的计算公式，分别为

$$d_n = K\left(1-\frac{2}{N}\right)^{n-1}\frac{2}{N} \tag{3.8}$$

$$B_n = K\left(1-\frac{2}{N}\right)^{n} \tag{3.9}$$

显然，年折旧率 $\left(1-\dfrac{2}{N}\right)^{n-1}\dfrac{2}{N}$ 是递减的，且 $n \to \infty$，年折旧费趋向无穷小。当存在残值 S，$n = N$ 时，账面值不等于 S。这样，在接近折旧年限末，要对年限末的几个 d_n 进行调整，一般是对最后 2 年按直线折旧进行调整，即最后 2 年的折旧费相等，使最后 1 年账面值等于 0 或者残值。这一点，是本方法的不足之处。

加速折旧法都是为了早期多提折旧，提前回收固定资产，更符合配比原则和使成本大体保持平衡。使用加速折旧还在一定程度上考虑无形损耗的影响，促使企业技术改造，加速资金回收，降低经营风险，所以企业会计准则规定，固定资产折旧应当采用直线折旧法（按年限年均或工作量平均），但对于技术进步比较快的行业，也可采用加速折旧法。

不管用什么方法，总折旧额都等于应折旧固定资产值，但直线折旧企业净效益均衡，若采用加速折旧法，前期折旧大，导致企业净收益相对减少，后期净收益相对增多，从而在缴纳所得税上表现为：加速折旧法推迟企业所得税缴纳时间，在若干年内企业无偿占用政府资金。这对企业是有利的，因而只有符合一定条件的企业可以采用加速折旧，例如电子、船舶、飞机、化工、医药等企业的机器设备的折旧。企业采用何种折旧方法，有一定自主权，但在经营期间应前后一致，采用同一种折旧方法。

【例 3.1】 某企业从事水泥预制管行业，有固定资产 30 万元，按 10 年折旧，残值 3 万元；有年均税前利润 8 万元（未扣除固定资产折旧），设所得税率为 33%。试按前述 4 个方法（除工作量法外）分别计算折旧额与缴纳的所得税。

解： 计算结果见表 3.2，从中可以看出：

（1）各方法折旧总额、所得税、利润都是一样的，唯各年分配不同。

（2）直线折旧法结果都是均匀的。加速折旧按前、后两个 5 年总额分析，前 5 年折旧总额在 3/4 左右，而所得税约 37%。与直线折旧法比，前 5 年无偿占用国家资金 2.2 万元左右。

（3）加速折旧法，折旧过程相差大；相对地说定率余额递减法的折旧速度稍快一点。如采用加速折旧法，宜用年数和法，计算比较简单；如嫌折旧率不固定，可采用双倍余额递减法。

表 3.2　各种折旧计算方法的折旧费、所得税比较

年度 n	直线折旧法				自然数序列递减法				双倍余额递减法				定率余额递减法			
	d_r	d/万元	B/万元	I/万元	d_r	d/万元	B/万元	I/万元	d_r	d/万元	B/万元	I/万元	d_r	d/万元	B/万元	I/万元
1	0.09	2.7	5.3	1.75	10/55	4.91	3.09	1.02	0.2	6	2	0.66	0.206	6.17	1.83	0.6
2	0.09	2.7	5.3	1.75	9/55	4.42	3.58	1.18	0.16	4.8	3.2	1.06	0.163	4.9	3.1	1.02
3	0.09	2.7	5.3	1.75	8/55	3.93	4.07	1.34	0.128	3.84	4.16	1.37	0.13	3.89	4.11	1.36
4	0.09	2.7	5.3	1.75	7/55	3.44	4.56	1.5	0.1	3.07	5	1.63	0.103	3.09	4.91	1.62
5	0.09	2.7	5.3	1.75	6/55	2.95	5.05	1.67	0.082	2.46	5.54	1.83	0.082	2.46	5.54	1.83
6	0.09	2.7	5.3	1.75	5/55	2.45	5.55	1.83	0.066	1.98	6.02	1.99	0.065	1.95	6.05	2
7	0.09	2.7	5.3	1.75	4/55	1.96	6.04	1.99	0.05	1.57	6.43	2.12	0.052	1.55	6.45	2.13
8	0.09	2.7	5.3	1.75	3/55	1.47	6.53	2.15	0.042	1.26	6.74	2.22	0.041	1.23	6.77	2.23
9	0.09	2.7	5.3	1.75	2/55	0.98	7.02	2.32	0.033	1.05	6.85	2.26	0.033	0.98	7.02	2.32
10	0.09	2.7	5.3	1.75	1/55	0.49	7.51	2.48	0.029	1.05	7.12	2.35	0.026	0.78	7.22	2.38
合计	0.9	27	53	17.49	1	27	53	17.49	0.9	27	53	17.49	0.9	27	53	17.49
说明	$d_r=(1-S/K)/10$ $d=d_r K$ $B=8-d;I=0.33B$				$d_r=N-(n-1)/55$ $d=(K-S)d_r=27d_r$				$d_r=\left(1-\dfrac{2}{N}\right)^{n-1}\dfrac{2}{N}=0.2\times(0.8)^{n-1}$ $d=30d_r$（第 9 年、第 10 年为修正值）				$f=0.2057$ $d_r=(1-f)^{n-1}f$ $d=30d_r$			

注　d_r 为折旧率，d 为折旧值，B 为税前利润（已扣除折旧费），I 为所得税。

3.3　费　用　分　摊

我国水利水电工程一般具有防洪、发电、灌溉、供水、航运等综合利用功能，为了合理确定各项功能的规模、核算各项功能的成本费用、向不同的受益部门或受益对象筹措建设资金，或者根据各功能的成本费用确定适宜的价格、评价各功能的效益或影响，需要将整个工程的费用在各功能之间进行合理分摊。综合利用水利工程投资费用分摊包括固定资产投资分摊和年运行费分摊。

3.3.1　综合利用水利工程费用构成及其特点

综合利用水利工程是国民经济不同部门为利用同一水资源而联合兴建的工程，按费用的服务性质，可以分为只为某一受益部门（或地区）服务的专用工程费用和配套工程费用，以及为综合利用水利工程各受益部门（或其中两个以上受益部门）服务的共用工程费用；若按费用的可分性质，又可以分为可分离费用与剩余费用两部分。

3.3.1.1　专用工程费用与共用工程费用的划分

专用工程费用是指参与综合利用的某一部门为自身目的而兴建的工程（不含配套工程）的总投入，包括投资、年运行费用和设备更新费，该费用由各部门自行承担。共用工程费用是指为各受益部门共同使用的工程设施投入的投资、年运行费用和设备更新费等，该费用应由各受益部门分摊。

各部门的专用工程费用和配套工程费用在数量上以及投入的时间上相差很大。相对来说，水库防洪的专用工程费用小（大坝既是防洪的主要工程措施，又为各受益部门所共用），基本上没有配套工程；发电部门的专用工程费用和配套工程费用都比较多；航运部门的专用工程费用比发电部门少，但配套设施的费用很大；灌溉部门的专用工程（主要是引水渠首）费用很小，配套工程费用大。航运专用工程投资一般在水库蓄水前要全部投入；发电专用工程投资（主要是机电设备）大部分可在水库蓄水后随着装机进度逐步投入，配套工程投资可在水库蓄水后逐步投入。

共用工程费用主要包括大坝工程投资和水库淹没处理费用，其大小主要取决于坝址的地质、地形条件和水库淹没区社会经济条件，在不同自然条件和社会经济条件下建设相同规模水利工程其投资费用可能相差数倍。共用工程费用投入时间较早，全部或绝大部分要在水库蓄水前投入。

在工程的投资概（估）算时，专用工程投资和共用工程投资是统一计算的，很多投资项目是共用投资与专用投资互相交叉在一起。在进行综合利用水利工程费用分摊时，首先需要正确划分专用工程投资和共用工程投资。根据水利工程投资估算的方法和特点，一般可分以下两步进行。

第一步：按投资估算的原则，将综合利用水利工程投资按大坝、电站、通航建筑物、灌溉渠首及其他共用工程进行初步划分。其原则和方法是：按工程量计算出的该建筑物的直接投资及按此投资比例算出的临时工程投资和其他投资，一并划入该建筑物投资；其余投资则列入其他工程投资。

第二步：由于各建筑物投资并不一定就是本部门的专用投资（如通航建筑物等），

因此，还需在第一步划分的基础上进一步将各建筑物的投资根据其性质和作用分为专用和共用两部分。其原则和方法如下：

（1）坝后式水电站的厂房土建和机电投资费用专用于发电，应全部划入发电专用投资费用。河床式电站厂房土建部分既是电站的专用工程设施，又起挡水建筑物的作用，其投资费用应在发电专用和各部门共用之间进行适当划分。

（2）用于灌溉的渠首建筑物、控制设备都明显属于灌溉的专用工程费用，其费用应列入灌溉的专用工程费用。从综合利用水利工程来说，灌溉引水干支渠费用均属于配套工程费用。

（3）通航建筑物（如船闸、升船机等）的投资费用，应根据不同情况区别对待：对于原不通航河流，若兴建水利工程后，使河流变为通航的河流，则所建的通航建筑物，不论其规模大小，所需投资费用均应列为航运的专用投资费用；对于原通航河流兴建水利工程，若所建的通航建筑物规模不超过河流原有通航能力，则所建的通航建筑物属于恢复河流原有通航能力的补偿性工程，其所需投资费用应作为各受益部门的共用投资费用；若其规模超过河流原有通航能力时，则其超过部分应划为航运的专用投资费用，等效于河流原有通航能力的部分仍划为各受益部门的共用投资费用。当初步估算其共用和专用投资费用时，可按天然河道通航能力与通航建筑物通航能力的比例估算。

（4）综合利用水利工程的大坝工程，具有防洪专用和为各受益部门共用的两重性，只将为满足防洪需要而增加的投资费用划为防洪专用投资费用，其余费用作为各受益部门的共用投资费用。

（5）开发性移民的水库移民费用含有恢复移民原有生产、生活水平的补偿费用和发展水库区域经济的建设费用，应将其费用划分为补偿和发展两部分，前者为各受益部门的共用费用，后者另做研究处理。划为发展部分的费用应包括：扩大规模所增加的费用、提高标准所增加的费用、以新补旧中的部分折旧费。

（6）对于供水工程，其取水口和引水建筑物的投资费用应列入供水的专用工程投资费用。如果供水工程的取水口及引水建筑物与其他工程共用，则取水和引水建筑物的投资费用应根据各部门的引水量进行分摊。

（7）对于渔业、旅游、卫生部门而言，都需要追加额外的投资费用，这些部门的专用工程费用一般不计入综合利用水利工程的总投资费用，这些部门一般也不参加综合利用水利工程共用投资费用的分摊。但过鱼设施属补偿性工程设施，其投资费用一般应列入共用工程投资费用。

3.3.1.2　可分离费用与剩余费用的划分

边际费用即工程在原有基础上增加一个功能所增加的费用，根据相容性，所增加的费用应该由所增加的目标或功能的受益者承担。某部门的可分离费用是指综合利用水利工程中包括该目标与不包括该目标总费用之差（其他目标效益不变）。例如一个兼顾防洪、发电、航运三目标的综合利用水利工程，其防洪可分离费用就是防洪、发电、航运三目标的工程费用减去发电、航运双目标的工程费用。根据边际费用原理，某部门的可分离费用应该由该部门承担。剩余费用是指综合利用水利工程总费用减去各目标可分离费用之和的差额。与前面专用工程费用与共用工程费用划分相比，这种划分把各目标的专用工程费用最大限度地划分出来，由各目标的受益者自行承担，显然需要分摊的剩余费用比共用工程费用要小。

可分离费用和剩余费用的划分一般在专用工程费用与共用工程费用划分的基础上进行，划分时需要大量的设计资料。为了节省设计工作量，应充分利用已有资料，并做适当简化。

可分离费用和剩余费用的划分，把各目标的专用投资费用最大限度地划分出来由各部门自行承担，从而减少了由于分摊比例计算不精确而造成的误差，是一种比较合理的方法，在美国、欧洲、日本、印度等国家或地区得到广泛采用。

表 3.3 所列为某综合利用水利工程的主体工程投资按以上两种方法划分结果。

表 3.3 综合利用水利工程的主体工程投资划分结果 单位：万元

序号	项 目	防洪	发电	航运	合计	说 明
1	主体工程投资		298280			
2	其中：专用工程投资	18760	89450	3962	112172	按投资的服务性质划分
3	共用工程投资		186108			
4	其中：可分离投资	18760	118763	8512	146035	按投资的可分性质划分
5	剩余投资		152245			

3.3.2 综合利用水利工程费用分摊方法

国内外已提出和使用过的费用分摊方法有 30 多种，本节主要介绍实际工作中较常用的费用分摊方法。各种分摊方法的目的，就是计算出各参与部门合理的分摊比例，根据分摊比例再进一步计算各部门分摊枢纽工程投资和年运行费用的数额。

3.3.2.1 按各部门最优等效替代方案费用现值的比例分摊

此法的基本设想是：如果不兴建综合利用水利工程，则参与综合利用的各部门为满足自身的需要，就得兴建可以获得同等效益的工程，其所需投资费用反映了各部门为满足自身需要付出代价的大小。因此，按此比例来分摊综合利用工程的投资费用是比较合理的。此法的优点是不需要计算工程经济效益，比较适合于效益不易计算的综合利用工程。缺点是需要确定各部门的替代方案，各部门的替代方案可能有多个，要计算出各方案的投资费用，并从中选出最优方案，计算工作量大。

采用此法时，一般应按替代方案在经济分析期内的总费用折现总值的比例分摊综合利用水利工程的总费用。第 j 部门分摊比例 α_j 表达式为

$$\alpha_j = C_j / \sum_{i=1}^{m} C_i \tag{3.10}$$

式中：C_j、C_i 分别为第 j 部门和第 i 部分最优等效替代措施折现费用；m 为参与综合利用费用分摊的部门个数。

3.3.2.2 按各部门可获得效益现值的比例分摊

兴建综合利用水利工程的基本目的是获得经济效益，因此按各部门获得经济效益的大小来分摊综合利用工程的费用也是比较公平合理的，也易被接受。不过综合利用工程各部门的效益是由共用、专用、配套工程共同作用的结果，如果按各部门获得的

总效益的比例分摊共用工程费用，则加大了专用和配套工程大的部门分摊的费用；另外，综合利用工程各部门开始发挥效益和达到设计效益的时间长短不同，一般情况是防洪、发电部门开始发挥效益和达到设计效益的时间较快；灌溉部门因受配套工程建设的制约，航运部门因受货运量增长速度的影响，均要较长的时间才能达到设计效益。如果按各部门的年平均效益的比例分摊共用工程费用，将使效益发挥慢的部门分摊的费用偏多，效益发挥快的部门分摊的费用偏少。因此，采用此法计算分摊比例较合理的做法是，将各部门效益现值减去各部门专用和配套工程费用现值后得到剩余净现值，再计算各部门剩余净现值，各部门占剩余净现值总和的比例，即为各部门的分摊比例 α_j。其计算表达式为

$$\alpha_j = \frac{PB_j - PO_j}{\sum_{j=1}^{m}(PB_j - PO_j)} \tag{3.11}$$

式中：PB_j 为第 j 部门经济效益现值；PO_j 为第 j 部门配套和专用工程费用现值。

3.3.2.3　按"可分离费用-剩余效益法"分摊

可分离费用-剩余效益法（seperable cost - remaining benefit method，SCRB 法）的基本原理是：把综合利用工程多目标综合开发与单目标各自开发进行比较，所节省的费用被看作是剩余效益的体现，所有参加部门都有权分享。首先从某部门的效益与其替代方案费用之中取最小值作为某部门的合适效益，将其合适效益减去该部门的可分离费用得到某部门的"剩余效益"PS_j。按各部门剩余效益占各部门剩余效益总和的比例计算分摊比例 α_j。其计算表达式为

$$\alpha_j = \frac{PS_j}{\sum_{j=1}^{m} PS_j} \tag{3.12}$$

此法理论上比较合理，可以将误差降到最低限度，但是需要大量的资料。为此，有的学者和专家在 SCRB 法的基础上，提出了修正 SCRB 法和基于可分离费用的按其他指标进行分摊的方法。

修正 SCRB 法主要考虑到综合利用工程各部门的效益并不是立即同时达到设计水平的，而是有一个逐渐增长过程。计算各部门效益时应考虑各部门的效益增长情况，在效益增长阶段分年进行折算，如增长是等差的或等比的，则可运用等差或等比系列复利公式计算（见第 4 章）；达到设计水平后则运用复利等额系列公式计算；然后把两部分加起来，即可得出各部门在计算期的总效益现值。

基于可分离费用的按其他指标进行分摊的方法，主要考虑分离费用这一思路的合理性，近年来国内外开始把这一思路推广应用于按库容（或用水量）比例、按分离费用比例、按净效益比例、按替代方案费用比例、按优先使用权等方法分摊剩余费用。

3.3.2.4　按各部门利用建设项目某些指标的比例分摊

水是水利工程特有的指标，综合利用各部门要从综合利用工程得到好处都离不开"水"，防洪需要利用水库拦蓄超额洪水，削减洪峰；发电需要利用水库来获得水头和调节流量；灌溉需要利用水库来储蓄水量；航运要利用水库抬高水位，淹没上游滩险

和增加下游枯水期流量，提高航深……同时，水利工程费用也与水库规模大小成正比，水库越大，费用也越多。因此，按各部门利用库容或水量的比例来分摊综合利用工程的费用是比较合理的。

此法概念明确，简单易懂、直观，需要的资料比较容易获得，分摊的费用较易被有关部门接受，在世界各国获得了广泛的应用，适用于各种综合利用工程的规划设计、可行性研究及初步设计阶段的费用分摊。此法存在的主要缺点有 3 个。一是它不能确切地反映各部门用水的特点，如有的部门只利用库容、不利用水量（如防洪），有的部门既利用库容、又利用水量（如发电、灌溉）。同时，利用库容的部门的利用时间不一样，使用水量的部门对季节的要求不一样，水量保证程度也不一样。二是它不能反映各部门需水的迫切程度。三是由于水库水位是综合利用各部门利益协调平衡的结果，水库建成后又是在统一调度下运行的，因此，不能精确地划分出各部门利用的库容或者水量。为了克服上述缺点，可以适当计入某些权重系数，如时间权重系数、迫切程度权重系数、保证率权重系数等。例如，对共用库容和重复使用的库容（或水量）可根据使用情况和利用库容时间长短或主次地位划分；对死库容，可按主次地位法、优先使用权法等在各部门之间分摊，并适当计入某些权重系数。

3.3.3　综合利用水利工程费用分摊的步骤

由于费用分摊涉及工程特性、任务、水资源利用方式和经济效益计算等许多因素，不确定性大，在理论和实践上，至今还没有一种能为各方面完全接受的最好方法，但许多方法都从不同侧面反映了费用分摊的合理性。同时，不同部门、不同人对不同的分摊方法又有不同的意见，这就可能导致各部门、各人对所选费用分摊方法的意见分歧。为了克服按单一分摊方法所得结果可能出现的片面性，提高费用分摊成果的合理程度，我国有关规程规范和许多专家学者都建议，对重要的大、中型综合利用水利工程进行费用分摊时，采用多种方法进行费用分摊的定量计算，然后通过分析确定各部门应承担综合利用水利工程费用数额。本节主要讨论如何在采用多种费用分摊方法计算的基础上，合理确定各部门应承担综合利用水利工程费用的综合比例及其份额问题。

采用多种方法进行费用分摊计算后，求各部门综合分摊系数和份额的基本思路是根据各种费用分摊方法对该工程的具体适应情况，给予不同的权重，然后进行有关运算，得出其综合分摊结果，最后，结合考虑其他情况（如各部门的经济承受能力），确定其分摊比例和份额。

采用综合分析方法如同多目标方案综合评价一样，关键在于合理确定各种分摊方法的权重系数。

综上所述，对综合利用水利工程费用分摊的研究，一般可按以下步骤进行。

1. 确定参加费用分摊的部门

不一定所有参加综合利用的部门都要参与费用分摊，应根据参加综合利用各部门在综合利用水利工程中的地位和效益情况，分析确定参加费用分摊的部门。

2. 划分费用和进行费用的折现计算

根据费用分摊的需要，将综合利用水利工程的费用（包括投资和年运行费）划分为专用工程费用与共用工程费用，或可分离费用与剩余费用，并进行折现计算。

3. 研究确定本工程采用的费用分摊方法

目前，国内外研究提出的费用分摊方法很多，但由于费用分摊问题十分复杂，涉及面广，到目前为止，还没有一种公认的可适用于各个国家和各种综合利用水利工程情况的费用分摊方法。因此，需根据设计阶段的要求和设计工程的具体条件（包括资料条件），选择适当的费用分摊方法。有条件时，可由各受益部门根据工程的具体情况共同协商本工程采用的费用分摊方法。对特别重要的综合利用水利工程，应同时选用 2～3 种费用分摊方法进行计算，选取较合理的分摊成果。

4. 进行费用分摊比例的计算

根据选用的费用分摊方法，计算分析采用的分摊指标，如各部门的经济效益，各部门等效替代工程的费用，各部门利用的水库库容、水量等实物指标等；再计算各部门分摊综合利用水利工程费用的比例和份额。当采用多种方法进行费用分摊计算时，还应对按几种方法计算的成果进行综合计算与分析，确定一个综合的分摊比例和份额，比如取平均值或加权平均值等。

5. 对费用分摊的比例和份额进行合理性检查

任何涉及经济利益的事都是有争议的，综合利用水利工程费用分摊由于涉及不确定性因素多，更容易引起争论，目前还没有一个十全十美的方法能圆满解决各利益主体之间的矛盾，但为了使分摊的结果相对合理一些，提出若干费用分摊原则是必要的。费用分摊是否合理，不同于方案优选中的总效益最大或总费用最小，关键在于是否"公平"，即应遵守若干公平性原则，其细则如下：

（1）各部门自身需要的专用工程费用和配套工程费用，应由相应部门承担。

（2）某个部门的效能因兴建本项目而受到影响时，为恢复其原有效能而采取的补救措施所需费用，应由各部门分摊；超过原有效能而增加的工程费用，应由该部门承担。

（3）各部门共同需要的共用工程费用，应由各部门分摊。其费用分摊应体现综合利用任务主次和效益大小，各受益部门分摊的费用，应具有合理的经济效果。

（4）各受益部门分摊的总费用，应不小于该部门的专用工程费用和配套工程费用；如果使用可分离费用-剩余效益法分摊时，各部门分摊的费用应不小于其可分离费用。同时，各部门分摊的费用，也不能大于相应部门替代方案的费用。

（5）各受益部门分摊的总费用，应小于该部门的效益。鉴于综合利用水利工程中有些部门没有直接财务效益或其财务效益不能反映其真实效益，应采用其国民经济效益。

（6）任意若干部门分摊的费用之和都应小于或等于这几个部门联合兴建这项综合利用工程的费用。

（7）计算费用分摊比例和数额时所采用的费用和经济效益指标要口径对应，避免犯逻辑上的错误。

（8）鉴于费用分摊问题的复杂性和综合利用水利工程各部门的效益具有不确定性，对重要工程，应采用多种方法进行计算，分析各部门费用分摊比例和数额的变化范围，再由各部门协商确定。

（9）由于综合利用水利水电工程各部门效益的稳定程度不同，财务效益不同，在确定各部门分摊费用的比例和数额时，还应考虑各部门的经济承受能力。

6. 分析确定各部门分摊的费用在建设期内的年度分配数额

为了满足动态经济分析的需要，费用分摊时除研究各部门分摊综合利用水利工程费用总的数额外，还应研究各部门分摊费用在建设期内的年度分配数额，即费用流程。由于共用工程费用与各部门专用工程费用和配套工程费用的投入时间和年度分配情况都不相同，因此，不能按同一分摊比例估算各部门在建设期内各年度的费用，而应分别计算。其方法是：首先按各部门分摊比例乘共用费用在建设期内各年度的费用数额即得各部门各年度的共用费用数额，再加本部门专用和配套工程费用在对应年度的费用数额，即为某部门分摊的费用在建设期各年度的数额。

3.4　工　程　效　益

建设项目的效益是指项目对国民经济所做的贡献或投资单位获得的收益。在项目评价与费用效益分析中，都要对投入产出的效益进行对比，以确定项目对投入资源的利用效率，高效率项目方案可能是最优方案，所以，项目的效益是项目优选的基本依据。从经济学上说，项目的效益是项目投入的机会成本，如果项目能被立项建设，其投入便失去了在其他项目上获利的可能性，它的效益，应该用其未能在其他项目上获利的损失来衡量。项目建设以后，涉及对影响范围的社会、经济、环境的直接或间接的影响，因而也涉及各种效益的估计，涉及技术、经济、社会、环境等多个领域，往往是很复杂的。

3.4.1　效益的分类

效益的分类方法很多，根据不同的分类方法有直接效益、间接效益，有形效益、无形效益，主要效益、次要效益，正效益、负效益，毛效益、净效益，内部效益、外部效益，财务效益、经济效益等。下面择其主要予以阐述。

3.4.1.1　直接效益与间接效益

直接效益和间接效益是基于效益的计算范围划分的。直接效益指项目产出物产生的、在项目范围内计算的效益。项目范围主要指项目目标所包含的服务对象。所以直接效益是指项目的目标产出（物品或服务）的效果，它是主要的、有形的、市场的、内部的、经济或财务上的效益；在经济上表现为产出物满足国内需求，增加出口创汇，减少进口节约外汇，替代其他项目（企业）低经济效率的产出以减少国家资源消耗等。例如防洪项目减少的直接经济损失，如土地、城镇的淹没，财产损失等；灌溉项目增加农作物的产量，以满足需求，增加出口，减少进口等。

相应的直接费用是指在项目范围内计算的投入费用；在经济上表现为其他部门为供应项目投入物而扩大规模所消耗的资源，减少对其他项目投入（或最终消耗）而放弃的效益，增加进口（或减少出口）所耗用（或减收）的外汇等。

间接效益指由项目引起的而在直接效益中未得到反映的外部效益，即仅仅通过产出物（物品或服务）不能包括的效益。例如洪涝灾害带来的通信、交通线路的破坏，商业建筑物及货物的淹没，农作物的减少等是直接损失，减少这部分损失便是直接效益；而通信中断、商业停顿的巨大影响，如 1998 年湖北大洪水造成长江通航中断 43 天，给许多大型厂矿原材料供应、产品运输带来的损失，农作物减产给国民经济带来的损失等，减免这些损失，是项目的间接效益，但它是项目直接产出物效益的效益或项目功能的延伸。又例如对河流枯水期供水以改善航运，但却同时改善了下游水质和环境，前者是由航运投资形成的直接效益，但后者却没有具体单位承担其费用，也没有法律或法规依据向受益者收取费用，属于外部的、非市场的、社会的、环境的间接效益。

与间接效益相对应，间接费用则是在直接费用中未能反映的确实由项目带来的费用，与间接效益相对应。例如，水库可带来旅游效益，以往一般不考虑；如要考虑，则应同时考虑其费用。根据效益费用对应的原则，在经济评价中包含了哪一项间接效益，也应包括哪一项间接费用。

认真分清效益、费用的类别，主要是为了效益、费用相对应，便于全面考察项目的效益和费用。在项目评价中，财务评价只计算直接效益，并应有实在的资金收入；相应的也只计算直接费用，即投资、管理单位直接资金支出。而经济评价中还应对显著的间接效果（包括间接效益和间接费用）做定量分析，以货币形态表示；不能做定量分析和货币表示的，要有定性描述。

3.4.1.2　有形效益与无形效益

按项目效益可定量计算和不可定量计算的情况，将工程效益分为有形效益与无形效益。有形效益是指可以用货币或实物指标表示的效益，如防洪效益中可以减免的国民经济损失（可用货币表示）和伤亡人口（可用实物指标表示）。无形效益是指不能用货币和实物指标表示的效益，如水利工程建成后促进地区综合经济和教育事业的发展，促进社会安定和国防安全，提高国际声望等。在对水利工程进行效益分析时，无论有形效益与无形效益，都应进行全面论证分析。对于不能用具体指标表达的无形效益，可以用文字详细明确地描述，以便对水利工程的效益进行全面、正确地评估。

3.4.1.3　正效益与负效益

按项目对国民经济发展的作用和影响，将工程效益分为正效益和负效益。工程建成后，对社会、经济、环境带来的有利影响，称为正效益；对社会、经济、环境造成的不利影响，称为负效益。例如某水库建成蓄水后，由于水体的巨大压力，可能引起诱发地震；有些水库蓄水后产生大面积浅水区，导致疟蚊滋生繁殖，或者钉螺面积扩大，形成血吸虫病的流行区；修建水库，总要淹没农田、城镇、矿藏、交通干线或文化古迹等，造成资源的损失；发展灌溉工程，可能需要大量引水，如无相应的配套排水措施，可能引起灌区地下水位上升，导致土壤盐碱化和沼泽化等负效益。在水利工程效益分析中，不仅要计算正效益，也要考虑负效益，以便对水利工程进行全面正确地评估。

3.4.1.4 经济效益与财务效益

按项目效益的评价角度，将工程效益分为经济效益（或称国民经济效益）和财务效益。经济效益是指站在国家角度（国民经济角度）计算的工程效益，如防洪减免的国民经济损失和可增加的土地开发利用价值，工农业供水可增加的国民经济效益等。财务效益是指站在项目核算单位角度计算的工程效益，如工农业供水的水费收入、水力发电的电费收入、防洪保护费收入等。

应该指出的是，由于水利工程的行业特点，水利工程经济效益和财务效益计算的途径和方法不同，效益额相差悬殊，如工农业供水的经济效益，是按供水项目向工矿企业、居民、农业、林业、牧业等提供生产、生活、灌溉用水可获得的效益计算；而财务效益则按供水水价计算。据长江中游地区已建成的 8 座水利工程的实际资料分析，水力发电工程的财务效益为其经济效益的 34.2%，灌溉工程的财务效益为其经济效益的 3.5%，防洪工程的财务效益为 0；防洪、发电、灌溉 3 个部门综合起来计算，财务效益仅为其经济效益的 12.6%。

3.4.2 效益计算的基本方法
3.4.2.1 有无项目对比法

效益计算的基本方法是有无项目对比法，通过项目区内有项目与没有项目的差别即项目带来的变化量，来评价项目的效果。这种差别或变化包括投入的消耗与产出的增加，净效益就是效果的增加与费用增加之差。这种方法要求有项目与无项目同期的资料序列（包括产出与投入），如果没有其他因素的影响，有无项目序列之差就是项目的效益。它的基本假设是因果相应，即由什么样的原因，引起产出的相应效果，就是该原因的效益。在数学上可用偏微分的积分表示。以某农业生产为例，有粮食生产函数 $g = f(x, y, z \cdots)$，投入 x，y，$z \cdots$ 为肥料、劳动量、土地等。严格地说，在粮食的生产中，根本无法区别全部粮食产出 g 中，有多少是化肥的贡献，有多少是土地的贡献等，缺乏任何一项投入，生产都会停顿。但是却可能回答下面的问题，即如果其他一切投入都不变时，多用一公斤化肥，能产多少粮食，这就是产出对化肥的偏导数或边际产出，即 $\dfrac{\partial f}{\partial x}$。很明显，$\dfrac{\partial f}{\partial x}$ 的值，不但取决于已经投入的化肥量，而且取决于其他投入品的数量，因而有

$$g(x) = \int_0^x \frac{\partial f}{\partial x} \mathrm{d}x \tag{3.13}$$

称为化肥的效益函数，它是一个偏导数的积分，表示由什么原因引起什么样的效果，不同的原因有不同的效果，当其他条件都未变化，仅仅有 x 变化，由此引起的效果，在逻辑上说，只能归因于 x 投入。基于这种因果关系，效益是偏导数的积分，偏导数又是其他投入的函数，建立了效益计算的基本方法。在实际项目评估中，一般无法求得生产函数，因而也无法得到该函数的偏导数，但却可能得到在其他投入不变，仅变化某一项投入时产出变化资料，即有无项目对比资料，据此计算某项投入变化所对应的效益。

还有一种常用的方法，即项目变化前后的分析方法。由于现代科技和经济的发

展，项目区如果不建项目，也会变化，因而项目前后变化不能完全归因于项目，还有其他因素的影响。例如在防洪区，即使在项目区没有防洪项目，随着时间推移，经济也要增长；在灌区即使没有灌溉，生产率也会提高，作物产量也会增加。这样防洪或灌溉项目兴建前后经济的增长就不能全归因于防洪或灌溉项目本身，而应与其他因素影响进行分摊，防洪或灌溉项目只应分摊得到其应取得的效益分量。在无法获得有无项目对比资料时，有时也采用这种分摊的方法。项目分摊效益的比例称为分摊系数，应通过调查资料或者设置专门的对比试验分析确定。

3.4.2.2　最优替代费用法

最优替代费用法也称最小替代费用法。最小替代费用法基于这样的假定，即如果对项目产出的需求很强，即使不采用拟投建的项目，也一定要采用其他项目，以实现项目的目标。因而拟建项目的效益至少应等于另一个达到同样目标的最优项目的费用。当拟建项目效益难以计算时，可采用本方法；而且，即使可以计算出项目的效益，也常采用本方法进行校核。最小替代费用指能达到与拟建项目同样效益的另一个最好的项目（即费用最小的项目）的费用。由于拟建项目是在各种方案比较后选出来的最优项目，因而其费用应该比最小替代费用小，可以保证用此方法计算的净效益是正值。城镇供水、小水电、航运、渔业、改善水质等项目，常采用这一方法作为效益计算或校核。

3.4.2.3　影子价格法

在国民经济评价中，投入与产出物品都按影子价格计算。在经济分析中，影子价格是资源最优配置条件下的均衡价格，因而产出物的影子价格代表了在均衡条件下的机会成本，代表单位产出品的效益。在水利水电项目效益计算中，灌溉、城镇供水、渔业、水质改善项目，也有采用水的影子价格或供水的影子价格乘供水量，或产出物（如渔业）乘以相应产品的影子价格来确定或校核其效益。

3.4.2.4　支付意愿法

支付意愿法也称为条件价值评估法、权变估值法、调查评价法。

支付意愿（willingness to pay，WTP）是指消费者接受一定数量的消费物品或劳务所愿意支付的金额，是消费者对特定物品或劳务的个人估价，带有强烈的主观评价成分。支付意愿法在环境质量、公共物品的需求、政策的效益评估、野生动物保护的经济价值评估等效益的估算中被广泛应用。

采用支付意愿法进行工程效益的估算通过问卷调查进行资料收集。问卷调查有开放式问卷法与封闭式问卷法。开放式问卷直接询问人们对于产品或服务的最大支付意愿，尽管易于提问，但受访者在回答问题时却有一定的难度，易产生大量的不回答、许多"零"支付、部分过小和过大的支付现象，对产品或服务的具体对象不熟悉时尤为如此。封闭式问卷法也称二分选择问卷，受访者面对一个支付意愿标值只需回答"是"或"否"。该问卷形式更能模拟真实市场，便于受访者回答，也克服了开放式问卷中常见的没有回应的问题。1991 年，Hanemann 等又引入了双边界二分式问卷（double‐bounded DCQ）：假如受访者对第一个 WTP（支付意愿）值回答为"是"，那么第二个支付意愿标值就要比第一个大一些，反之就要小一些。与单边界二分式问卷相比，这种方法能够提供更多的信息，在统计学上也更为有效。然而封闭式问卷的不足之处在于：需要处理大量的样本，存在"胖尾"现象（指有大量的"非期望值"位于数值分布上扬的尾部），定价范围需预先估定，WTP值带有主观性；要求更复杂的统计处理等。在封闭式问卷与开放式问卷的对比实验中，前者获得的WTP往往要高于后者。

水利项目的效益有随机性，应计算出多年平均效益，有时还应计算相当于设计标准的年效益或小频率事件的效益，如特大洪水年、特大干旱年的效益，以评估可能发生的特殊情况的影响，供决策时参考。

思 考 与 习 题

1. 工程的资产包括哪些内容？

2. 工程的投资如何划分？在国民经济评价和财务评价中，投资的内容有何不同？

3. 项目投资估算和后评价的资产估算有何不同？

4. 折旧有哪些计算方法？为什么有些行业要采用快速折旧？

5. 工程效益的计算有哪些方法？各种方法有何特点？

6. 为什么要进行投资费用分摊？投资费用分摊常用哪些方法？如何检验分摊结果的合理性？

7. 设某项固定资产的原值为1万元，使用寿命为5年，残值按原值的10%考虑，试分别用直线法、双倍余额递减法、年数总和法计算各年的折旧费和固定资产的账面价值，并绘制不同年份的固定资产的账面价值的变化曲线。

8. 某设备原价15000元，第一年运行费1500元，从第二年开始，每年的运行费在上一年的基础上逐年增加300元，试计算其经济寿命。

9. 有一项目固定资产原值为60万元残值为0，年维修费第一年为6万元，以后每年在上一年的基础上递增2万元；同样，第一年固定资产的管理费用为1.0万元，以后每年在上一年基础上递增0.4万元。试按年平均费用最小来确定该项目的经济寿命。

10. 某水利综合经营公司的固定资产原值为11万元，使用期为5年。5年后得残值为1.0万元。生产某种水泥制品，每年盈利额为5万元（未扣除折旧，为纳税前的毛利润）。试用本章所述几种方法计算折旧费和纳税金额（税率为33%）。

11. 某综合利用水利工程，以防洪灌溉为主，发电结合灌溉进行且无专门发电库容，也不允许专门为发电供水，已知水库共用工程的总投资为48万元，共用工程的年运行费为12万元，总库容为3.5亿 m^3，其中死库容为0.3亿 m^3，灌溉库容为2.1亿 m^3，防洪库容为1.1亿 m^3，试分摊该水库的投资和年运行费。

12. 现行投资费用分摊方法很多，有按各部门用水量分摊的，有按所需库容分摊的，有按各部门效益分摊的，有按国际上一般采用的SCRB法分摊的等，试述各在何种条件下采用？

第4章
资金的时间价值与等值计算

　　兴建一项工程是为了在一定的时间里增加生产、增加社会福利或减少损失，工程的兴建和运行所发生的支出或收入都是一个时间过程，处在不同时点上的资金，所参与经济活动的时间长短不一，发挥作用的大小就会不同。考察资金的时间价值，不仅要考察资金数额的大小，同时也要考察资金发生作用的时间，包括时点的位置及时间的长短。本章主要讨论资金的时间价值及不同作用时间的资金的等效值折算技术。

4.1　资金的时间价值

4.1.1　资金时间价值的含义

　　在工程经济学中，资金是指一切具有使用价值或价值的经济资源，包括土地、劳力、生产资料以及货币等，并统一用与货币具有同一单位的价值量来描述。在市场经济条件下，将资金投入生产或流通均能产生新的价值，前者表现为利润，后者表现为利息。资金时间价值的大小不仅与资金的投入量有关，而且也与投入的时间有关，因此，即使不存在通货膨胀或通货紧缩，等量资金在不同时间具有不同的价值，即资金的价值不仅表现在数量上，而且表现在时间上。所谓资金的时间价值，就是指资金在生产或流通过程中随时间的推移可以产生新的价值。例如，某人将10万元现金存入银行，在年利率为10%的条件下，一年后该笔存款的本利和将达到11万元。假定不存在通货膨胀因素，两者之间的差额1万元就是时间价值。

　　但是并非任何资金都存在时间价值。如资金所有者把钱储存起来，不管经过多长时间都不会增加新的价值。只有将资金投入到生产或流通中才能产生时间价值。所以资金的时间价值是资金在周转使用中产生的，是资金所有者让渡资金使用权参与社会财富分配的一种形式。

　　资金在周转使用中为什么会产生时间价值呢？这是因为任何资金使用者把资金投入生产经营以后，劳动者借以生产新的产品，创造新价值，会带来利润，实现增值。周转使用的时间越长，所获得的利润越多，实现的增值额越大。所以资金时间价值的实质，是资金周转使用过程中由劳动创造的新的价值。

　　由此可见，资金时间价值是广泛、客观存在的，是十分重要的经济学概念，理解资金时间价值无疑是非常必要的。项目评价和方案比较等都必须考虑资金时间价值。也就是说不同时间的等量资金具有不同的价值，因而不能直接比较和简单汇总，必须将其换算至同一时间点上的价值，才能汇总、比较和分析。

资源 4-1
资金时间
价值含义

4.1.2 衡量资金时间价值的尺度

4.1.2.1 绝对尺度——利息和利润

通常把借款人使用了贷方的资金，作为报酬向贷方支付的资金称为利息，而将资金投入生产和流通领域所获得增值的那部分资金称为利润（或称盈利、净收益）。利息和利润都是资金时间价值的体现，是衡量资金时间价值的绝对尺度。

4.1.2.2 相对尺度——利率和利润率

利率和利润率是指单位时间（通常为年）内产生的利息或利润与原来投入资金额的比例，也称资金报酬率，用百分数表示。利率和利润率反映了资金随时间变化的增值率，是衡量资金时间价值的相对尺度。

4.1.2.3 资金的机会成本和折现率

资金作为最突出的稀缺资源，在投资安排时总是捉襟见肘，存在资金投入的机会成本。一定的资金用于某一项目后，就失去了用于其他项目获取效益的机会；因而该项目资金的时间价值至少应等于用于其他项目的收益，否则资金应用于其他项目。所以资金用于其他项目的收益便是该项目投资的机会成本，是衡量资金时间价值的标准。人们的资金收入可以用于消费，也可以用于投资，这时资金的时间价值应以人的消费的边际效用来衡量，资金时间价值表现为人们忍耐消费减少的补偿，人们掌握现金，可以立即消费，通过借资占有现金的使用权，应该给予放弃立即使用现金人的补偿。这些都是资金使用的机会成本，构成衡量资金时间价值的主要内涵。

为了筹集资金，或者说取得资金的使用权，一般地说，人们可以支付一定利率的利息。如其他商品市场一样，利率越高，可筹集的现金越多；反之，可筹集的现金就少，利率就是金融市场上资金的价格。金融市场资金的供需与利率犹如一般商品市场的供需商品与商品价格一样，也受金融市场规律控制，趋向市场的均衡。

资金作为一种投入遵循资源最优配置准则，它在各个部门投入的边际效益应相等，因而，在评价全国项目的经济合理性时，就需要有一个统一的衡量标准来表达资金的时间价值。采用折现率作为反映资金的时间价值的一般性指标。在国民经济评价中，作为资金获取效益能力的指标时，折现率被称为社会折现率；相应的，在财务分析中，作为资金盈利能力的指标时，折现率则称为财务基准收益率。在资金借贷活动中，作为获利能力的一种指标，折现率称为利率，因此利率也是折现的一种表现形式。

资源 4-2
资金时间价
值的表现
形式

资金的利率、社会折现率、财务基准收益率都是不同内涵的资金时间价值，在下面要研究的折现技术中，它们只是计算过程中使用的参数，用于不同项目评价内容的资金流的折算。所以，将其视为参数，有时还统称为利率或折现率，但应知道各个参数的不同内涵。

4.1.3 资金流量图

由于资金具有时间价值，在进行工程建设项目经济评价计算时，不仅要了解资金流入、流出的量，还要了解其流入、流出的时间。为此，将建设项目各年的资金流入、流出按时间顺序绘制成图，称为资金流量图。利用资金流量图可以把项目的资金流入和流出形象直观地表示出来。

在资金流量图中，用一条水平线并标出时间坐标（一般以年为单位）作为时间轴，时间进程方向为正，反方向为负，时间轴的起点为基准年的年初，通常为建设期的第一年；时间轴上要反映出项目的建设期、运行初期和正常运行期，三者之和称为计算期。资金的收付分别以箭头上下方向来表示，投资、费用等资金的支付项箭头向下，而效益、资金的回收等资金的收入项则用向上的箭头表示，箭头线的长短表示资金的多少。资金的收付可能发生在一年内的任何时间，在建设项目评价时，为了简化起见，通常将一年内发生的资金统一放在当年的年末作为一次性发生处理。某项目资金流量图如图 4.1 所示。

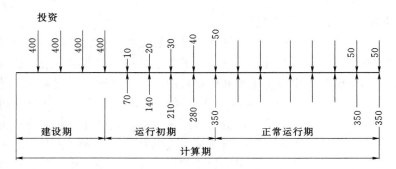

图 4.1　某项目资金流量图（单位：万元）

4.2　资金的等值计算

资金等值是指在不同时点上绝对值不等，而从资金的时间价值观点上认为是价值相等的资金。也就是说在同一投资系统中，处于不同时刻数额不同的两笔资金，按照一定的利率和计息方式折算到某一相同时刻所得到的资金数额若相等，则称这两笔资金等值。

资金等值计算以资金的时间价值原理为依据，对投资系统中的资金流量进行折算，以求出在某一特定时间上的等值资金额。资金等值计算常用的基本公式有 6 个，公式中的基本符号意义为：n—计息期数；i—折现率；A—等额支付值（或年金），指发生在每期期末的资金值；P—本金（或现值），指一笔可供投资或借贷的现款；F—本利和（或终值），指本金与全部利息的总和。

4.2.1　资金等值计算基本公式
4.2.1.1　一次支付终值计算公式
已知本金（现值）P，求 n 年后的终值 F，公式为
$$F = P(1+i)^n \tag{4.1}$$
式中：$(1+i)^n$ 为一次支付终值因子，以符号 $(F/P, i, n)$ 表示。

式（4.1）的资现金流量图可用图 4.2 表示，相当于银行的整存整取到期的本利和，因此，该公式也称为本利和公式。

图 4.2　一次支付终值计算资金流量图

【例 4.1】　设现在存入银行 20 万元，年利率 $i=10\%$，采用复利计息，求 5 年后的本利和 F 为多少？

解：　$F=P(1+i)^n=20\times(1+10\%)^5=20\times1.611=32.22(\text{万元})$

4.2.1.2　一次支付现值计算公式

已知 n 年后的终值 F，反求现值 P。由式（4.1）可得

$$P=F/(1+i)^n=F(P/F,i,n) \tag{4.2}$$

式中：$1/(1+i)^n$ 称为一次支付现值因子，以 $(P/F,i,n)$ 表示。

式（4.2）的资金流量图可用图 4.3 表示。

图 4.3　一次支付现值计算资金流量图

【例 4.2】　若某工程在 10 年后准备花 40 万元购买一批设备，$i=12\%$，问相当于现在的价值（现值）P 为多少？

解：由式（4.2）可得

$$P=F/(1+i)^n=40\times\frac{1}{(1+12\%)^{10}}=40\times0.322=12.88(\text{万元})$$

4.2.1.3　等额支付终值计算公式

已知一系列发生在每年年末的等额资金 A，求 n 年后的终值 F。其资金流量图如图 4.4 所示，相当于银行的零存整取求本利和。

可将各年末的 A 值按式（4.1）折算到 n 年年末，然后求和

$$F=A(1+i)^{n-1}+A(1+i)^{n-2}+\cdots+A(1+i)^2+A(1+i)^1+A$$
$$=A[(1+i)^{n-1}+(1+i)^{n-2}+\cdots+(1+i)^2+(1+i)^1+1]$$

上式中括弧内是一等比数列，按等比数列求和公式，可得

$$F = A\left[\frac{(1+i)^n - 1}{i}\right] \tag{4.3}$$

式中：$\dfrac{(1+i)^n - 1}{i}$ 为等额支付终值因子，常以 $(F/A, i, n)$ 表示。

图 4.4　等额支付终值计算资金流量图

【**例 4.3**】　某工程项目建设期为 7 年，在此期间，每年年末向银行贷款 100 万元，年利率 $i = 8\%$，求在工程建设期结束时应一次还贷多少万元？

解：由式（4.3）计算得

$$F = A\left[\frac{(1+i)^n - 1}{i}\right] = 100 \times \frac{(1+8\%)^7 - 1}{8\%} = 100 \times 8.923 = 892.3（万元）$$

4.2.1.4　等额支付现值计算公式

已知分期等额支付年值 A，求现值 P。其资金流量图如图 4.5 所示。可以由式（4.3）及式（4.2）进行推导，即

图 4.5　等额支付现值计算资金流量图

$$P = \frac{F}{(1+i)^n} = \frac{A}{(1+i)^n}\left[\frac{(1+i)^n - 1}{i}\right]$$

经整理，等额支付现值计算公式为

$$P = A\left[\frac{(1+i)^n - 1}{i(1+i)^n}\right] \tag{4.4}$$

式中：$\dfrac{(1+i)^n - 1}{i\,(1+i)^n}$ 为等额支付现值因子，以 $(P/A, i, n)$ 表示。

【**例 4.4**】　若已知某企业欲购买一台设备，每年收益 50 万元，该设备可用 10 年，不计残值。折现率 $i = 8\%$，试计算该设备各年收益的现值。

解： 由式（4.4）可得

$$P = A\left[\frac{(1+i)^n - 1}{i(1+i)^n}\right] = 50 \times \left[\frac{(1+8\%)^{10} - 1}{8\% \times (1+8\%)^{10}}\right] = 50 \times 6.71 = 335.5(万元)$$

4.2.1.5 基金存储计算公式

设已知 n 年后需要更新机组设备费 F，为此需在 n 年内每年年末预先存储一定的资金 A。关于 A 值的求算，实际上就是式（4.3）的逆运算，其资金流量图如图 4.6 所示，公式为

$$A = F\left[\frac{i}{(1+i)^n - 1}\right] \tag{4.5}$$

式中： $\dfrac{i}{(1+i)^n - 1}$ 为基金存储因子，常以 $(A/F, i, n)$ 表示。

图 4.6 基金存储计算资金流量图

【例 4.5】 已知某项目 20 年后需要更换机组，费用为 200 万元，$i = 15\%$，求在这 20 年内每年年末应提存多少基本折旧基金？

解： 由式（4.5）可得

$$A = F\left[\frac{i}{(1+i)^n - 1}\right] = 200 \times \left[\frac{15\%}{(1+15\%)^{20} - 1}\right] = 200 \times 0.00976 = 1.952(万元)$$

4.2.1.6 本利摊还（资金等额回收）计算公式

若现有一笔资金 P 存入银行，在 n 年内每年年末各提取等额年金值 A，即相当于整存均付存取方式，可由式（4.4）反推计算，其资金流量图如图 4.7 所示，公式为

图 4.7 本利摊还计算资金流量图

$$A = P\left[\frac{i(1+i)^n}{(1+i)^n-1}\right] = P(A/P, i, n) \tag{4.6}$$

式中：$\dfrac{i(1+i)^n}{(1+i)^n-1}$ 称为本利摊还因子（资金回收因子），常以 $(A/P, i, n)$ 表示。

【例 4.6】 购买某设备需投资 30 万元，并知该设备可用 15 年，期末无残值。折现率 $i=10\%$，问每年获得多少收益才不会亏本？

解： 根据式（4.6）可得

$$A = P\left[\frac{i(1+i)^n}{(1+i)^n-1}\right] = 30 \times \left\{\frac{[10\% \times (1+10\%)]^{15}}{(1+10\%)^{15}-1}\right\} = 30 \times 0.13147 = 3.9441(\text{万元})$$

为了便于比较反映资金时间价值的各个计算公式，现将有关的折算因子汇总列于表 4.1。

表 4.1　　　　　　　　　　考虑资金时间价值的折算因子表

序号	名　称	符　号	折算公式
1	一次支付终值因子	$(F/P, I, n)$	$F/P = (1+i)^n$
2	一次支付现值因子	$(P/F, i, n)$	$P/F = \dfrac{1}{(1+i)^n}$
3	等额支付终值因子	$(F/A, i, n)$	$F/A = \dfrac{(1+i)^n-1}{i}$
4	基金存储因子	$(A/F, i, n)$	$A/F = \dfrac{i}{(1+i)^n-1}$
5	本利摊还因子	$(A/P, i, n)$	$A/P = \dfrac{i(1+i)^n}{(1+i)^n-1}$
6	等额支付现值因子	$(P/A, i, n)$	$P/A = \dfrac{(1+i)^n-1}{i(1+i)^n}$

4.2.2　等差序列和几何序列等值计算公式

在实际问题中，有些费用或收益是逐年变化的，如材料消耗费用、设备保养维护费、动力费等可能逐年增加，这些变化可能是每年按固定额增加，也可能是成倍增加，这就构成了这些费用呈等差序列或呈几何序列变化，在此讨论等差序列和几何序列的资金等值计算公式。

4.2.2.1　等差序列资金等值计算公式

假定某资金序列按等差变化，其差额为 G，下面讨论其资金等值计算公式，公式中其他符号意义同前。

1. 等差序列终值公式

若每年年末向银行存款，存款额分别为 0、G、$2G$、$3G$、$\cdots$、$(n-2)G$、$(n-1)G$，存款利率为 i，求 n 年后的本利和 F。该问题的资金流量图如图 4.8 所示。

利用式（4.1）分别将各年年末的存款折算到 n 年年末，然后求和来进行计算，即

$$F = G(1+i)^{n-2} + 2G(1+i)^{n-3} + 3G(1+i)^{n-4} + \cdots + (n-2)G(1+i) + (n-1)G$$

将等式两端各乘以 $(1+i)$，则得

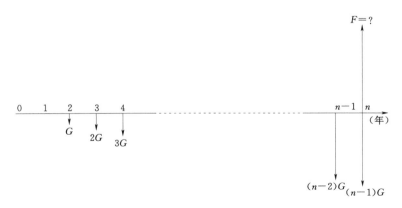

图 4.8　等差序列终值计算资金流量图

$$F(1+i)=G(1+i)^{n-1}+2G(1+i)^{n-2}+3G(1+i)^{n-3}+\cdots+(n-2)G(1+i)^2$$
$$+(n-1)G(1+i)$$

将以上两式相减，得

$$Fi=G(1+i)^{n-1}+G(1+i)^{n-2}+G(1+i)^{n-3}+\cdots+G(1+i)^2+G(1+i)-(n-1)G$$

$$=G[(1+i)^{n-1}+(1+i)^{n-2}+(1+i)^{n-3}+\cdots+(1+i)^2+(1+i)+1]-nG$$

等式右端中括弧内各项与等额支付终值公式中的因子相同，见式（4.3）的推导，因此上式可写为

$$Fi=G\left[\frac{(1+i)^n-1}{i}-n\right]$$
$$F=\frac{G}{i}\left[\frac{(1+i)^n-1}{i}-n\right] \tag{4.7}$$

2. 等差序列现值公式

由于某项计划的需要，在 n 年期间，每年年末需从银行提取存款额分别为 0、G、$2G$、$3G$、$\cdots$、$(n-2)$ G、$(n-1)$ G，若存款利率为 i，问在第一年年初存入银行的本金 P 应为多少？该问题的资金流量图如图 4.9 所示。

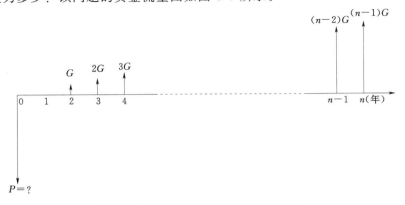

图 4.9　等差序列现值计算资金流量图

该问题的计算公式可由式（4.2）和式（4.7）推导而来，即

$$P = \frac{F}{(1+i)^n} = \frac{1}{(1+i)^n}\frac{G}{i}\left[\frac{(1+i)^n-1}{i}-n\right]$$

$$P = \frac{G}{i}\left[\frac{(1+i)^n-1}{i(1+i)^n}-\frac{n}{(1+i)^n}\right] \tag{4.8}$$

3. 等差序列其他公式

上面讨论了等差序列终值公式和现值公式，有关等差序列的其他公式可由以上公式进行推导，如等差序列基金存储公式，即将等差序列 G 换算成分期等付的年金值 A，可由式（4.5）和式（4.7）推导如下：

$$A = F\frac{i}{(1+i)^n-1} = \frac{G}{i}\left[\frac{(1+i)^n-1}{i}-n\right]\frac{i}{(1+i)^n-1} = \frac{G}{i}\left[1-\frac{ni}{(1+i)^n-1}\right] \tag{4.9}$$

式（4.9）也可由式（4.6）及式（4.8）推导，请读者试推之。

如果是递减等差序列，其资金流量图如图 4.10 所示，可将其看成是图 4.11 所示等额序列和图 4.12 所示的递增等差序列之差，其相应的计算公式，请读者推之。

资源 4－4
递减等差
序列

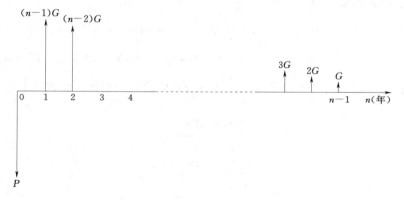

图 4.10　递减等差序列资金流量图

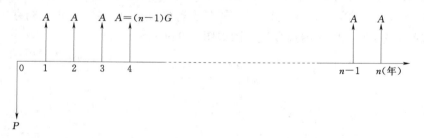

图 4.11　等额序列资金流量图

4.2.2.2　几何（等比）序列资金等值计算公式

在项目经济评价中，有些费用常以某一固定百分数 j 逐年增加，如某些设备动力费或材料消耗等。现假定第一年末的费用为 Q，则第二年末至第 n 年末的费用分别为：$Q(1+j)$，$Q(1+j)^2$，$\cdots$，$Q(1+j)^{n-1}$。下面讨论其计算公式。

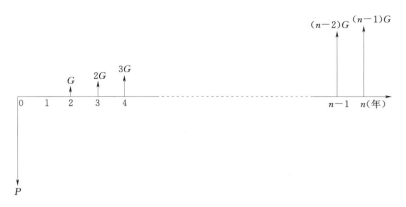

图 4.12 递增等差序列资金流量图

1. 几何（等比）序列现值公式

该问题的资金流量图如图 4.13 所示，可利用式（4.2），将各年年末的值折算到第一年年初，然后求和即为所求的现值 P，即

$$P = Q\frac{1}{1+i} + Q\frac{1+j}{(1+i)^2} + Q\frac{(1+j)^2}{(1+i)^3} + \cdots + Q\frac{(1+j)^{n-2}}{(1+i)^{n-1}} + Q\frac{(1+j)^{n-1}}{(1+i)^n}$$

$$= Q\frac{1}{1+i}\left[1 + \left(\frac{1+j}{1+i}\right) + \left(\frac{1+j}{1+i}\right)^2 + \left(\frac{1+j}{1+i}\right)^3 + \cdots + \left(\frac{1+j}{1+i}\right)^{n-2} + \left(\frac{1+j}{1+i}\right)^{n-1}\right]$$

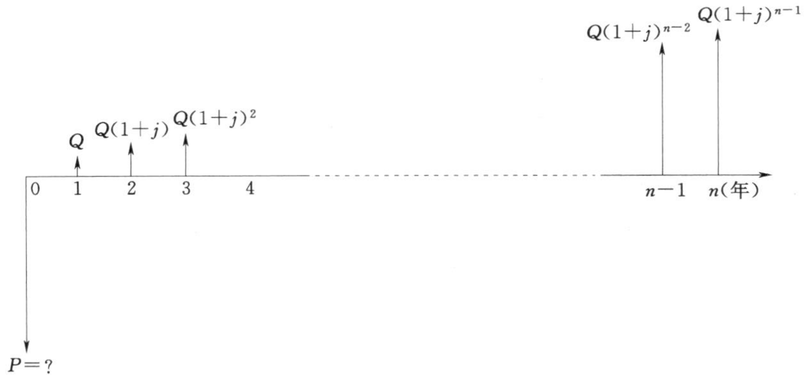

图 4.13 几何（等比）序列现值计算资金流量图

上式中括弧内是一具有 n 项的等比数列，其公比为 $\left(\frac{1+j}{1+i}\right)$，若 $j=i$，$\left(\frac{1+j}{1+i}\right)=1$，则中括弧内 n 项和为 n；若 $j \neq i$，按等比数列求和公式，中括弧内 n 项和为

$$1 + \left(\frac{1+j}{1+i}\right) + \left(\frac{1+j}{1+i}\right)^2 + \left(\frac{1+j}{1+i}\right)^3 + \cdots + \left(\frac{1+j}{1+i}\right)^{n-2} + \left(\frac{1+j}{1+i}\right)^{n-1}$$

$$= \frac{1 - \left(\frac{1+j}{1+i}\right)^n}{1 - \left(\frac{1+j}{1+i}\right)} = \frac{(1+i)\left[1 - \left(\frac{1+j}{1+i}\right)^n\right]}{i - j}$$

由此，几何（等比）序列现值公式如下：

$$P=\begin{cases}\dfrac{nQ}{1+i} & (j=i)\\[2mm]\dfrac{Q}{i-j}\left[1-\left(\dfrac{1+j}{1+i}\right)^{n}\right] & (j\neq i)\end{cases}\qquad(4.10)$$

2. 几何（等比）序列终值公式

该问题资金流量图如图 4.14 所示，可由式（4.1）及式（4.10）推导而来，公式如下：

$$F=\begin{cases}nQ(1+i)^{n-1} & (j=i)\\[2mm]\dfrac{Q}{i-j}\left[(1+i)^{n}-(1+j)^{n}\right] & (j\neq i)\end{cases}\qquad(4.11)$$

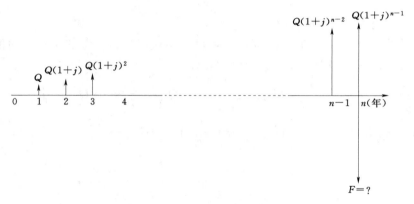

图 4.14　几何（等比）序列终值计算资金流量图

4.2.3　名义利率与实际利率

资源 4－5
单利复利

上面所讲的资金时间价值都是按照复利来计算的，在实际生活中，也有按照单利进行计算的。所谓单利，即利息仅仅由本金产生。例如，现在有 10 万元，年利率为 10%，若存一年，一年后的利息为 1 万元；若存两年，两年后的利息为 2 万元。如果有资金 P 元，年利率为 i，存期为 n 年，则 n 年后的本利和 F 为

$$F=P(1+ni)\qquad(4.12)$$

式（4.12）是单利的本利和公式。可以看出，单利计算的利息与计息周期 n 成正比。

而复利计算中任何一个计息周期的利息是由前期本金和利息共同产生的，复利的本利和公式见式（4.1）。

在资金等值计算中，使用的利率 i 是年利率，并按普通复利法计息。在工程经济评价中，通常以年为计息周期。但在实际经济活动中，计息周期有多种约定（如年、季、月、周、日等）。例如，年利率为 12%，但要求每月计息一次。此时，年利率就称为名义利率，而月利率则为 12%/12＝1%。设现值为 100 元，按单利法计算，一年后按年计算和按月计息的本利和是相同的，但是按复利法计算，则一年后按月计息的

本利和为 $100\times(1\times1‰)^{12}=112.68$ 元，两者是不同的。

实际利率与名义利率的换算关系式为

$$i=(1+r/m)^m-1 \tag{4.13}$$

式中：r 为名义利率；i 为实际利率；m 为一年中的计息次数；r/m 称为周期利率。

特别地，当 $m\to\infty$ 时，有

$$i=\mathrm{e}^r-1 \tag{4.14}$$

根据式（4.14）计算出来的实际利率称为连续复利。

4.3 通货膨胀与通货紧缩对等值计算的影响

由经济环境引起的物价变化，通常表现为通货膨胀和通货紧缩两种经济现象，并对资金的等值计算产生影响。

4.3.1 通货膨胀
4.3.1.1 通货膨胀的定义

通货膨胀是指物价水平普遍、持续上升。其中"普遍"是指物价水平总体提升，而非个别行业或商品涨价。"持续"是指在一定时期内物价水平的提升，而非偶然的或暂时的涨价。例如，商品流通中所需要的金银货币量不变，而纸币发行量超过了金银货币量的一倍，单位纸币就只能代表单位金银货币价值量的 1/2，在这种情况下，如果用纸币来计量物价，物价就上涨了 1 倍，这就是通常所说的货币贬值。此时，流通中的纸币量比流通中所需要的金银货币量增加了 1 倍，这就是通货膨胀。其实质是社会总需求大于社会总供给。

4.3.1.2 通货膨胀的成因

1. 成本推进的通货膨胀

成本或供给方面的原因形成的通货膨胀，即成本推进的通货膨胀，又称为供给型通货膨胀，是由厂商生产成本增加而引起的一般价格总水平的上涨，造成成本向上移动的原因大致有：工资过度上涨，利润过度增加，进口商品价格上涨。

2. 需求拉动的通货膨胀

需求拉动的通货膨胀是指总需求过度增长所引起的通货膨胀，即"太多的货币追逐太少的货物"，按照凯恩斯的解释，如果总需求上升到大于总供给的地步，此时，由于劳动和设备已经充分利用，因而要使产量再增加已经不可能，过度的需求能引起物价水平的普遍上升。所以，任何总需求增加的因素都可以是造成需求拉动的通货膨胀的具体原因。

3. 需求和成本混合推进的通货膨胀

在实际中，造成通货膨胀的原因并不是单一的，因各种原因同时推进的价格水平上涨，就是供求混合推进的通货膨胀。假设通货膨胀是由需求拉动开始的，即过度的需求增加导致价格总水平上涨，价格总水平的上涨又成为工资上涨的理由，工资上涨又形成成本推进的通货膨胀。

4. 预期和通货膨胀惯性

在实际中，一旦形成通货膨胀，便会持续一般时期，这种现象被称为通货膨胀惯性。对通货膨胀惯性的一种解释是人们会对通货膨胀作出的相应预期。预期对人们经济行为有重要的影响，人们对通货膨胀的预期会导致通货膨胀具有惯性，如人们预期的通胀率为 10%，在订立有关合同时，厂商会要求价格上涨 10%，而工人与厂商签订合同中也会要求增加 10% 的工资，这样，在其他条件不变的情况下，每单位产品的成本会增加 10%，从而通货膨胀率按 10% 持续下去，必然形成通货膨胀惯性。

4.3.1.3　通货膨胀对社会经济生活的影响

通货膨胀必将对社会经济生活产生影响。如果社会的通货膨胀率是稳定的，人们可以完全预期，那么通货膨胀率对社会经济生活的影响很小。因为在这种可预期的通货膨胀之下，各种名义变量（如名义工资、名义利息率等）都可以根据通货膨胀率进行调整，从而使实际变量（如实际工资、实际利息率等）不变。这时通货膨胀对社会经济生活的唯一影响，是人们将减少他们所持有的现金量。但是，在通货膨胀率不能完全预期的情况下，通货膨胀将会影响社会收入分配及经济活动。因为这时人们无法准确地根据通货膨胀率来调整各种名义变量，以及他们应采取的经济行为。

1. 在债务人与债权人之间，通货膨胀将有利于债务人而不利于债权人

在通常情况下，借贷的债务契约都是根据签约时的通货膨胀率来确定名义利息率，所以当发生了未预期的通货膨胀之后，债务契约无法更改，从而就使实际利息率下降，债务人受益，而债权人受损。其结果是对贷款，特别是长期贷款带来不利的影响，使债权人不愿意发放贷款。贷款的减少会影响投资，最后使投资减少。

2. 在雇主与工人之间，通货膨胀将有利于雇主而不利于工人

这是因为，在不可预期的通货膨胀之下，工资增长率不能迅速地根据通货膨胀率来调整，从而即使在名义工资不变或略有增长的情况下，使实际工资下降。实际工资下降会使利润增加。利润的增加有利于刺激投资，这正是一些经济学家主张以温和的通货膨胀来刺激经济发展的理由。

3. 在政府与公众之间，通货膨胀将有利于政府而不利于公众

由于在不可预期的通货膨胀之下，名义工资总会有所增加（尽管并不一定能保持原有的实际工资水平），随着名义工资的提高，达到纳税起征点的人数增加了，有许多人进入了更高的纳税等级，这样就使得政府的税收增加。但公众纳税数额增加，实际收入却减少了。政府由这种通货膨胀中所得到的税收称为"通货膨胀税"。这种通货膨胀税的存在，既不利于储蓄的增加，也影响了私人与企业投资的积极性。

4.3.2　通货紧缩

4.3.2.1　通货紧缩的定义

通货紧缩是指货币供应量少于流通领域对货币的实际需求量而引起的货币升值，从而引起商品和劳务的货币价格总水平的持续下跌现象。依据诺贝尔经济学奖得主萨缪尔森的定义，"价格和成本正在普遍下降即是通货紧缩"，在经济实践中，判断某个时期的物价下跌是否是通货紧缩，一是看通货膨胀率是否由正转变为负，二是看这种下降的持续是否超过了一定时限。经济学者普遍认为，当消费价格指数（CPI）连跌

两季，即表示已出现通货紧缩。通货紧缩的实质是社会总需求小于社会总供给。

4.3.2.2 通货紧缩的成因

通货紧缩的成因主要有：①生产高速发展，而分配政策不合理；②下岗工人增多，农民增收困难；③低价倾销和恶性竞争增多；④有效需求不足（内需不足）；⑤节衣缩食的传统消费习惯，社会保障制度不健全。以上因素造成供给绝对过剩，引起通货紧缩。

4.3.2.3 通货紧缩对社会经济生活的影响

在通货紧缩的情况下，同样数量的货币可以购买到更多的物品，货币购买力的增加，从而使人们更多地储蓄，更少地支出，尤其是减少耐用消费品的支出，私人消费支出受到抑制。更严重的是商品价格不断下跌会导致消费者延迟消费，从而抑制生产，使价格进一步走低，形成通货紧缩的恶性循环。在通货紧缩期间，一般物价的下降相对提高了实际利率水平。即使名义利率下降，实际利率也有可能居高不下。因此，资金成本较高，可投资的项目减少。同时，债务负担的加重，无疑会使企业的生产与投资活动受影响。最终产品价格的下跌对新开工的投资项目产生不利的影响。这样，投资项目就更显得缺乏吸引力，致使社会总投资支出趋于减少。由于工资刚性，价格的下跌会造成实际工资的提高，这样，企业就会削减员工以降低成本，就业率进一步降低，使经济衰退更严重。

4.3.3 通货膨胀与通货紧缩的区别与联系

通货膨胀与通货紧缩是两个既有联系又有区别的现象，都可以用物价指数来描述，有关物价指数的内容见 2.5 节。

4.3.3.1 区别

（1）表现不同。通货膨胀最直接的表现是纸币贬值，物价上涨，购买力降低。通货紧缩往往伴随着生产下降，市场萎缩，企业利润率降低，生产投资减少，以及失业增加，收入下降，经济增长乏力等现象。通货紧缩主要表现为物价低迷，大多数商品和劳务价格下跌。

（2）含义和本质不同。通货膨胀是指纸币的发行量超过流通中所需要的数量，从而引起纸币贬值、物价上涨的经济现象。其实质是社会总需求大于社会总供给。通货紧缩是与通货膨胀相反的一种经济现象，是指在经济相对萎缩时期，物价总水平较长时间内持续下降，货币不断升值的经济现象。其实质是社会总需求持续小于社会总供给。

（3）成因不同。通货膨胀的成因主要是社会总需求大于社会总供给，货币的发行量超过了流通中实际需要的货币量。通货紧缩的成因主要是社会总需求小于社会总供给，是由长期的产业结构不合理，买方市场及出口困难导致的。

（4）危害性不同。通货膨胀直接使纸币贬值，如果居民的收入没有变化，生活水平就会下降，造成社会经济生活秩序混乱，不利于经济的发展。不过在一定时期内，适度的通货膨胀又可以刺激消费，扩大内需，推动经济发展。通货紧缩导致物价下降，在一定程度上对居民生活有好处，但从长远看会严重影响投资者的信心和居民的消费心理，导致恶性的价格竞争，对经济的长远发展和人民的长远利益不利。

（5）治理措施不同。治理通货膨胀最根本的措施是发展生产，增加有效供给，同时要采取控制货币供应量，实行适度从紧的货币政策和量入为出的财政政策等措施。治理通货紧缩要调整优化产业结构，综合运用投资、消费、出口等措施拉动经济增长，实行积极的财政政策、稳健的货币政策、正确的消费政策，坚持扩大内需的方针。

4.3.3.2　联系

（1）两者都是由社会总需求与社会总供给不平衡造成的，亦即由流通中实际需要的货币量与发行量不平衡造成的。

（2）两者都会使价格信号失真，影响正常的经济生活和社会经济秩序，因此都必须采取有效的措施予以抑制。

4.3.4　通货膨胀与通货紧缩情况下的等值计算

在建设项目的国民经济评价和财务评价中，由于在通货膨胀与通货紧缩情况下物价发生变化，现金流也会随之改变。现仅就资金等值计算的基本公式进行讨论，设通货膨胀与通货紧缩期为 n 年，年均物价指数的上升幅度，即通货膨胀率为 r（物价上涨为正，下跌为负）。

4.3.4.1　一次支付终值计算公式

已知现值 P 为某固定货物的现金值，由于物价变化，n 年后其价值应为

$$F = P(1+r)^n$$

再考虑其资金的时间价值，参考式（4.1），则

$$
\begin{aligned}
F' &= P(1+r)^n(1+i)^n \\
&= P[(1+i)(1+r)]^n \\
&= P(1+i+r+ir)^n
\end{aligned}
\tag{4.15}
$$

式中：$(1+i+r+ir)^n$ 为考虑通货膨胀或通货紧缩情况下通货膨胀率为 r 时的一次支付终值因子。

4.3.4.2　一次支付现值计算公式

设 n 年后某固定数量的货物或服务的资金为 F，注意这里的 F 是按通货膨胀率为 0，即没有考虑通货膨胀或通货紧缩计算得出的。考虑物价变化，则应为

$$F' = F(1+r)^n$$

再参考一次支付现值计算式（4.2），则有

$$P' = F'/(1+i)^n = F\left(\frac{1+r}{1+i}\right)^n \tag{4.16}$$

式中：$\left(\dfrac{1+r}{1+i}\right)^n$ 为考虑通货膨胀或通货紧缩情况下通货膨胀率为 r 时的一次支付现值因子。

4.3.4.3　等额支付终值计算公式

设有一系列发生在每年的固定数量的货物或服务，不考虑物价变化，折算到年末的等额资金为 A，求 n 年后的本利和（终值）F。

将各年末的 A 值按式（4.15）折算到 n 年年末，然后求和，即为所求，即

$F'=A(1+i+r+ir)^{n-1}+A(1+i+r+ir)^{n-2}+\cdots+A(1+i+r+ir)^2+A(1+i+r+ir)^1+A$
$=A[(1+i+r+ir)^{n-1}+(1+i+r+ir)^{n-2}+\cdots+(1+i+r+ir)^2+(1+i+r+ir)^1+1]$

上式中括弧内是一等比数列，按等比数列求和公式，可得

$$F'=A\left[\frac{(1+i+r+ir)^n-1}{i+r+ir}\right] \tag{4.17}$$

式中：$\dfrac{(1+i+r+ir)^n-1}{i+r+ir}$ 为考虑通货膨胀或通货紧缩情况下通货膨胀率为 r 时的等额支付终值因子。

4.3.4.4 等额支付现值计算公式

设有一系列发生在每年的固定数量的货物或服务，不考虑物价变化，折算到年末的等额资金为 A，求现值 P。

将各年末的 A 值按式（4.16）折算到 n 年年末，然后求和，即为所求，即

可以由式（4.17）及式（4.2）进行推导，即

$$P=\frac{F'}{(1+i)^n}=A\left[\frac{(1+i+r+ir)^n-1}{(i+r+ir)(1+i)^n}\right] \tag{4.18}$$

式中：$\dfrac{(1+i+r+ir)^n-1}{(i+r+ir)(1+i)^n}$ 为考虑通货膨胀或通货紧缩情况下通货膨胀率为 r 时的等额支付现值因子。

思 考 与 习 题

1. 在 6 个资金等值基本计算公式中，哪 2 个公式是最基本的？即其他 4 个计算公式都可以从这 2 个计算公式推导出来。

2. 某企业现需要 500 万元资金作为运转的经费，假设年利率为 $i=10\%$。求：

（1）若企业向银行贷款于 5 年后一次性偿还，5 年后的本利和为多少？

（2）若此项贷款在今后 5 年内每年年底等额偿还，每年年底应偿还多少？

（3）若该企业在 5 年前开始每年年末都存入等额年金，每年应存多少？

3. 某企业购买一台设备价值 20 万元，该设备的经济寿命期为 25 年，期末无残值。每年操作费用为 1 万元，按年利率 $i=10\%$ 计算。问该设备每年的等额成本是多少？

4. 某项工程项目建设投资总额为 500 万元，预计投产后每年可获利 70 万元，已知所有投资均为贷款，年利率为 $i=8\%$。由于种种原因工程推迟了 2 年后投产，问实际投产之日损失多少？

5. 试比较通货膨胀与通货紧缩的不同。分别找出引起通货膨胀和通货紧缩的原因各有哪几方面以及各自的影响。

第5章

经济评价指标与方法

5.1 经济评价指标

5.1.1 经济评价指标的设定原则及分类

对于任何一项工程，投资决策的重要依据就是项目投产后能否获得预期的经济效果，是否可以取得满意的投资效果。为全面分析评价项目的经济效果，保证投资的科学、正确、合理，避免投资决策的盲目性，必须建立具有统一标准的经济效果评价指标，作为判断方案优劣和比选的依据。

所谓指标，是指人们根据事先设定的目标，采用可以量化的数值，或者定性的描述以评价目标实现程度的一种度量标准。为了使经济效果评价指标更具科学性和合理性，在评价指标的设定时应遵循下列原则：

(1) 与经济学原理相一致的原则。所设定的指标应符合工程经济学的基本原理，力求做到经济效果与生态及环境效益相统一。

(2) 方案的可鉴别性原则。所设定的指标能够检验和区别各项目的经济效果与费用的差异，便于分析比较。

(3) 方案的可比性原则。所设定的指标必须满足共同的比较基础和前提条件。

(4) 评价工作的实用性原则。在评价项目的实际工作中，所设定的指标要简便易行而且确有实效。

由于客观事物的错综复杂性，任何一种具体的评价指标都只能反映事物的某一方面或某些方面，因此，仅凭单个指标很难达到全面评价事物的目的，为了对项目进行系统而全面的评价，往往需要采用多个评价指标，从多个方面对项目的经济性进行分析和考察。这些相互联系又相对独立的评价指标构成了项目经济评价的指标体系。所谓经济评价指标体系，就是指从不同角度、不同方面评价项目经济效果的一系列相互联系、相互补充的评价指标的集合。

正确选择经济评价指标与指标体系，是项目经济评价成功与否的关键因素之一。因此，进行经济评价必须了解各种经济评价指标的经济含义、特点、计算公式以及它们之间的相互关系，以便恰当地选择经济评价指标，作出全面、科学、客观的经济效果评价。

项目经济效果评价指标可以从不同角度进行分类：

(1) 按评价指标所反映的经济性质划分。项目的经济性一般表现在项目的投资回收速度、投资的盈利能力和资源的使用效率等方面，与此对应的有时间型指标、价值型指标和效率型指标。时间型指标是指以时间长短来衡量项目的投资回收或清偿能力的指标，价值型指标是反映项目投资取得的收入或收益大小的指标，效率型指标是反映项目单位投入的获利能力或投入产出关系。图 5.1 列出了三种类型指标的主要类别。

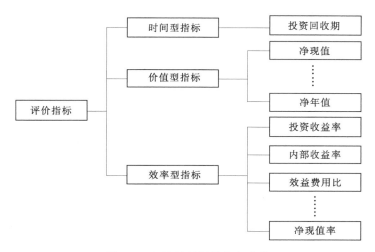

图 5.1 经济效果评价指标分类

（2）按各种经济因素划分。根据企业（或投资者）所考虑的各种不同的经济因素进行投资项目的经济评价，可将经济评价指标划分为盈利性指标、投资回收能力指标、费用性指标等。盈利性指标有净现值、平均年盈利、平均年盈利指数、净终值等；投资回收能力指标有内部收益率、投资回收期、外部收益率等；费用性指标有平均年费用、资本化成本、寿命周期成本、总费用现值等。

（3）按评价指标是否考虑资金时间价值划分，有静态评价指标和动态评价指标两类。静态评价指标是不考虑资金的时间价值的评价指标，如静态投资回收期、投资利润率、投资收益率及折算年费用等；动态评价指标指考虑资金的时间价值的评价指标，如动态投资回收期、净现值、净年值、内部收益率及效益费用比等。

资源 5-1
静态、动态
评价指标

（4）按投资来源划分：期望经济效果的好坏与项目投资有着密不可分的关系。如果把投资认为是对未来生产价值的垫支，那么由于投资范畴不同，则相应的经济效果考核范围也应有所区别，同样，评价指标也应有相应的变化。通常根据投资来源划分为全部投资、总投资和自有资金投资的评价指标。

全部投资是指项目实施时固定资产投资与流动资产投资的总和。评价时不考虑资金的来源，以项目本身为系统进行评价，考察其全部投资的经济效果。总投资是指项目实施时固定资产投资、流动资产投资和建设期贷款利息的总和。总投资经济效果评价在全部投资基础上，考虑资金的来源、资金的成本、贷款偿还等因素，常用的指标有投资收益率等。

资源 5-2
全部投资

管理单位或企业更为关心的是自有资金投资所取得的经济效果，经营者在项目实施前都想用借贷资金扩大生产经营范围，增加自有资金的获利能力。经营者在偿还贷款的同时，还要偿还贷款利息，利息来源于项目的利润，但利息并不是利润，一般情况下，利润要大于利息，否则贷款经营无利可图。所以，利润与利息的差对经营者来说，可以理解为其自有资金的利润，利润与利息差值越大，自有资金利润率越高。所以评价指标也各有不同。

综上所述，经济效果评价指标是进行计划、组织、管理、指导和控制各项经济活动的重要工具，也是监督检查社会生产、各种资源利用效率的重要手段。由于不同评价方法是从不同侧面反映项目的经济性，因而各种评价方法必然会存在一定的局限性，所以在对工程方案进行评价时，应当尽量采用多种评价方法及指标，以相互补充、相互完善。

5.1.2　评价指标含义及计算方法

本节着重介绍不考虑资金时间价值的静态评价指标和考虑资金时间价值的动态评价指标。

5.1.2.1　静态评价指标

静态评价是指在进行方案的效益和费用计算时，不考虑资金的时间价值，不进行复利计算。静态评价指标主要有：投资回收期和投资收益率。

1. 投资回收期

投资回收期也称为还本年限或投资偿还期，是指项目在正常运行期内，通过年净效益的积累完全偿还投资所需要的时间；一般以年为单位，并从投资兴建工程的年初算起，如果从投产年初算起，应予以说明，以便方案间相互比较。

投资回收期是反映项目在经济或财务上回收投资能力的重要指标，是衡量项目投资盈利水平的时间型指标，计算公式为

$$\sum_{t=0}^{P_t} (CI - CO)_t = 0 \tag{5.1}$$

式中：CI 为资金流入量；CO 为资金流出量；$(CI - CO)_t$ 为第 t 年的净资金流量；P_t 为投资回收期，年。

如果每年的效益为 $\overline{B}$，投资为 K，年运行费用（年运行费）为 $\overline{C}$，式（5.1）也可表示为

$$\sum_{t=0}^{P_t} \left[(\overline{B} - \overline{C})_t - K_t \right] = 0 \tag{5.2}$$

式中：K_t 为第 t 年的投资；$(\overline{B} - \overline{C})_t$ 为第 t 年的净效益。

特别地，当项目建设期为 T 年，建成投产后，年净效益 $(\overline{B} - \overline{C})$ 为等额系列，投资总值为 K 时，投资回收期为

$$P_t = T + \frac{K}{\overline{B} - \overline{C}} \tag{5.3}$$

一般情况下，生产过程中的年净效益是不相等的，投资回收期也不一定正好为整数，这时应按累计净资金流量计算。

$$P_t = 累计净资金流量开始出现正值的年份数 - 1 + \frac{上年累计净资金流量绝对值}{当年净资金流量}$$

$$\tag{5.4}$$

如果用 P_c 表示基准投资回收期（指国家或行业部门规定的投资项目必须达到的回收期标准）的话，则有下列判别方法：若 $P_t \leqslant P_c$，可以考虑接受项目；若 $P_t > P_c$，项目应予拒绝。

投资回收期的特点是概念清楚，反映问题直观，计算方法简单。同时，该指标不仅反映了项目的经济性，而且反映了项目的风险程度。

由于离现时越远，人们所能确知的东西就越少，为了降低投资风险，只要投资回收期小于基准投资回收期，则可以考虑接受项目。但投资回收期最短的方案并不一定是盈利能力最强的方案，因此投资回收期不能作为最优方案的主要判别标准。

由于该方法没有考虑投资回收期以后的收入与支出的实际情况，因而无法全面地反映项目在寿命期内的实际经济效果，难以对众多的不同方案进行比较选择并做出合理判断。

【例 5.1】 某工程现金流量见表 5.1，若基准投资回收期为 5 年，试用投资回收期法评价方案的可行性。

表 5.1 ［例 5.1］资金流量表

年数	0	1	2	3	4	5	6
投资/万元	1000						
净效益/万元		500	300	200	200	200	200

解： $\sum\limits_{t=0}^{P_t}(CI-CO)_t = \sum\limits_{t=0}^{3}(CI-CO)_t = -1000+500+300+200 = 0$

$$P_t = 3 \text{ 年}$$

$P_t < P_c$（$P_c = 5$ 年），故可以考虑接受该方案。

【例 5.2】 某项目资金流量见表 5.2，若基准投资回收期为 8 年，试用投资回收期法评价方案的可行性。

表 5.2 ［例 5.2］资金流量表

年数	0	1	2	3	4	5	6	7	8
净现金流量/万元	−6000	0	0	800	1200	1600	2000	2000	2000
累计净现金流量/万元	−6000	−6000	−6000	−5200	−4000	−2400	−400	+1600	

解： 该方案投产后年净效益不相同，累计净资金流量等于零对应的年份不是整数年份，而是在 6~7 年之间，所以由式（5.4）得

$$P_t = 7 - 1 + \frac{400}{2000} = 6.2 \text{（年）}$$

$P_t < P_c$（$P_c = 8$ 年），故可以考虑接受该方案。

【例 5.3】 计算图 5.2 所示的 3 个方案的投资回收期。

解： 由式（5.1）计算得

方案 A： $\sum\limits_{t=0}^{3}(CI-CO)_t = -1000+500+300+200 = 0$

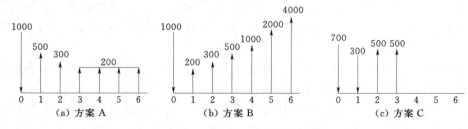

图 5.2　A、B、C 3 个方案资金流量图（单位：万元）

$$P_t = 3 \text{ 年}$$

方案 B：
$$\sum_{t=0}^{3} (CI - CO)_t = -1000 + 200 + 300 + 500 = 0$$

$$P_t = 3 \text{ 年}$$

方案 C：
$$\sum_{t=0}^{3} (CI - CO)_t = -700 - 300 + 500 + 500 = 0$$

$$P_t = 3 \text{ 年}$$

上述 3 个方案的投资回收期均为 3 年。但是，这一计算结果并没有反映出投资回收期之后的收入情况，方案 A 偿还投资之后每年的净效益为 200 万元，方案 B 在回收期之后的年净效益非常显著，而方案 C 在回收期之后的年净效益为零。由此可见，仅靠投资回收期的大小来判断方案的优劣，很难得出准确的结论。

2. 投资收益率

投资收益率（return of investment，ROI）是指项目达到设计生产能力后，正常年份的息税前利润或营运期内年平均息税前利润与项目总投资之比。实际上，该指标是工程单位投资所获取的年净利润，反映了投资所获得的盈利水平，是考察项目经济效果的效率型指标。计算公式为

$$ROI = \frac{EBIT}{TI} \times 100\% \tag{5.5}$$

式中：ROI 为投资收益率；$EBIT$ 为项目正常年份的息税前利润或营运期内年平均息税前利润，息税前利润等于税前利润加上当前应付利息；TI 为项目总投资。

如果用 ROI_c 表示部门或行业规定的基准投资收益率，则判断标准为：若 $ROI \geqslant ROI_c$，则可以考虑接受方案；若 $ROI < ROI_c$，则方案应予拒绝。

投资收益率指标强调的是投产后的单位投资所获得的息税前利润，计算方法简单直观，便于理解，但没有考虑项目的建设期和其他经济因素。所以，该指标一般仅用于项目的初步可行性研究阶段，应用上具有一定的局限性。

【例 5.4】　某项目资金流量见表 5.3，若基准投资收益率为 15%，试用投资收益率法评价方案的可行性。

解：因为该项目实施后，每年息税前利润有一定差别，故按年平均息税前利润计算，由式（5.5）得

$$ROI = \frac{1050 \div 8}{750} = \frac{131.25}{750} = 17.5\%$$

表 5.3　　　　　　　　　　　　　　〔例 5.4〕资金流量表

年数	0	1	2	3	4	5	6~8	9	10	合计
总投资/万元	180	240	330							750
息税前利润/万元				50	100	150	150	150	150	1050

由于 $ROI > ROI_c$（$ROI_c = 15\%$），故可以考虑接受方案。

资源 5 - 3
动态评价
指标

5.1.2.2 动态评价指标

动态评价指标考虑了资金的时间价值，其计算过程以等值基本折算公式为基础，是经济评价中的重要内容。动态评价指标主要包括净现值、净年值、净现值指数、效益费用比、动态投资回收期、内部收益率和外部收益率等。

1. 净现值

净现值（net present value，NPV）是指项目在经济分析期内把不同时间发生的收支资金按给定的基准折现率折算到基准点的现值累计值，计算公式为

$$NPV = \sum_{t=0}^{n} (CI - CO)_t (P/F, i_0, t) \tag{5.6}$$

式中：NPV 为方案的净现值；i_0 为基准折现率；n 为方案的计算期。

也可写作

$$NPV = B_p - (K_p + C_p) \tag{5.7}$$

式中：B_p 为方案的效益现值；K_p 为方案的投资现值；C_p 为方案的年运行费用现值；$K_p + C_p$ 为费用现值；其余符号意义同前。

显然，若 $NPV \geqslant 0$，则可以考虑接受方案；若 $NPV < 0$，则拒绝方案。

【例 5.5】 某设计方案总投资 1995 万元，投产后年运行费用为 500 万元，年效益为 1500 万元，投产运行后第三年追加配套投资 1000 万元，若经济分析期为 8 年，基准折现率为 10%，资金流量图如图 5.3 所示，试计算该方案的净现值并判断其可行性。

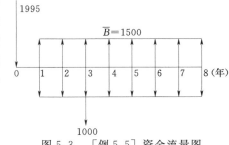

图 5.3 〔例 5.5〕资金流量图
（单位：万元）

解： 根据题意及式（5.7）得

效益现值

$$B_p = A(P/A, i, n) = A(P/A, 10\%, 8)$$
$$= 1500 \times 5.335 = 8002.5 \text{(万元)}$$

费用现值

$$K_p + C_p = 1995 + 1000(P/F, i, n) + 500(P/A, i, n)$$
$$= 1995 + 1000(P/F, 10\%, 3) + 500(P/A, 10\%, 8)$$
$$= 1995 + 1000 \times 0.7513 + 500 \times 5.335$$
$$= 1995 + 751.3 + 2667.5$$
$$= 5413.8 \text{(万元)}$$

净现值

$$NPV = B_p - (K_p + C_p)$$
$$= 8002.5 - 5413.8 = 2588.7（万元）$$

该方案净现值 $NPV > 0$，在经济上可以考虑接受项目。

2. 净年值

净年值（net annual value，NAV）是把方案在分析期内的净资金流量按给定的基准折现率折算成年值，即

$$NAV = \left[\sum_{t=0}^{n} (CI - CO)_t (P/F, i, t) \right] (A/P, i, n) = \overline{B}_o - (\overline{K}_o + \overline{C}_o) \quad (5.8)$$

式中：NAV 为方案的净年值；$\overline{B}_o$ 为折算年效益；$\overline{K}_o$ 为折算年投资；$\overline{C}_o$ 为折算年运行费用；其余符号意义同前。

净现值给出的是方案在整个计算期内获取的净收益现值，而净年值给出的是方案在计算期内每年获取的等额净收益，但两者评价准则完全一致，是等效的评价指标。

【例 5.6】　某水处理项目有两个方案供选择，两方案均为当年建成当年受益。甲方案投资 250 万元，正常运行期为 20 年，平均年效益为 80 万元，年运行费用为 17 万元；乙方案投资 65 万元，正常运行期为 50 年，平均年效益为 65 万元，年运行费用为 12.5 万元。假定投资发生在第一年年初，若基准折现率为 7%，试计算两方案的净年值。

解：由式（5.8）得，甲方案的净年值

$$NAV = \overline{B}_o - (\overline{K}_o + \overline{C}_o)$$
$$= \overline{B}_o - \overline{C}_o - \overline{K}_o$$
$$= 80 - 17 - 250(A/P, 7\%, 20)$$
$$= 80 - 17 - 250 \times 0.09439$$
$$= 39.40（万元）$$

乙方案的净年值 $NAV = \overline{B}_o - \overline{C}_o - \overline{K}_o$
$$= 65 - 12.5 - 65 \times (A/P, 7\%, 50)$$
$$= 65 - 12.5 - 65 \times 0.07246$$
$$= 47.79（万元）$$

本例在计算中，也可以把年效益、年运行费用折算成现值，求出基准点的净现值之后，再折算成净年值予以比较。

【例 5.7】　某供水工程有两个方案供选择，其投资（假定发生在当年年初）、经营费用、效益及其他经济数据见表 5.4，若基准折现率为 7%，试计算两方案的净年值。

解：由题意可知，方案 A 建设期为 1 年，方案 B 建设期为 3 年，两方案所对应的资金流量图如图 5.4 所示。

表 5.4　　　　　[例 5.7]资金流量表

单位：万元

方　案		A	B
建设期投资 K_i	第 1 年	5000	1000
	第 2 年		2000
	第 3 年		5000
年运行费用 $\overline{C}$		500	1200
年效益 $\overline{B}$		3000	4500
工程正常运行期		第 2～26 年	第 4～38 年
资产余值 L		0	800

注　投资中第 1 年、第 2 年、第 3 年表示建设期内投资发生的时间。

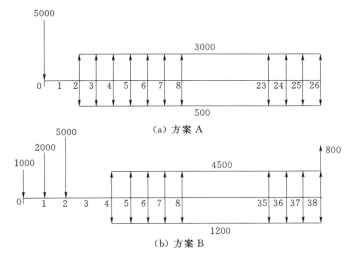

图 5.4 [例 5.7] 资金流量图（单位：万元）

方案 A $\quad NPV_A = B_p - (K_p + C_p)$

$\qquad = 3000(P/A,7\%,25)(P/F,7\%,1)$

$\qquad - [5000 + 500(P/A,7\%,25)(P/F,7\%,1)]$

$\qquad = 3000 \times 11.654 \times 0.9346 - [5000 + 500 \times 11.654 \times 0.9346]$

$\qquad = 22229.57 (万元)$

$\quad NAV_A = NPV_A(A/P,7\%,26) = 22229.57 \times 0.08456 = 1879.73 (万元)$

方案 B $\quad NPV_B = B_p - (K_p + C_p - L)$

$\qquad = 4500(P/A,7\%,35)(P/F,7\%,3) - [5000(P/F,7\%,2)$

$\qquad + 2000(P/F,7\%,1) + 1000 + 1200(P/A,7\%,35)$

$\qquad \times (P/F,7\%,3) - 800(P/F,7\%,38)]$

$\qquad = \{4500 \times 12.948 \times 0.8163 - [5000 \times 0.8734 + 2000 \times 0.9346$

$\qquad + 1000 + 1200 \times 12.948 \times 0.8163 - 800 \times 0.0765]\}$

$\qquad = 47562.54 - (4367.00 + 1869.20 + 1000 + 12683.34 - 61.20)$

$\qquad = 27704.20 (万元)$

$\quad NAV_B = NPV_B(A/P,7\%,38) = 27704.20 \times 0.0758 = 2099.98 (万元)$

可以看出，$NAV_B > NAV_A$，所以，方案 B 较优。

3. 净现值指数

净现值指数（net present value index，NPVI）也称净现值率，是指按基准收益率求出的分析期内的净现值与全部投资现值的比值。经济含义是单位投资所取得的净现值额，净现值指数常作为净现值法的辅助指标。算式为

$$NPVI = \frac{NPV}{K_p} \qquad (5.9)$$

式中：$NPVI$ 为净资值指数；其余符号意义同前。

显然 $NPVI \geqslant 0$，则方案经济性好，可以考虑接受；$NPVI < 0$，则方案经济性

不好，应予拒绝。

【例 5.8】　某治污项目资金流量图如图 5.5 所示，当基准折现率为 10％ 时，试计算净现值指数。

解：根据式（5.7）得

$$NPV = [1500(P/A,10\%,4) + 1000](P/F,10\%,1) - 2000$$
$$- [500(P/A,10\%,4) + 400](P/F,10\%,1)$$
$$= [1500 \times 3.1698 + 1000] \times 0.9091 - 2000$$
$$- [500 \times 3.1698 + 400] \times 0.9091$$
$$= 1427.0(万元)$$
$$NPVI = 1427.0/2000 = 0.7135$$

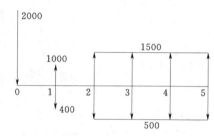

图 5.5　［例 5.8］资金流量图
（单位：万元）

4. 效益费用比

效益费用比（benefit cost rate，BCR 或 R_{BC}）是指项目在经济分析期内的效益现值与费用现值之比，也可以是折算效益年值与折算费用年值之比。其表达式为

$$BCR = \frac{\sum\limits_{t=0}^{n} CI_t(P/F,i,t)}{\sum\limits_{t=0}^{n} CO_t(P/F,i,t)} \tag{5.10}$$

或者

$$BCR = \frac{B_p}{K_p + C_p} \tag{5.11}$$

或者

$$BCR = \frac{\overline{B}_o}{\overline{K}_o + \overline{C}_o} \tag{5.12}$$

式中：BCR 为效益费用比；其余符号意义同前。

显然，$BCR \geqslant 1$ 时，方案产出大于等于投入，经济性较好，可以考虑接受方案；$BCR < 1$ 时，产出小于投入，经济性较差，方案应予拒绝。

效益费用比反映了单位费用所取得的效益，只要产出大于或等于投入，该方案就是可行的。但是投入产出比最高，净现值未必最大。所以，效益费用比 $BCR \geqslant 1$ 只是方案合理可行的基本条件，不能直接用于方案比较。应用效益费用比进行互斥方案的比较时，需要进行增量分析才能优选出净现值最大的方案。

【例 5.9】　某项目有下列三个方案，经济分析期均为 20 年，且各方案均可当年建成并受益，资料见表 5.5，试用效益费用比评价各方案。

解：由式（5.11）得各方案的效益费用比分别为

$$BCR_A = \frac{2243}{1075 + 111} = 1.89$$

$$BCR_B = \frac{2592}{1329 + 134} = 1.77$$

表 5.5　　各方案经济数据表　单位：万元

方案	A	B	C
投资现值	1075	1329	1641
运行费现值	111	134	169
效益现值	2243	2592	2822

$$BCR_C = \frac{2822}{1641+169} = 1.56$$

从效益费用比法的计算结果可以看出，三个方案的效益费用比均大于 1，都可以考虑接受。为了了解效益费用比和净现值在评价结果上的区别，下面不妨计算各方案的净现值。根据式（5.7）可得

$$NPV_A = 2243 - 1075 - 111 = 1057（万元）$$

$$NPV_B = 2592 - 1329 - 134 = 1129（万元）$$

$$NPV_C = 2822 - 1641 - 169 = 1012（万元）$$

由上述结果可以看出，在三个方案中，虽然 A 方案效益费用比最大，但净现值并不是最大。如果要根据效益费用比确定出净现值最大的方案，需要进行增量分析，具体见 5.2 节。

另外，在效率型指标的应用中，常用下面的算式来计算效益费用比：

$$BCR' = \frac{B_p - C_p}{K_p} \tag{5.13}$$

式中：BCR' 为净效益投资比；其余符号意义同前。

式（5.13）中的分子为净效益现值，分母为投资现值。实际上，把这一表达式称为净效益投资比更为确切，其物理意义反映的是单位投资所取得的净效益，而并不是真正的效益与费用的比值。

5. 动态投资回收期

在静态评价指标中，已经介绍了投资回收期的基本概念和计算方法。动态投资回收期的不同之处在于考虑了资金的时间价值，是指在给定折现率的情况下，用折算年净效益累计现值偿还投资现值所需要的时间。其计算式为

$$\sum_{t=0}^{P_d} (CI - CO)_t (P/F, i, t) = 0 \tag{5.14}$$

式中：P_d 为动态投资回收期；其余符号意义同前。

当基准点上的投资现值为 K_p 时，有时也写作

$$K_p = \sum_{t=1}^{P_d} (\overline{B} - \overline{C})_t (P/F, i, t) \tag{5.15}$$

当年净效益 $(\overline{B} - \overline{C})$ 为等额系列时，也可写作下式：

$$K_p = (\overline{B} - \overline{C})(P/A, i, P_d) = (\overline{B} - \overline{C})\frac{(1+i)^{P_d} - 1}{i(1+i)^{P_d}} \tag{5.16}$$

特别地，利用求解方程的方法，可求得式（5.16）中的 P_d：

$$P_d = \frac{\lg(\overline{B} - \overline{C}) - \lg[(\overline{B} - \overline{C}) - K_0 i]}{\lg(1+i)} \tag{5.17}$$

动态投资回收期也可通过下式计算：

$$P_d = 累计净现金流量折现值开始出现正值的年份数 - 1$$

$$+ \frac{|上年累计净现金流量折现值|}{当年净现金流量折现值} \tag{5.18}$$

【例 5.10】　某方案资金流量图如图 5.6 所示，若基准折现率为 10％，试求该方案的动态投资回收期。

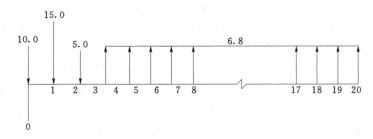

图 5.6　［例 5.10］资金流量图（单位：万元）

解：该方案受益后年平均效益为等额系列，不妨把投资先折算到第 2 年年末，然后应用式（5.17）求解，最后换算成与开工期（基准点）相对应的动态投资回收期，即

$$K_p = 5 + 15 \times (1 + 10\%) + 10 \times (1 + 10\%)^2 = 33.6 (\text{万元})$$

$$P_d = \frac{\lg 6.8 - \lg(6.8 - 33.6 \times 10\%)}{\lg(1 + 10\%)} = 7.15 (\text{年})$$

如果对应于开工期（基准点）的话，该方案的动态投资回收期为 9.15 年。

【例 5.11】　某方案投资、年净效益见表 5.6，若基准收益率 $i = 10\%$，试计算其投资回收期。

表 5.6　　　　　　　　　　［例 5.11］资金流量表

年数 (1)	投资 /万元 (2)	年净效益 /万元 (3)	累计净现金流量 /万元 (4)	折算因子 (5)	折现值 /万元 (6)=(3)×(5)	累计折现值 /万元 (7)
0	6000		−6000	1.0000		−6000.00
1		0	−6000	0.9091		−6000.00
2		0	−6000	0.8264		−6000.00
3		800	−5200	0.7513	601.04	−5398.96
4		1200	−4000	0.6830	819.60	−4579.36
5		1600	−2400	0.6209	993.44	−3585.92
6		2000	−400	0.5645	1129.00	−2456.92
7		2000	1600	0.5132	1026.40	−1430.52
8		2000	3600	0.4665	933.00	−497.52
9		2000	5600	0.4241	848.20	350.68
10		2000	7600	0.3855	771.00	1121.68

解：由表 5.6 中（3）列可知，该方案年净效益变化较大，在这种情况下，已无法用式（5.17）予以计算，故应采用式（5.18）并列表计算，见表 5.6。

由式（5.18）可得

$$P_d = 9 - 1 + \frac{497.52}{848.20} = 8.59 (\text{年})$$

另外，由表5.6中（4）列可得，静态投资回收期为6.2年。由此可知，动态投资回收期考虑了资金的时间价值后，偿还投资所需的时间必然延长。

同静态投资回收期一样，动态投资回收期仍然没考虑回收期以后的经济效果，没有全面地反映项目分析期内的真实效益，所以，在经济效果评价中只作为辅助性指标。

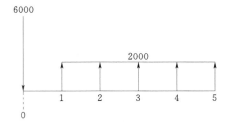

图5.7 资金流量图（单位：元）

6. 内部收益率

为了正确理解内部收益率的基本概念，应该回顾一下净现值与折现率的函数关系，即净现值函数。如图5.7所示的资金流量图，其现值计算可表示为

$$NPV = 2000(P/A,i,5) - 6000 = \frac{2000}{(1+i)} + \frac{2000}{(1+i)^2} + \frac{2000}{(1+i)^3}$$
$$+ \frac{2000}{(1+i)^4} + \frac{2000}{(1+i)^5} - 6000$$

不妨设定不同的 i 值以求其 NPV 值并列于表5.7。

表 5.7 NPV 与 i 值关系表

$i/\%$	0	5	10	15	25	50	100	∞
NPV/元	4000	2658	1582	704	-622	-2527	-4063	-6000

经试算得，当 $i=19.85\%$ 时，$NPV=0$。

将表5.7中的数据绘于图5.8，横坐标表示折现率 i，纵坐标表示净现值 NPV。

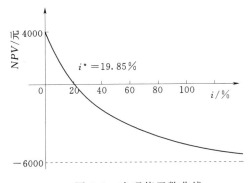

图5.8 净现值函数曲线

由净现值函数曲线得知，折现率由小变大时，净现值则由大变小，反之亦然。当折现率 $i=0$ 时，净现值等于总效益与总费用的差（$NPV=4000$ 元）；当折现率 $i\rightarrow\infty$ 时，净现值将以投资现值为渐近线（-6000 元）。另外，净现值函数曲线与横坐标的交点为 i^* 时，净现值 $NPV=0$；当 $i<i^*$ 时，$NPV>0$；当 $i>i^*$ 时，$NPV<0$。可见 i^* 是方案在经济上是否合理的临界值。

上述 i^* 可以作为经济评价的一个重要指标，并称为内部收益率。由图5.8可知，内部收益率是指方案净现值等于零时的折现率。其表达式为

$$\sum_{t=0}^{n} (CI - CO)_t (P/F, IRR, t) = 0 \qquad (5.19)$$

式中：IRR 为方案的内部收益率；其余符号意义同前。

由于净现值函数是一个高次方程，通常采用试算法予以求解。其基本步骤是：列出计算净现值的算式；预估两个适当的折算率 i_1 和 i_2，当 $i_1 < i_2(i_2 - i_1 \leqslant 5\%)$，且 $NPV_1 > 0$，$NPV_2 < 0$ 得到满足时，即可用线性插值法求出近似值，如图 5.9 所示。线性插值公式为

$$IRR = i_1 + \frac{NPV_1}{|NPV_1| + |NPV_2|}(i_2 - i_1) \qquad (5.20)$$

式中：NPV_1 为用 i_1 计算的净现值；NPV_2 为用 i_2 计算的净现值；其余符号意义同前。

【例 5.12】　某方案资金流量图如图 5.10 所示，若基准收益率为 10%，试用内部收益率评价方案的可行性。

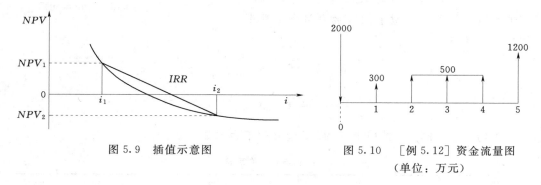

图 5.9　插值示意图　　　　图 5.10　［例 5.12］资金流量图
（单位：万元）

解：根据式（5.8）得

$$NPV = 300(P/F, i, 1) + 500(P/A, i, 3)(P/F, i, 1)$$
$$+ 1200(P/F, i, 5) - 2000$$

当 $i_1 = 12\%$ 时，$NPV_1 = 21.12$ 万元；当 $i_2 = 14\%$ 时，$NPV_2 = -95.31$ 万元可见 IRR 在 12% ~ 14% 之间，由式（5.20）得

$$IRR = 12\% + \frac{21.12}{21.12 + 95.31} \times (14\% - 12\%) = 12.36\%$$

将 $i = 12.36\%$ 代入计算 NPV 的算式中，得 $NPV \approx 0$。因为所求的 $IRR > 10\%$（基准收益率），所以可以考虑接受该方案。

为了理解内部收益率的经济含义，不妨研究一下本例各年年末收回投资的变化过程，见表 5.8。

表 5.8		资 金 流 量 过 程 计 算		单位：万元
年数 （1）	年初未收回的投资 （2）	年末利息 （3）=（2）×i	年末现金流量 （4）	年末未收回的投资 （5）=（2）+（3）+（4）
0			−2000	−2000
1	−2000	−247	300	−1947
2	−1947	−240	500	−1687
3	−1687	−208	500	−1395
4	−1395	−173	500	−1068
5	−1068	−132	1200	0

表 5.8 中反映的资金流量过程如图 5.11 所示，可知，内部收益率 $IRR = 12.36\%$ 并不是这个方案在初始投资时由外部条件确定的，而是在整个资金流量过程中，年净效益始终处于偿还投资本利和的状态下，直到寿命期末，用所有的收入偿还了全部投资及利息的过程所决定的。因此，方案的偿还能力完全取决于方案本身，故被称为内部收益率。

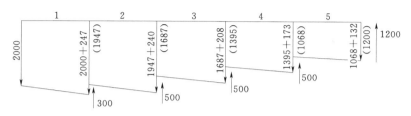

图 5.11　资金流量图示（单位：万元）

在一个投资项目中，开始的几年中只有投资，而在以后的若干年中均有一定的净效益，当折现率为零且净效益的代数和大于投资的代数和时，该现金流量具有唯一的内部收益率。这样的投资过程被称为正常投资过程。而非正常投资过程很可能出现许多异样的结果。比如不存在内部收益率的情况、存在多个内部收益率的情况等，这些都将影响内部收益率法的正常应用。为进一步了解这两种非正常投资过程的情况，现分述如下。

（1）不存在内部收益率的情况。如图 5.12 所示，图 5.12（a）中只有收入；图 5.12（b）中只有投入；图 5.12（c）中开始为投入，后来的几年有收入，但收入的代数和小于投入。

三种情况所对应的净现值函数曲线反映的特征是：当 $i = 0$ 时，即为曲线的起点，随着 i 值的增大，该曲线并没有与横坐标相交，而是逐渐趋近于一条以基准点位置发

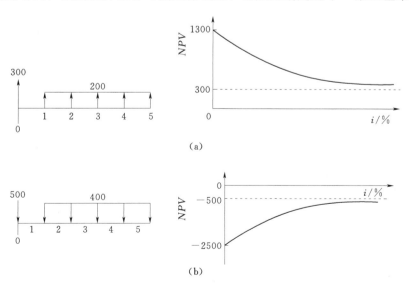

图 5.12（一）　不存在内部受益率的资金流量图及净现值函数曲线（单位：万元）

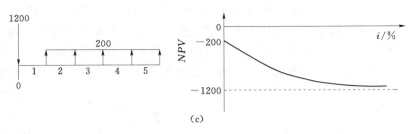

(c)

图 5.12（二） 不存在内部受益率的资金流量图及净现值函数曲线（单位：万元）

生的投资数额为大小的水平渐进线。

（2）存在多个内部收益率的情况。由式（5.19）可知，如果令 $(1+IRR)^{-1}=x$，$(CI-CO)_t=a_t$（$t=1$，2，3，…，n），则式（5.19）可以写成

$$a_0+a_1x+a_2x^2+\cdots+a_nx^n=0 \qquad (5.21)$$

这样的方程应有 n 个根（包括复数根和重根）。根据笛卡儿符号规则，若方程的系数序列 $|a_0,a_1,a_2,\cdots,a_n|$ 的正负号变化次数为 P，则方程的正根个数（1 个 K 重根按 K 个计算）等于 P 或比 P 少一个正偶数；当 $P=0$ 时，方程无正根；当 $P=1$ 时，方程有且仅有一个单正根。也即在 $-1<IRR<\infty$ 的域内，若方案净现金序列 $(CI-CO)_t$（$t=1$，2，…，n）的正负号仅改变一次，式（5.19）中仅有唯一的一个内部收益率。而净现金流量序列的正负号有多次变化时，式（5.19）可能有多个解。因此，在非正常投资过程的现金流量图中，资金量符号改变的次数即是内部收益率存在的个数。

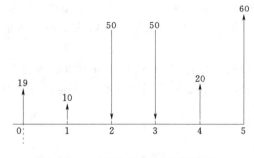

图 5.13 ［例 5.13］资金流量图 1
（单位：万元）

【例 5.13】 如图 5.13 所示的资金流量图，试求其内部收益率。

解：根据题意知，该资金流量为非正常投资过程，而且其资金量序列为（19，10，-50，-50，20，60），资金量的正负号改变了 2 次，所以存在 2 个内部收益率，试算结果见表 5.9。

表 5.9 **NPV 计 算 结 果**

$i/\%$	0	10	20	30	40	50
NPV/万元	9.00	0.20	-2.60	-2.54	-1.20	0.60

净现值计算式为

$$NPV=19+10\times(P/F,i,1)-50\times(P/F,i,2)-50\times(P/F,i,3)$$
$$+20\times(P/F,i,4)+60\times(P/F,i,5)$$

将表 5.9 的计算结果绘于图 5.14。

求得：$IRR_1=10.1\%$；$IRR_2=47.0\%$。

现在分析所求得的两个 IRR 的含义。

当 $i=10.1\%$ 时，将第一年初的 19 万元折算到第二年末，其本利和为

$$F=19\times(1+10.1\%)^2=23（万元）\tag{5.22}$$

将第一年末的 10 万元折算到第二年末，其本利和为

$$F=10\times(1+10.1\%)=11（万元）\tag{5.23}$$

第二年末的 −50 万元将变成

$$-50+23+11=-16（万元）$$

于是，便得到一个新的资金流量图，如图 5.15 所示，该图所对应的内部收益率一定是 10.1％。

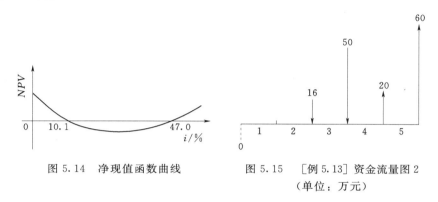

图 5.14　净现值函数曲线　　　图 5.15　［例 5.13］资金流量图 2
（单位：万元）

同理，当 $i=47\%$ 时亦然。

事实上，一开始把 19 万元和 10 万元的收入投入到一项利率为 10.1％ 的外部活动（即本项目以外的经济活动）中，即式（5.22）、式（5.23）的折算过程，然后将其所获得的本利和回收到本项目中，核减第三年初的投入后，则该项目的获利能力将是 10.1％。但是，在式（5.22）、式（5.23）的折算中，如果 i 值既不是 10.1％，也不是 47.0％，那么所形成现金流量既不如图 5.15 所示，也不是 $i=47.0\%$ 时的现金流量图，所求得的内部收益率也绝对不是 10.1％ 和 47.0％。其实，要想对开始的 19 万元和 10 万元的收入寻找一个利率恰好是 10.1％ 或 47.0％ 的投资机会存在很多困难，即使存在这样的投资方案，也不是该项目所能决定的经济报酬率。此时的 10.1％ 和 47.0％ 已不符合内部收益率的经济含义。

所以，非正常投资过程所对应的内部收益率方程的解，通常不止一个，如果所有正实数均不符合内部收益率的经济含义，则它们都不是项目的内部收益率。对于这类方案，内部收益率指标已失去其使用条件，因而不能用其对技术方案进行评价和选择。

在正常的投资过程中，内部收益率是项目本身所决定的获利能力，与折现计算中需事先给定基准折现率无关。因此，内部收益率法在经济评价指标体系中占有较重要的地位。

7. 外部收益率

由于经济活动的多样性，可能出现许多非正常的投资过程，使内部收益率法的应用受到限制。尤其是在水利工程的建设中，由于建设工期较长，而且边建设边受益的情

况比较普遍，建设过程中又分为一期工程、二期工程等，难免出现资金量符号改变多次的现象，使内部收益率出现多个解而无法正常应用，所以有人提出用外部收益率对项目进行经济评价。

假定项目所有投资按某个收益率折算的本利和，恰好可以用项目每年的净效益按基准折现率折算的本利和来抵偿时，这个收益率被称为外部收益率。或者说，如果把方案寿命期内各年的净效益按基准折现率折算到期末的本利和作为终值，那么所有投资折算到期末的本利和与这一终值相等时所对应的折算率就是外部收益率。可表示为

$$\sum_{t=0}^{n} K_t(1+ERR)^{n-t} = \sum_{t=0}^{n}(B-C)_t(F/P,i_0,n-t) \tag{5.24}$$

式中：F 为项目净终值；K_t 为第 t 年的投资；ERR 为外部收益率；n 为项目计算期；i_0 为基准收益率。

或者

$$F = \sum_{t=0}^{n}(B-C)_t(F/P,i_0,n-t) - \sum_{t=0}^{n} K_t(1+ERR)^{n-t} = 0 \tag{5.25}$$

外部收益率的经济含义可以理解为：把投资存入一个年利率为 ERR 且以复利计算的银行中的获利能力。因此 ERR 越大，说明投资的经济性越好，获利能力越强。

外部收益率指标的判断准则是：当 $ERR \geqslant i_0$ 时，方案的经济性好，可以考虑接受；当 $ERR < i_0$ 时，则方案的投资效果不好或经济上不可行，应当予以拒绝。

外部收益率考察了项目分析期内的经济状况；考虑了资金的时间价值并对项目进行了动态评价；与内部收益率相比，计算简单，其解具有唯一性。

【例 5.14】 某项目第一年年初投资 1200 万元，预计该项目的寿命期为 3 年，各年的净效益分别为 700 万元、640 万元和 560 万元，若基准收益率为 10%，试用外部收益率评价该项目的经济可行性。

解： 根据题意及式（5.24）可得

$$1200(1+ERR)^3 = 700 \times (1+10\%)^2 + 640 \times (1+10\%) + 560$$
$$(1+ERR)^3 = 1.7592$$

解得

$$ERR = 20.7\%$$

$ERR > i_0$，所以可以考虑接受该项目。

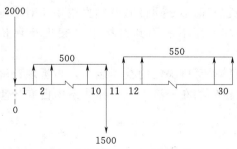

图 5.16　[例 5.15]资金流量图
（单位：万元）

【例 5.15】 某项目开工时投资 2000 万元，10 年后二期工程投资 1500 万元，前 10 年平均年净收益为 500 万元，二期工程后的 20 年中平均年净效益为 550 万元，全部工程使用期为 30 年，若基准收益率为 10%，试用外部收益率评价其经济合理性。

解： 根据题意，其资金流量图如图 5.16 所示，由式（5.24）可得

$$2000(1+ERR)^{30}+1500(1+ERR)^{20}=500(F/A,10\%,10)(F/P,10\%,20)$$
$$+550(F/A,10\%,20)$$
$$=500\times15.937\times6.7274+550\times57.274$$

整理得

$$4(1+ERR)^{30}+3(1+ERR)^{20}=170.22$$

经试算得

$$ERR=12.5\%$$

$ERR>i_0$，所以该项目在经济上可行，可以考虑接受。

5.2 方 案 比 选

5.2.1 方案比选的原则

对项目进行评价和方案比选时，通常要在一定的原则指导下开展工作，这些原则分别从不同的角度对项目进行考评，综合后便可得到对项目较全面的评价结果，进而可以判别项目的最佳实施方案。

1. 可比性

可比性是工程经济学的基本原则，具体内容请参考 1.3.1.1 节。

2. 技术与经济相结合

技术是经济发展的重要手段，经济利益又是驱动技术进步的内在动力，经济效果评价是决定方案取舍的主要依据。所以，在评价方案的技术问题时，既要考虑方案技术的宏观影响，使技术对国民经济和社会经济发展起到促进作用，又应考虑方案技术的微观影响，使所采用的技术能有效地结合本部门、本单位的具体实际，发挥出该项技术的最大潜能，创造出该技术的最大价值。同时，还应注意避免贪大求洋，盲目追求所谓的"最先进技术"。当然，也要注意不能一味强调现有实际，如果不善于引进、采纳现代高新技术，就无法利用现有条件去最大程度地发挥优势并创造价值。另外，在考核项目的技术方案时，还应注意其经济消耗和影响，不要给方案整体带来诸如资源、环境及生态等方面的负面影响。

所以，在评价项目时，既要评价其技术能力、技术进步，也要评价其经济特性、经济价值，将两者结合起来，寻找符合国家政策和社会发展方向、又能给企业带来发展的方案，使之最大限度地创造效益，促进技术进步及经济、社会、资源、环境等方面的共同发展。

3. 定性分析与定量分析相结合

定性分析与定量分析是工程经济分析的基本方法。坚持定性分析与定量分析相结合是方案比选应坚持的基本原则。工程建设和运行管理是一个对社会经济和环境生态具有较大时空尺度影响的过程，只有定性分析和定量分析相结合，才能做出符合实际的方案评价和选择。

4. 财务评价与国民经济评价相结合

财务评价是指根据国家现行的财务制度和价格体系，从投资主体的角度考察项目给投资者带来的经济效果的分析方法。国民经济评价则是指按照社会资源合理配置和有效利用的原则，从国家整体的角度来考察项目的效益和费用的分析方法，其目的是充分利用有限的资源，促进国民经济持续稳定地发展。

在评价项目的经济效果时，必须将项目的财务评价与国民经济评价结合起来考虑，既要符合国家发展的需要，使资源合理配置并充分发挥效能，又要尽量使项目能够有较好的经济效果，具有相应的财务生存能力，为今后进一步的发展打下良好的基础。

5. 直接效益与间接效益分析相结合

直接效益和间接效益详见 3.4 节。直接效益与间接效益相结合的原则，要求在评价项目的经济效果和方案比选时，既要考虑直接效益，也应考虑间接效益。

5.2.2　方案比选方法

在遵循方案比选原则的基础上，利用各种评价指标对项目的方案进行综合评价和对比，从而选择出项目实施的最佳方案。常用的方案比选方法主要有差额投资回收期法、折算年费用法、净现（年）值法、差额内部收益率法和差额效益费用比法等。

1. 差额投资回收期法

差额投资回收期也称抵偿年限，是指同一项目中不同规模的两个方案比较时所增加的投资与增加的年净效益的比率。或者说，差额投资回收期是指方案相互比较时，用增加的年净效益偿还投资增量所需要的时间。计算式为

$$\Delta P_d = \frac{K_2 - K_1}{(\overline{B}_2 - \overline{C}_2) - (\overline{B}_1 - \overline{C}_1)}$$

$$= \frac{\Delta K}{\Delta(\overline{B} - \overline{C})} \quad (K_2 > K_1) \tag{5.26}$$

式中：ΔP_d 为差额投资回收期，年；其余符号意义同前。

通常情况下，如果两个不同规模的投资方案在年效益相同时，增加投资的方案所对应的年运行费用必然降低；如果这两个方案的年运行费用相同，增加投资必然使年效益增加，否则，增加投资将没有意义。由此可见

当 $\overline{B}_1 = \overline{B}_2$ 时，式（5.26）可表示为

$$\Delta P_d = \frac{K_2 - K_1}{\overline{C}_1 - \overline{C}_2} \tag{5.27}$$

当 $\overline{C}_1 = \overline{C}_2$ 时，式（5.26）则表示为

$$\Delta P_d = \frac{K_2 - K_1}{\overline{B}_2 - \overline{B}_1} \tag{5.28}$$

由于该指标是计算两个不同规模的投资方案相互比较时的投资增量和年净效益增量的比率，那么，对于相互比较的这两个方案，如果用 P_c 表示部门或行业规定的基准投资回收期，则判别方法为：若 $\Delta P_d \leqslant P_c$，则增加投资的方案（或投资规模大的方案）可行或较优；若 $\Delta P_d > P_c$，则增加投资的方案不可行或较劣。

【例 5.16】　某项目有四个方案可供选择，四个方案的年效益均为 50 万元，假定

建设期 1 年，其投资和年运行费用见表 5.10。若基准投资回收期 P_c 为 5 年，试从中选择最优方案。

表 5.10   方案组基本资料

单位：万元

方案	1	2	3	4
总投资 K	90	110	140	150
年运行费用 $\overline{C}$	20	15	10	20

解： 从上述四个方案中选优，首先要判别方案本身的可行性，故采用投资回收期予以评价，由式（5.3）可得

$$P_{t1} = 1 + \frac{90}{50-20} = 4.0（年）$$

$$P_{t2} = 1 + \frac{110}{50-15} = 4.1（年）$$

$$P_{t3} = 1 + \frac{140}{50-10} = 4.5（年）$$

$$P_{t4} = 1 + \frac{150}{50-20} = 6.0（年）$$

由于 $P_{t4} > P_c$（$P_c = 5$ 年），所以方案 4 应当给予拒绝，而方案 1、方案 2、方案 3 均为可行方案，可以考虑接受。

既然方案 1、方案 2、方案 3 为可行方案，那么，最优方案应该在此方案组中产生，故采用差额投资回收期法予以选择，由式（5.27）可得

$$\Delta P_{d2-1} = \frac{K_2 - K_1}{\overline{C}_1 - \overline{C}_2} = \frac{110-90}{20-15} = 4.0（年）$$

$\Delta P_{d2-1} < P_c$，即增加投资规模的方案 2 可行。

$$\Delta P_{d3-2} = \frac{K_3 - K_2}{\overline{C}_2 - \overline{C}_3} = \frac{140-110}{15-10} = 6.0（年）$$

$\Delta P_{d3-2} > P_c$，即增加投资规模的方案 3 不可行。

由此可知，上述方案组中方案 2 为最优方案。值得注意的是：方案 1 投资回收期最短，但并不是方案组中的最优方案。

2. 折算年费用法

在差额投资回收期的计算中，总要对所有的互斥方案两两相互比较。如果被选择的多方案年效益基本相同或相近，运用年折算费用最小法则相对简便。折算年费用是指基准投资回收期内的平均投资与年运行费用之和，其中，折算年费用最小的方案为最优方案。

由式（5.27）知，如果

$$\frac{K_2 - K_1}{\overline{C}_1 - \overline{C}_2} \leqslant P_c \quad （K_2 > K_1） \tag{5.29}$$

成立，则表示投资规模大的 K_2 方案优于投资规模小的 K_1 方案，把式（5.29）整理后可得

$$K_2 - K_1 \leqslant P_c(\overline{C}_1 - \overline{C}_2) \tag{5.30}$$

$$K_2 + P_c\overline{C}_2 \leqslant K_1 + P_c\overline{C}_1 \tag{5.31}$$

$$\frac{K_2}{P_c}+\overline{C}_2\leqslant\frac{K_1}{P_c}+\overline{C}_1 \tag{5.32}$$

由式（5.32）可见，投资大的 K_2 方案折算年费用较小，优于 K_1 方案。投资回收期内的平均投资与年运行费用的和（称为折算年费用）最小的方案为优方案。令

$$S=\min\left\{\overline{C}_i+\frac{K_i}{P_c}\right\} \tag{5.33}$$

式中：S 为折算年费用；其余符号意义同前。

用式（5.33）计算的折算年费用 S 最小的方案为最优方案，其计算结果与差额投资回收期法是一致的。

有时也可将式（5.33）写作式（5.34），即基准投资回收期内的总支出费用 S_z。总支出费用（称为总费用）最小的方案为最优方案。算式可表示为

$$S_z=\min\{\overline{C}_iP_c+K_i\} \tag{5.34}$$

由式（5.33）、式（5.34）可知，这种计算方法事实上是计算了基准投资回收期内的平均费用或总费用值，只不过式（5.33）按基准投资回收期内的折算年费用计算，而式（5.34）是按基准投资回收期内的总费用计算，所以又称为费用最小法。

3. 净现值法和净年值法

资源 5-4
净现值法

净现值和净年值是经济评价中的价值型指标，如果在追求经济效果最大的条件下进行方案比选，则遵循净现值或净年值最大原则，即净现值或净年值越大方案越优。需要注意的是，采用净现值法比选方案时，所有备选方案必须具有相同的经济分析期，而净年值法无此要求。下面举例说明两个指标的应用。

（1）净现值法。

【**例 5.17**】　有三个投资方案，寿命期均为 10 年，各方案的投资现值和年效益见表 5.11。若基准收益率为 10%，试用净现值法选择最优方案。

解：$NPV_A=44$（P/A，10%，10）$-170=44\times6.1446-170=100.4$（万元）。

同理可求得 $NPV_B=102.5$ 万元，$NPV_C=117.8$ 万元。

根据净现值最大原则，方案 C 为最优方案。

净现值法选择方案时的判别准则可表达为：净现值最大且非负的方案为最优方案。

【**例 5.18**】　某水处理工程欲购置两台排水量相同的水泵，其经济指标见表 5.12，若基准收益率为 15%，试比较选择方案。

表 5.11　　[例 5.17] 资金流量表

单位：万元

方案	投资现值	年净效益
A	170	44
B	260	59
C	300	68

表 5.12　　水 泵 经 济 指 标

方案	A	B
投资/元	3000	4000
年运行费用/元	2000	1600
资产余值/元	500	0
使用期/年	8	8

解：根据题意知两水泵的排水量相同，即效益相同，此时应比较两方案的费用。

方案 A 的费用现值为

$$K_p + C_p = 3000 + 2000(P/A, 15\%, 8) - 500(P/F, 15\%, 8)$$
$$= 3000 + 2000 \times 4.487 - 500 \times 0.3269$$
$$= 11810.6(元)$$

方案 B 的费用现值为

$$K_p + C_p = 4000 + 1600(P/A, 15\%, 8)$$
$$= 4000 + 1600 \times 4.487$$
$$= 11179.2(元)$$

因为在效益相同的情况下，费用现值小的方案较优。由计算得知，方案 B 的费用现值较小，故方案 B 为优方案。

（2）净年值法。

【例 5.19】 某工程有两个方案，资料见表 5.13。若经济报酬率为 10%，两个方案中何者为优？

表 5.13　　　　　　　　　　　　　［例 5.19］资金流量表

方案	建设期/年	投资现值/万元	经济寿命期/年	年效益/万元	年运行费/万元	残值/万元
1	1	1000	25	260	50	20
2	2	2000	35	500	110	0

解：方案 1、方案 2 资金流量图分别如图 5.17、图 5.18 所示。

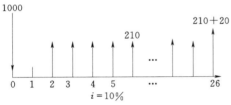

图 5.17　［例 5.19］方案 1 资金流量图（单位：万元）　　　图 5.18　［例 5.19］方案 2 资金流量图（单位：万元）

采用净年值法进行方案对比：

$$NAV_1 = [210(P/A, 10\%, 25)(P/F, 10\%, 1) + 20(P/F, 10\%, 26)$$
$$- 1000](A/P, 10\%, 26)$$
$$= \left[210 \times \frac{(1+10\%)^{25} - 1}{10\%(1+10\%)^{25}} \times (1+10\%)^{-1} + 20 \times (1+10\%)^{-26} \right.$$
$$\left. - 1000 \right] \times \frac{10\%(1+10\%)^{26}}{(1+10\%)^{26} - 1}$$
$$= 80.18$$

$$NAV_2 = [390(P/A,10\%,35)(P/F,10\%,2) - 2000](A/P,10\%,37)$$

$$= \left[390 \times \frac{(1+10\%)^{35}-1}{10\%(1+10\%)^{35}} \times (1+10\%)^{-2} - 2000\right] \times \frac{10\%(1+10\%)^{37}}{(1+10\%)^{37}-1}$$

$$= 114.2$$

NAV_2 大于 NAV_1，所以方案 2 比方案 1 优。

4. 差额内部收益率法

利用差额内部收益率法进行方案比选的步骤是：按费用由小到大排列方案，计算相邻方案的投资增量 ΔK、效益增量 ΔB 和经营费用增量 ΔC，最后计算由 ΔK、ΔB、ΔC 构成的资金流量的内部收益率，即增值内部收益率 ΔIRR：当 $\Delta IRR \geqslant i_0$ 时，增加费用的方案（投资大的方案）可以考虑接受；当 $\Delta IRR < i_0$ 时，则增加费用的方案应予拒绝。

【例 5.20】　某水处理项目有下列三个设计方案，资金流量图如图 5.19 所示，若基准收益率为 10%，试用差额内部收益率法从中选优。

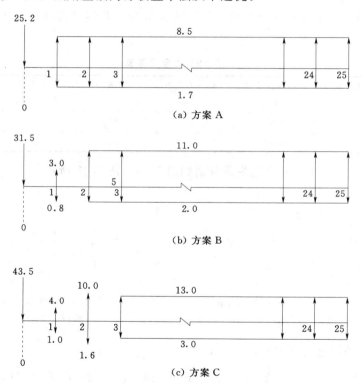

图 5.19　三方案资金流量图（单位：万元）

解： 根据内部收益率的定义及题意得

方案 A，$NPV = (8.5-1.7)(P/A,i,25) - 25.2$，当 $i = 27.16\%$ 时，$NPV = 0$，故得 $IRR_A = 27.16\%$（$> i_0$），可以考虑接受该方案。

同理得

方案 B，$IRR_B = 24.26\%$（$> i_0$），可以考虑接受。

方案 C，$IRR_C = 18.86\%$（$> i_0$），可以考虑接受。

上述三个方案均可以接受，其中 IRR_A 最大。但是，内部收益率最大只反映了方案的获利能力，并没有反映方案的获利多少。

方案 A 与方案 B 比较得到新的资金流量图，如图 5.20 所示，其中投资增量

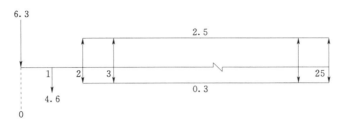

图 5.20　方案 A、方案 B 增量资金流量图（单位：万元）

$$\Delta K = 31.5 - 25.2 = 6.3（万元）$$

第 1 年的净效益增量为（3.0－0.8）－（8.5－1.7）＝－4.6（万元）。第 2 年至第 25 年则为：效益增量 $\Delta B = 11.0 - 8.5 = 2.5$（万元）；经营费用增量 $\Delta C = 2.0 - 1.7 = 0.3$（万元）。

于是得，$\Delta NPV = -4.6(P/F, i, 1) + (2.5 - 0.3)(P/A, i, 24)(P/F, i, 1) - 6.3$。经试算求得，$i = 17.94\%$ 时，$\Delta NPV = 0$，故 $\Delta IRR = 17.94\%$。

ΔIRR 是投资、年效益、年运行费用由方案 A 增大到方案 B 后，构成的新现金流量图所对应的增值内部收益率，其经济含义与内部收益率相同。所以，当增值内部收益率大于基准收益率时说明增加投资（或投资较大）的方案较优。

故方案 B 优于方案 A。

同理，方案 B 与方案 C 何者为优，仍需相互比较并计算其增值内部收益率，于是得资金流量图，如图 5.21 所示。

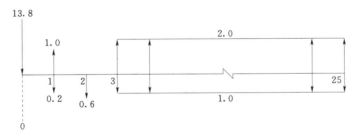

图 5.21　[例 5.20] 资金流量图（单位：万元）

经计算得相应的增值内部收益率 $\Delta IRR = 4.10\%$（$i_0 = 10\%$），故方案 B 增加投资后成为方案 C，经济效果较差，方案 B 优于方案 C。

综上所述，在 A、B、C 三个方案中，方案 B 为最优方案。

现假设基准收益率为 10%，计算上述各方案的净现值得

$$NPV_A = 36.52 \text{ 万元}；NPV_B = 44.01 \text{ 万元}；NPV_C = 37.78 \text{ 万元}$$

其中 NPV_B 为最大，与差额内部收益率法的评价结果一致。

资源 5-5
效益费用
比法

5. 差额效益费用比法

差额效益费用比法实际上是效益费用比的增量分析，其步骤是：首先把比选方案按费用现值由小到大排列；然后计算相邻方案的投资现值增量 ΔK、经营费用现值增量 ΔC（或者计算方案间的费用增量 $\Delta K + \Delta C$）、效益现值增量 ΔB；最后计算增值效益费用比（$\Delta BCR = \dfrac{\Delta B}{\Delta K + \Delta C}$），并根据增值效益费用比 ΔBCR 值的大小来分析判断方案的优劣。

如果增值效益费用比 $\Delta BCR > 1$，则表示费用大的方案（或者增加费用的方案）较优。如果增值效益费用比 $\Delta BCR < 1$，则表示费用小的方案在经济上较优。如果增值效益费用比 $\Delta BCR = 1$，则表明 $\Delta B - (\Delta K + \Delta C) = 0$，此时的净现值达到最大。有时，也称这种状态为资源利用程度达到经济上限。

【例 5.21】 某项目有六个方案可供选择，见表 5.14，计算期均相同，试用差额效益费用比法选择方案。

表 5.14　　　　　　　　　　**各 方 案 经 济 数 据 表**　　　　　　　单位：万元

方案	A	B	C	D	E	F
费用现值（$K_p + C_p$）	4000	2000	6000	1000	9000	10000
效益现值（B_p）	7330	4700	8730	1340	9000	9500

解： 首先，评价各方案本身的可行性。各方案效益费用比分别为 $BCR_A = 1.83$；$BCR_B = 2.35$；$BCR_C = 1.46$；$BCR_D = 1.34$；$BCR_E = 1.00$；$BCR_F = 0.95$。

由于方案 F 的效益费用比 $BCR < 1$，故应当拒绝该方案，其他五个方案的效益费用比 $BCR > 1$，均为可行方案，可以考虑接受。

其次，从方案 A、B、C、D、E 中选择最佳方案需进行增量分析，即按各方案的费用由小到大排列，计算相邻方案的费用增量和效益增量，并计算增值效益费用比 ΔBCR 值，见表 5.15。

表 5.15　　　　　　　　　**方案间增量分析计算表**

方案	D	B	A	C	E
费用现值（$K_p + C_p$）/万元	1000	2000	4000	6000	9000
效益现值（B_p）/万元	1340	4700	7330	8730	9000
费用现值增量 $\Delta(K_p + C_p)$/万元	1000	2000		2000	5000
效益现值增量 ΔB/万元	3360	2630		1400	1670
增值效益费用比 ΔBCR	3.36	1.32		0.70	0.33
方案对比	D 与 B 比较	B 与 A 比较		A 与 C 比较	A 与 E 比较
结果	B 优于 D	A 优于 B		A 优于 C	A 优于 E

从上表可知：五个方案中方案 A 为最优方案。

为了与差额效益费用比法对比，下面不妨用净现值法予以比较：

$NPV_A = 3330$ 万元；$NPV_B = 2700$ 万元；$NPV_C = 2730$ 万元；$NPV_D = 340$ 万元；

$NPV_E = 0$；$NPV_F = -500$ 万元。

可知方案 A 的净现值最大，效益费用比法选择结果与净现值法的选择结果完全一致。

【例 5.22】 某给水工程有三个设计方案可供选择，各方案投资、年效益、年运行费用见表 5.16，工程经济分析期均为 25 年，若基准收益率为 7%，基准投资回收期为 8 年，试分析各方案的经济合理性，并从中选择最优方案。

表 5.16 经济数据及计算结果汇总表

项 目		方 案								
		A			B			C		
		效益/万元	费用/万元	净流量/万元	效益/万元	费用/万元	净流量/万元	效益/万元	费用/万元	净流量/万元
年末序号	0		25.2	−25.2		31.5	−31.5		45.3	−45.3
	1	8.5	1.7	6.8	3.0	0.8	2.2	4.0	1.0	3.0
	2	8.5	1.7	6.8	11.0	2.0	9.0	10.0	1.6	8.4
	3	8.5	1.7	6.8	11.0	2.0	9.0	13.0	3.0	10.0
	⋮	⋮	⋮	⋮	⋮	⋮	⋮	⋮	⋮	⋮
	25	8.5	1.7	6.8	11.0	2.0	9.0	13.0	3.0	10.0
净现值 NPV/万元		54.05			67.02			63.29		
折算年值 NAV/万元		4.64			5.75			5.43		
效益费用比 BCR		2.20			2.25			1.82		
增值效益费用比 ΔBCR		2.49					0.84			
净效益投资比 R'		3.14			3.13			2.40		
内部收益率 IRR/%		27.16			24.24			18.86		
增值内部收益率 ΔIRR/%		17.94					4.10			
投资回收期/年	P_t	3.71			4.26			5.39		
	P_d	4.40			5.16			6.90		
差额投资回收期/年	ΔP_t	5.95					15.60			
	ΔP_d	7.62				计算期内不能抵偿				

解： 各方案的投资及基准点均设在建设期年初，各项指标的计算结果见表 5.16。

(1) 净现值法。三个方案的净现值均大于零，故三个方案在经济上均可以考虑接受，且方案 B 净现值最大。

(2) 净年值法。三个方案的净年值均大于零，故三个方案均可以考虑接受，且方案 B 净年值最大。

(3) 效益费用比。三个方案的效益费用比均大于 1，故三个方案均可以考虑接受，因为效益费用比最大的方案并不一定是最优方案，要判断三个方案的优劣，还需要进行增值效益费用比的计算，即要对三个方案进行增量分析。

因为方案 A、B 间的增值效益费用比 $\triangle BCR_{B-A}$ 大于 1，故方案 B 较方案 A 优。

同理，在方案 B、C 间的增值效益费用比 $\triangle BCR_{C-B}$ 小于 1，故方案 C 劣于方案 B。

(4) 净效益投资比法。三个方案的净效益投资比均大于 1，故三个方案均可以考虑接受。

（5）内部收益率法。三个方案的内部收益率均大于基准收益率，故三个方案均可以考虑接受。另外，由于内部收益率最大的方案净现值不一定最大，所以，仍需对三个方案做内部收益率的增量分析。

因为方案 A、B 间所求的增值内部收益率（ΔIRR）为 14.97%，大于基准收益率 7%，故方案 B 优于方案 A。同理，方案 B、C 间的增值内部收益率（ΔIRR）为 4.10%，小于基准收益率，所以方案 C 劣于方案 B。

（6）投资回收期法。各方案的静态投资回收期、动态投资回收期均小于基准投资回收期，故方案都可以考虑接受。

（7）差额投资回收期法。

1）静态差额投资回收期。

方案 B 比方案 A 增加的投资为：$\Delta K_{B-A} = 31.5 - 25.2 = 6.3$（万元）。

方案 B 比方案 A 增加的年净效益增量累计值列于表 5.17。

表 5.17　　　　　　　　　　年净效益增量累计值计算表

年　　　数	1	2	3	4	5	6
年净效益增量累计值/万元	−4.6	−2.4	−0.2	2.0	4.2	6.4

用内插法求得方案 B 与方案 A 的静态差额投资回收期 $\Delta P_t = 5.95$ 年。方案 B 优于方案 A；同理，可求出方案 C 比方案 B 静态差额投资回收期 $\Delta P_t = 15.60$ 年，方案 C 劣于方案 B。

2）动态差额投资回收期。动态差额投资回收期的计算步骤与静态方案相同，结果列于表 5.16，同样可得出方案 B 最优。

5.2.3　小结

5.1 节和本节介绍了净现（年）值、效益费用比、内部收益率、投资回收期等经济效果评价指标以及净现（年）值法、差额效益费用比法、差额内部收益率法、差额投资回收期法等方案比选方法。应当知道，在评价方案的可行性时，无论是采用上述哪种指标，所得出的结论都是一致的。

在进行方案比选时，除了年值法之外，现值法（净现值、费用现值）、差额效益费用比法、差额内部收益率法均要求各方案计算分析期相同。计算分析期不同，则可采用如下方法将各方案计算分析期化成一致：以各方案寿命的最小公倍数为公共的计算分析期，期内各方案均有若干次设备更新；以各方案中最短的寿命为计算分析期，其余方案在期末重估价值；以各方案中最长的寿命为计算分析期，其余方案进行若干次设备更新，并计算期末残值。

资源 5-6
各种方法
总结

资源 5-7
综合示例

5.3　项目方案群的选优

前面采用各项指标进行的方案可行性以及方案之间比选实际上是针对单个项目或者单个项目的不同方案的比选，这是企业在一定时期常遇的决策问题。但随着决策层次由企业上升到行业、部门、地区甚至参与投资的银行系统，就会面临大批的项目决策。在项目决策中，把经济上和技术上相互关联的众多项目称为项目方案群。项目方案群的选优不仅要考虑单方案的经济可行性，还要考虑项目群的整体最优。项目方案群的比较与选择是从多个满足国家政策、法律和企业条件等各方面要求的项目方案中，通过比较，择一个或多个技术先进、经济合理的最佳方案或方案群。

本节主要讨论如何正确地运用前面讲过的各种评价指标进行项目方案群的评价与选择。

5.3.1　项目方案的关系和分类

现实中的备选方案之间可能存在多种多样的不同关系，如有的方案间是独立的，有的方案是相互排斥的，有的具有从属关系，有的具有资金或收入相关关系等。通过分析方案群的复杂关系，主要把方案分为三类：独立方案、互斥方案和混合方案。

在开发目标不一定相同的若干个方案中，选择其中一个方案后，并不影响其他方案的入选，这一组方案被称为互相独立方案。例如，某项目为了实现工业供水的目标，既要考虑取水的水源工程，还要考虑取水后的供水工程。虽然水源工程和供水工程是该供水项目的组成内容，但两者在各自的方案选择中并没有矛盾，选择供水工程任何方案都不影响水源工程的选择。同样，选择任何一种水源工程方案并不影响供水方案的选择。独立方案的特点是方案之间具有相容性，只要条件允许，就可以选择任何有利方案，这些方案可以共存，而且投资、经营成本及收益等都具有可加性。

互斥方案是指开发目标相同的若干个方案中，选择其中一个方案后，其他方案不能再入选的一组方案。例如修建一个水库，大坝的形式多种多样，有土坝、重力坝、拱坝等类型，虽然备选方案很多，但只能选择其中之一。互斥方案的特点是方案之间具有互不相容性，在多方案中，一旦选中任意一个方案，其他方案必须放弃，不能同时选中多个方案。

当方案组合中既有独立方案，又有互斥方案时，就构成了混合方案。

5.3.2　不同类型方案的选优

5.3.2.1　互斥方案的比选

在建设项目的工程技术方案的经济分析中，较多的是互斥方案的比较和选择问题。由于技术的进步，为实现某种目标可能形成众多的工程技术方案。当这些方案在技术上都可行的、经济上也合理的时候，项目经济评价的任务就是从中选择最好的方案。5.2节中讲述的方案比选方法，如差额投资回收期法、净现（年）值法、差额效益费用比法以及差额内部收益率法等均可用于互斥方案的比较选优，详细过程在此不再赘述。

资源 5-8
互斥方案

对于一组互斥方案，只要方案的投资额在规定的投资限额之内，均有资格参加评选。在方案互斥的条件下，方案群选优包含两部分内容：一是考察各个方案自身的经济效果，就是判断方案的可行性，淘汰不可行方案；二是进行方案间的比较，考察哪个方案最优。两种检验的目的和作用不同,通常缺一不可。

互斥方案经济效果评价和选优的特点是必须进行各方案之间的比较。因此,不论项目寿命期相等的方案,还是寿命期不等的方案,不论使用何种评价指标,都必须满足方案之间的可比性要求。

5.3.2.2 独立方案的比选

独立方案的选择可以分为两种情况讨论:一是有资金约束;二是无资金约束。

对于无资金约束条件独立方案,只要方案具有可行性便可以选择。

对于有资金约束条件独立方案,可行的方案不一定都会被采用,往往根据各个独立方案的可能组合,构造若干个互斥方案。方案选择的步骤可以归纳如下:

(1)评价各方案的可行性,舍弃不可行的方案,如计算各方案的净现值(或净年值),淘汰净现值(或净年值)小于零的方案。

(2)对于各种方案的组合,以资金约束条件舍弃不可行的方案组合,剩余的方案组合具有互斥性,这种独立方案的组合过程被称为独立方案的互斥化。

(3)由于独立方案中的各个方案现金流量的独立性,因此可以采用互斥方案的选优方法来选优独立方案组合,各种组合方案的经济效果比选指标常采用净现值(或净年值)。

(4)选择出最优的方案组合,如总净现值(或净年值)最大的组合就是最优方案组合。

表 5.18   方 案 基 本 数 据 表

方案	投资/万元	年净效益/万元	计算期/年
A	350	62	10
B	200	39	10
C	420	76	10

【例 5.23】 有三个互相独立的投资方案,各方案的资料见表 5.18,当投资限额为 800 万元时,基准折现率为 10%,试从中选择最佳方案组合。

解: 由于三个方案的总投资合计为 970 万元,已超过了投资限额,因此,三个方案不可能同时被选用。独立方案选优的分析步骤如下:

(1)判断方案的可行性。这里采用净现值法。

$NPV_A = 30.96 > 0$,$NPV_B = 39.64 > 0$,$NPV_C = 46.99 > 0$,三个方案都可行。

(2)列出全部组合方案。m 个独立方案的组合数 $n = 2^m - 1$,本例共有 3 个独立方案,方案组合数为 7,且这 7 个方案构成一组互斥方案。组合结果见表 5.19。在所有的组合方案中,除去不满足约束条件的方案组合,并且按投资额由小到大排列。

(3)用净现值法、净年值法或其他方法选择最佳方案组合。本例采用净现值法,计算各方案组合的净现值。

(4)从表 5.19 所列的各种方案组合的净现值判断,最佳方案组合为 B、C 组合,投资 620 万元,净现值 86.63 万元。

当方案的数量较多时,其组合方案数将增加很多,所以这种方法适用于方案数比较少的情况。当方案数目较多时,可以建立如下的线性规划模型,借助计算机进行辅助决策。

表 5.19 　　　　　　　　　　组合方案的净现值计算结果表　　　　　　　单位：万元

序号	方案组合	总投资	净现值	备注	序号	方案组合	总投资	净现值	备注
1	B	200	39.64		5	B、C	620	86.63	最佳
2	A	350	30.96		6	A、C	770	77.95	
3	C	420	46.99		7	A、B、C	970	117.59	
4	B、A	550	70.60						

$$Z_{max} = \sum_{i=1}^{m} Z_i X_i$$

$$\text{s.t.} \begin{cases} \sum_{i=1}^{m} I_i X_i \leqslant I \\ X_i = 1 \text{ 或 } 0 \quad (i=1,2,\cdots,m) \end{cases} \tag{5.35}$$

式中：Z 为方案的净现值（或净年值）；Z_i 为第 i 个方案的净现值（或净年值）；m 为方案的总个数；I 为总投资限制额；I_i 为第 i 个方案的投资额；X_i 为决策变量。

【例 5.24】 构造［例 5.23］中决策问题的线性规划模型，并求解。

解： $Z_{max} = 30.96X_1 + 39.64X_2 + 46.99X_3$

$$\text{s.t.} \begin{cases} 350X_1 + 200X_2 + 420X_3 \leqslant 800 \\ X_i = 1 \text{ 或 } 0 \quad (i=1,2,3) \end{cases}$$

通过规划求解可以获得 $X_1=0$，$X_2=1$，$X_3=1$，$Z_{max}=86.63$，最优方案是 B、C 组合，结果与［例 5.23］结果一致。

值得注意的是，计算中，所有方案的计算分析期应当相同。

5.3.2.3 混合方案的比较选优

混合方案的选择与独立方案的选择一样，可以分为无资金约束和有资金约束两类。如果无资金约束，只要从各独立项目互斥型方案中选择净现值（或净年值）最大的方案加以组合即可；当资金有约束时，一般使用混合方案群的互斥组合法。但当项目方案较多时，工作量大而且易出错，因此，常借助运筹学，通过建立系统优化模型求解。万加特纳（Weingartner）优化选择模型是针对混合方案选择的常用模型，该模型以净年值（NAV）或净现值（NPV）最大为目标函数。其中以净现值（NPV）最大为目标函数，在一定的约束条件下，建立模型如下：

$$\max \sum_{k=1}^{m} x_k NPV_k \tag{5.36}$$

该目标函数表达了在 m 个待选项目中，选择各方案组合的净现值 NPV 最大。式（5.36）中，m 为备选项目的个数；NPV_k 为第 k 个方案的净现值；x_k 为决策变量（$x_k=1$ 表示第 k 个方案被接受，$x_k=0$ 表示第 k 个方案被拒绝）。式（5.36）中，计算要求所有的方案都具有相同的分析期和

表 5.20 　方 案 基 本 数 据

单位：万元

方案		投资	净现值
互斥型	1	500	250
	2	1000	300
独立型	3	500	200
	4	1000	275
	5	500	175
	6	500	150

相同的基准年。

约束条件主要包括资源约束、项目方案间的相互关系，以及项目方案的不可分性约束。

1. 资金、人力、物力等资源约束方程

$$\sum_{i=1}^{mk} x_k c_{kt} \leqslant b_t \tag{5.37}$$

式中：c_{kt} 为第 k 个方案在第 t 年所需的资源量；b_t 为第 t 年能够提供的资源量。

2. 互斥方案约束方程

$$\sum_{j=1}^{n} x_j \leqslant 1 \tag{5.38}$$

式中：x_j 为 n 个互斥方案中的第 j 个方案的决策变量。

3. 依存关系约束方程

$$x_a \leqslant x_b \tag{5.39}$$

式中：a 为依存于 b 的项目方案，如果不选取 $b(x_b=0)$，则肯定也不选取 $a(x_a=0)$；如果 b 被选取（$x_b=1$），才可以考虑选取 $a(x_a=0$ 或 $x_a=1)$。

4. 紧密互补型约束方程

$$x_c = x_d \tag{5.40}$$

式中：c 和 d 为紧密互补型的项目或方案，两者都不选取，或者同时被选取。

5. 非紧密互补型约束方程

$$x_e + x_f + x_{ef} \leqslant 1 \tag{5.41}$$

式中，e 和 f 为非紧密型互补项目或方案，ef 是指两者同时被选的方案，e、f 与 ef 三者构成互斥方案。例如，面粉生产（e）、蛋糕生产（f）两个为非紧密的互补型项目，二者可以选一个，也可以同时选，同时选的话构成面粉蛋糕联合生产（ef）。e、f 和 ef 三者之间只能选一个。

6. 项目不可分性约束方程

$$x_k = 0, 1 \tag{5.42}$$

式中，$k=1, \cdots, m$，即任一方案或者被选取，或者被拒绝，不允许只取完整的一个局部而舍弃其余部分。

该模型非常适合项目群方案选优，它的目标是从多个可行的组合方案中，选取经济效果最好的组合。

【例 5.25】 某企业有两个不同的生产部门，其中一部门提出了两个互斥型方案，另一部门提出了 4 个互相独立方案，基准收益率均为 10%，各方案投资、净现值见表 5.20，如果项目投资限额为 2000 万元，试进行方案选择。

解： 各方案的净现值均大于零，所有方案在经济上均是可行方案。设各方案的决策变量一次为 x_1，x_2，$\cdots$，x_6，建立如下线性规划模型。

（1）目标函数。净现值最大：

$$\max z_1 = 250x_1 + 300x_2 + 200x_3 + 275x_4 + 175x_5 + 150x_6$$

（2）约束条件。

互斥方案约束：$x_1 + x_2 \leqslant 1$

投资约束：$500x_1 + 1000x_2 + 500x_3 + 1000x_4 + 500x_5 + 500x_6 \leqslant 2000$

项目方案的整数约束：$x_j = 0,\ 1\quad (j = 1, 2, \cdots, 6)$

求解上述模型得：$z_1 = 875$ 万元；$x_2 = x_5 = 0$；其余为 1。最优组合方案为 1、3、4、6，总投资为 2000 万元。

思 考 与 习 题

一、基本概念

1. 简述经济效果评价指标设定的原则。

2. 简述经济效果评价指标体系的分类方法。

3. 详细叙述方案比选中的可比性原则。

4. 简述投资回收期与差额投资回收期的含义及其关系。

5. 简述现值法与年值法的关系。

6. 效益费用比法与净现值法的评价结果为什么是一致的？

7. 为什么效益费用比最大的方案的净现值不一定最大？

8. 内部收益率的经济含义是什么？它的适用范围和局限性是什么？

9. 简述内部收益率与净现值的关系。

10. 为什么内部收益率最大的方案的净现值不一定最大？

11. 同一方案采用不同的评价指标分析时，评价结果总是一致的吗？

12. 简述经济评价中各种评价方法的特点、关系和选择方法。

13. 简述独立方案、互斥方案和混合方案及其关系。

二、分析计算

1. 某工程各年净现金流量见表 5.21。

如果基准折现率为 10%，试计算该项目的静态投资回收期、动态投资回收期、净现值和内部收益率。

表 5.21　净 现 金 流 量

年数	0	1	2~10
净现金流量/元	−25000	−20000	12000

2. 某项目有两个设计方案。第一个方案总投资为 45 万元，年运行费用为 20 万元；第二个方案总投资为 60 万元，年运行费用为 10 万元，两个方案的生产效益相同，若基准投资回收期为 5 年，应该选择哪个方案？

3. 现有两个可选择的方案 A 和方案 B，其有关资料见表 5.22，其寿命期均为 5 年，基准折现率为 8%，试用现值法选择最优方案。

表 5.22　投 资 方 案 数 据 表　　　　　　单位：万元

项目	投资	年效益	年运行费用	资产余值
方案 A	10000	5000	2200	2000
方案 B	12500	7000	4300	3000

4. 现有可供选择的两种空气压缩机方案 A 和方案 B，均能满足相同的工作要求。其中方案 A，投资 3000 元，寿命期为 6 年，资产余值为 500 元，年运行费用 2000 元，而方案 B 投资为 4000 元，寿命期为 9 年，年运行费用 1600 元，无资产余值。假定基准折现率为 10%，试比较两方案在经济上的优劣。

5. 某工程初始投资为 1000 万元，第一年年末投资 2000 万元，第二年年末再投资 1500 万元，从第三年起连续 8 年每年末可获得净效益 1450 万元。若资产余值忽略不计，基准折率为 8% 时，计算其净现值，并判断该项目经济上是否可行。

6. 某技术方案建设期 1 年，第二年投产。预计方案投产后每年的效益见表 5.23。若基准折现率为 10%，试根据所给数据：

表 5.23 基 本 数 据

项 目	建设期		生 产 期						
年数	0	1	2	3	4	5	6	7	8
投资/万元	3000								
年净效益/万元			300	800	1200	1500	1800	2000	2000
净现金流量/万元									
累计净现金流量/万元									

(1) 在表中填上净现金流量。
(2) 在表中填上累计净现金流量。
(3) 计算静态投资回收期。
(4) 计算动态投资回收期。
(5) 计算投资收益率。
(6) 计算内部收益率。
(7) 计算净现值。

7. 某工程有 4 个方案可供选择，各方案均可当年建成并受益，计算期均为 20 年，若基准折现率为 10%，试用效益费用比法选择最优方案，并用净现值法予以验证。基本数据见表 5.24。

表 5.24 基 本 数 据 单位：万元

方案	A	B	C	D	方案	A	B	C	D
投资	1200	1800	2000	3000	年效益	190	220	350	440
年运行费用	5	18	15	20	残余价值	0	15	0	0

8. 某项目有两个效益相同的互斥方案，其费用和计算期见表 5.25，基准折现率为 10%。试用最小公倍数法和年值法比选方案。

表 5.25 已 知 数 据

方案	A	B	方案	A	B	方案	A	B
投资/万元	150	100	年经营成本/万元	15	20	计算期/年	15	10

9. 某工程有两个设计方案，设基准折现率为 15%，两方案的现金流量见表 5.26，计算期均为 6 年，试用差额内部收益率法比选方案。

表 5.26   投 资 和 年 运 行 费 用   单位：万元

年数	0	1	2	3	4	5	6	第 6 年残值
方案 A	−5000	−1000	−1000	−1000	−1200	−1200	−1200	1500
方案 B	−4000	−1100	−1100	−1100	−1400	−1400	−1400	1000

10. 有 A、B、C、D 四个投资项目，现金流量见表 5.27，当基准折现率为 10% 时：

表 5.27   各 项 目 现 金 流 量 表   单位：万元

年数	0	1	2	年数	0	1	2
项目 A	−1000	1400	0	项目 C	−1000	490	1050
项目 B	−2000	1940	720	项目 D	−2000	300	2600

(1) 请分别按内部收益率、净现值、净现值率的大小对项目进行排序。

(2) 如果 A、B、C、D 为互斥方案，选择哪个项目？

(3) 如果 A、B、C、D 为独立方案，用净现值法选择项目：

1）当无资金限制时。

2）资金限制为 2000 万元时。

3）资金限制为 3000 万元时。

4）资金限制为 4000 万元时。

5）资金限制为 5000 万元时。

(4) 当 A、B 为互斥方案，C、D 为独立方案，试以净现值为目标，建立决策模型，并确定当可用资金分别为 1000 万元、2000 万元、3000 万元和 4000 万元时，分别选择哪些方案。

第6章
国民经济评价与财务评价

建设项目经济评价是可行性研究和项目评估审查的有机组成部分和核心内容，是项目或方案选优的重要手段和依据。具体地说，经济评价的目的是根据国民经济发展战略和行业、地区发展规划的要求，在做好产品（服务）市场需求预测及厂址选择、工艺技术选择等工程技术研究的基础上，计算项目投入的费用和产出的效益；并通过多方案的比较，对拟建项目的经济可行性与合理性进行分析论证，作出全面的经济评价，为项目的科学决策提供依据。

6.1 建设项目经济评价概述

6.1.1 基本概念

建设项目的经济评价可分为国民经济评价和财务评价两个层次。前者是从国民经济综合平衡的角度分析计算项目对国民经济的净效益，据此判断项目的经济可行性；后者是在国家现行财税制度和价格的条件下考察项目的财务可行性。

6.1.1.1 国民经济评价

国民经济评价是按照资源合理配置的原则，从国家整体角度考虑项目的效益和费用，用影子价格、影子工资、影子汇率和社会折现率等经济参数，分析、计算项目对国民经济的净贡献，评价项目的经济合理性。这个定义规定了，国民经济评价是通过计算项目对国民经济的净贡献，来评价项目的经济合理性。

目前对国民经济评价的范围与目标有不同的理解。应当指出，一个项目对国民经济的影响是多方面的，其中包括以货币计量的经济效益的增长及国民生产总值的增长；同时还给社会带来多方面的影响，如增加就业机会、提高人民消费水平、提高人民文化教育水平、达到社会公平分配，并对社会生态环境、科学技术、社会意识形态、国家的社会结构、生产力布局、国家经济实力与国际竞争力等方面产生影响。由于对国民经济的范围有不同的理解，因而国民经济评价的内容也有所不同。

对国民经济评价的狭义理解，认为项目的评价应分为多方面，经济评价应与社会评价分开，经济评价仅仅分析和评价项目对国家经济产生的影响，项目对就业、消费、文化教育、文学艺术、生态环境、科学技术等社会生活的其他方面产生的影响放在社会评价中去分析和评价。

对国民经济评价的广义理解，认为可以将费用和效益的比较方法用于项目影响的各个方面，可以对各种影响的费用和效益都用统一的计量单位、统一的比较和分析的方法，以确定项目各种影响的总费用和总效益。由联合国工业发展组织和世界银行发表的两种项目经济评价方法，采用了这种广义的经济评价概念。

我国现行的《建设项目经济评价方法与参数》（第三版）基本上采用了狭义的国民经济评价概念，即要求用统一量纲（货币），将项目对国民经济产生的各种影响，用统一的费用、效益分析方法进行分析比较和评价。这个定义规定了国民经济评价是按照资源最优配置的原则和从国家整体角度考虑项目的费用与效益。这就规定了我国的国民经济评价是以资源的有效利用为目标，即效率目标。

6.1.1.2　财务评价

项目财务评价就是从企业（或项目）角度，根据国家现行价格和各项现行的经济、会计、财政、金融、税收制度的规定，分析测算项目直接发生的财务效益和费用，编制财务报表，计算评价指标，考察项目的盈利能力、清偿能力以及生存能力等财务状况，来判别拟建项目的财务可行性。

各个投资主体、各种投资来源、各种筹资方式兴办的建设项目，均需进行财务评价。对费用效益计算比较简单、建设期和生产期比较短、不涉及进出口平衡的项目，当财务评价的结果能够满足最终决策的需要时，可只进行财务评价，不进行国民经济评价。此时，项目的决策即以项目的财务可行性为依据。

6.1.2　建设项目经济评价的目的和作用

6.1.2.1　国民经济评价的目的和作用

国民经济评价是一种宏观评价，只有多数项目的建设符合整个国民经济发展的需要，才能在充分合理利用有限资源的前提下，使国家获得最大的净效益。可以把国民经济作为一个大系统，项目的建设作为这个大系统中的一个子系统，项目的建设与生产要消耗国民经济这个大系统中的资金、劳力、资源、土地等投入物，同时，也向国民经济这个大系统输出一定数量的产出物（产品、服务等）。国民经济评价就是评价项目从国民经济中所消耗的投入与向国民经济输出的产出对国民经济这个大系统的经济目标的影响，从而选择对大系统目标最有利的项目或方案，达到合理利用有限资源，使国家获得最大净效益的目的。

在市场存在垄断、政府干预的条件下，不少商品的价格不能真实反映资源的稀缺状况和供求关系，存在着失真的现象。在这种情况下，按现行价格计算项目的投入或产出，不能确切地反映项目建设给国民经济带来的效益与费用支出。国民经济评价采用能反映资源真实价值的影子价格计算建设项目的费用和效益，可以真实反映项目对国民经济的净贡献，得出该项目的建设是否对国民经济总目标有利的结论。

国民经济评价可以起到鼓励或抑制某些行业或项目发展的作用，促进国家资源的合理分配；国家可以通过调整社会折现率这个重要的国家参数来控制投资总规模，当投资规模膨胀、资金紧缺时，可适当提高社会折现率，控制一些项目的通过，使得有限的资金用于社会效益更高的项目中。反之，则可以适当降低社会折现率，使得有足够数量的备选项目，便于投资者进行投资方案的选择。

资源 6 - 1
社会折现率

6.1.2.2　财务评价的目的和作用

项目的财务评价无论是对项目投资主体，还是对为项目建设和生产经营提供资金的其他机构或个人，均具有十分重要的作用，主要表现在以下几方面。

资源 6-2
关于印发
《企业负责人
重大经营决
策失误责任
追究暂行办
法（修订）》
的通知

1. 衡量竞争性建设项目的盈利能力和清偿能力

项目法人对建设项目的筹划、筹资、建设，直至生产经营、归还贷款和债券本息，以及资产的保值、增值，全过程负责，并承担投资风险。目前，除了需要国家安排资金和外部条件需要统筹安排的基础性建设项目按规定进行报批外，其他凡符合国家产业政策，由企业投资的竞争性项目，其可行性研究报告和初步设计，均由企业法人自主决策。因决策失误或管理不善造成企业法人无力偿还债务的，银行有权依据合同取得抵押资产或由担保人负责偿还债务。对盲目上项目、违反决策程序上项目造成严重经济损失的，依法追究决策者的经济法律责任。因此，项目盈利水平能否达到企业目标收益或国家规定的基准收益率、能否在企业要求的回收期内收回全部投资、能否按银行要求的期限还清贷款、项目建设承担的风险程度等，都是项目投资者进行投资决策的依据。

2. 项目资金筹措的依据

建设项目的实施需要的资金（固定资产投资和流动资金）数量、这些资金的可能来源、用款计划和筹资方案的选择都是财务评价要解决的问题。为了保证项目所需资金按时到位，项目经营者、投资者（国家、地方、企业和其他投资者）和贷款部门也都要知道拟建项目的投资金额，并据此安排投资计划或国家预算。

3. 确定非盈利项目或微利项目的财政补贴、经济优惠措施或其他弥补亏损措施

对于一些非盈利项目或微利项目，如基础性项目，在经过有关部门批准后，可以实行还本付息价格或微利价格。在这类项目决策中，为了权衡项目在多大程度上要由国家或地方财政给予必要的支持，例如进行政策性的补贴或实行减免税等经济优惠措施等，也需要进行财务计算和评价。

4. 确定中外合资项目必要性与可行性的依据

中外合资项目的盈利能力、各方盈利水平，是确定中外合资项目必要性和可行性的依据，也是进行中外合资谈判的依据。

6.1.3　建设项目经济评价的原则

项目经济评价是一项政策性、综合性、技术性很强的工作，为了提高经济评价的准确性和可靠性，真实反映项目建成后的实际效果，项目经济评价应在国家宏观经济政策指导下进行，使各投资主体的内在利益符合国家宏观经济计划的发展目标。具体应遵循以下一些原则和要求：

（1）必须符合国家经济发展的产业政策，投资方针、政策以及有关的法规。

（2）项目经济评价应在国民经济与社会发展的中长期计划、行业规划、地区规划、流域规划指导下进行。

（3）项目经济评价必须具备应有的基础条件，所使用的各种基础资料和数据，如建设投资、年运行费用、产品产量、销售价格等，务求翔实、准确，避免重复计算，严禁有意扩大或缩小。

（4）项目经济评价中所采用的效益和费用计算应遵循口径对应一致的原则，即效益计算到哪一个层次，费用也算到哪一个层次，例如水电工程，若只计算了水电站本身的费用，则在计算发电效益时，采用的电价只能是上网电价。

（5）项目经济评价应考虑资金的时间价值，以动态分析为主，认真计算国家和有关部门所规定的动态指标，作为对项目经济评价的主要依据。

（6）在项目国民经济评价和财务评价的基础上，做好不确定性因素的分析，以保证建设项目能适应在建设和运行中可能发生的各种变化，达到预期（设计）的效益。

（7）建设项目特别是大型综合利用工程情况复杂，有许多效益和影响不能用货币表示，甚至不能定量，因此，在进行经济评价时，除做好以货币表示的经济效果指标的计算和比较外，还应补充定性分析和实物指标分析，以便全面地阐述和评价建设项目的综合经济效益。

（8）项目经济评价一般都应按国家和有关部门的规定，认真做好国民经济评价和财务评价，并以国民经济评价的结论为主考虑项目或方案的取舍。由于建设项目特别是大型工程规模巨大，投入和产出都很大，对国民经济和社会发展影响深远，经济评价内容除按一般程序进行国民经济评价和财务评价指标计算分析外，还应根据本项目的特殊问题和人们所关心的问题增加若干专题经济研究，以从不同侧面把兴建工程的利弊弄清楚，正确评价其整体效益和影响。

（9）必须坚持实事求是的原则，据实比选，据理论证，保证项目经济评价的客观性、科学性和公正性。

对大、中型建设项目，在国民经济评价和财务评价的基础上，还应根据具体情况，对建设项目进行全面的、综合的分析工作，计算"综合经济评价补充指标"，并与可比的同类项目或项目群进行比较，分析项目的经济合理性。综合经济评价补充指标有：①总投资和单位功能投资指标；②主要工程量、"三材"（钢材、木材、水泥）用量，单位功能的工程量和"三材"用量指标。

对特别重要的建设项目，应站在国民经济总体的高度，从以下几方面分析、评价建设项目在国民经济中的作用和影响：①在国家、流域、地区国民经济中的地位和作用；②对国家产业政策、生产力布局的适应程度；③投资规模与国家、地区的承受能力；④工程占地对地区社会经济的影响。

对工程规模大，运行初期长的建设项目，应分析以下经济评价补充指标，研究分析项目的经济合理性：①开始发挥效益时所需投资占项目总投资的比例；②初期效益分别占项目总费用和项目总效益的比例。

6.1.4 国民经济评价与财务评价的关系

在工程项目经济评价中，国民经济评价与财务评价是主要内容。由于国民经济评价与财务评价评价的对象是同一个项目，因此两者关系密切。两者的共同点是基本的分析计算方法相同，评价目的和基础相同。但两者代表的利益主体不同，从而存在着以下主要区别：

（1）评价角度不同。国民经济评价是从国家（社会）整体角度出发，考察项目对国民经济的净贡献，评价项目的经济合理性。财务评价是从项目财务核算单位的角度出发，分析测算项目的财务支出和收入，考察项目的盈利能力和清偿能力，评价项目的财务可行性。

（2）费用与效益的计算范围不同。国民经济评价着眼于考察社会为项目付出的代价（即费用）和社会从项目获得的效益，其计算范围是整个国家国民经济。故凡是增加国民收入的即为效益，凡是减少国民收入的即为费用，而属于国民经济内部转移的各种支付（如补贴、税金、国内贷款及其还本付息等）因不能增加或减少国民收入，不作为项目的效益与费用的计算内容。国民经济评价不但要分析、计算直接的费用与效益，即项目的直接效果或内部效果，还要分析、计算项目间接费用与效益，即项目的间接效果或外部效果。可以说国民经济评价追踪的对象是资源的变动。财务评价是从项目财务核算单位的角度，确定项目实际的财务支出和收入，其计算范围是项目（企业）本身。财务评价只计算项目直接的支出与收入，凡是流入项目的资金就是财务收入，凡是流出项目的资金就是财务费用。因此，各种补贴应作为项目的财务收入，而缴纳的各种税金则为项目的支出费用。财务评价追踪的对象就是货币的变动。

（3）采用的投入物和产出物的价格不同。国民经济评价采用影子价格，财务评价采用财务价格。财务价格是指以现行价格体系为基础的预测价格。国内现行价格包括现行商品价格和收费标准，有国家定价、国家指导价和市场价三种价格形式。在各种价格并存的情况下，项目财务价格应是预测最有可能发生的价格。

（4）主要参数不同。国民经济评价采用国家统一测定的影子汇率和社会折现率。财务评价采用国家外汇牌价和行业财务基准收益率。

社会折现率是反映国家对资金时间价值的估量，是资金的影子价值，它反映了资金占用的费用。确定社会折现率的理论基础和基本原则，是从全社会的角度考察资金的来源和运用两个方面的各种机会，来确定资金的机会成本和社会折现率。测算社会折现率的方法主要有以下几种：用项目排队的方法测定社会折现率；根据现行价格下的投资收益率统计数据推算社会折现率；由生产价格下的投资收益率推测社会折现率；参考国际借款利率和国际上类似国家的社会折现率等。目前，根据我国在一定时期内的投资收益水平、资金机会成本、资金供求状况、合理的投资规模及项目国民经济评价的实际情况，《建设项目经济评价方法与参数》（第三版）推荐的社会折现率为 8%，同时建议，对于收益期长、远期效益较大、效益实现风险较小的项目，社会折现率可适当降低，但不应低于 6%。

国民经济评价旨在把国家各种有限的资源用于国家最需要的投资项目上，使资源得到合理的配置，因此，原则上应以国民经济评价为主；但企业是投资后果的直接承受者，财务评价是企业投资决策的基础。当财务评价与国民经济评价的结论相矛盾时，项目及方案的取舍一般应取决于国民经济评价的结果，但财务评价结论仍然是项目决策的重要依据。当国民经济评价认为可行，而财务评价认为不可行时，说明该项目是国计民生急需的项目，应研究提出由国家和地方的财政补贴政策或减免税等经济优惠政策，使建设项目在财务评价上也可接受。

6.2　项目资金来源与筹措

融资方案与投资估算、财务分析密切相关。一方面，融资方案必须满足投资估算确定的投资额及其使用计划对投资数额、时间和币种的要求；另一方面，不同方案的融资后财务分析结论，也是比选、确定融资方案的依据，而融资方案确定的项目资本金和项目债务资金的数额及相关融资条件又为进行资本金盈利能力分析、项目偿债能力分析、项目财务生存能力分析等财务分析提供了必需的基础数据。

6.2.1 项目资金来源

从投资者的角度来看，筹资渠道主要有两大类：一是投资者自有资金，形成资本金；二是外部筹资。

6.2.1.1 资本金

企业的资金，按照其偿还性质，分为债务性资金与权益性资金。权益性资金是通过增加企业的所有者权益来获取的，如发行股票、增资扩股、利润留存。权益性资金是企业的自有资金，不需要偿还，不需要支付利息，但可以视企业经营情况，进行分红、派息。保守型企业倾向于使用更多的权益性资金，尽可能少地筹措债务性资金，因为这样可以降低经营成本和债务风险，使企业稳健发展。

资本金、资本公积金、盈余公积金、上级拨入资金、未分配利润组成了企业的权益资金，这是企业生存的基础。

资本金制度是围绕资本金的筹集、管理以及所有者的权责利等方面所制定的法律规范。资本金是指企业在工商行政管理部门登记的注册资金。投资项目资本金，是指在项目总投资中，由投资者认缴的出资额，是项目的非债务性资金。经营性项目实行资本金制度的目的在于，深化投资体制改革，建立投资风险约束机制；有效地控制投资规模，提高投资效益。

根据规定，项目资本金可以用货币出资，也可以用实物、工业产权、非专利技术、土地使用权作价出资。对于后者，必须经过有资格的资产评估机构依照法律法规评估作价。投资者以货币方式认缴的资本金，其资金来源有：中央和地方各级政府预算内资金；国家批准的各项专项建设资金；"拨改贷"和经营性基本建设基金回收的本息；土地批租收入；国有企业产权转让收入；地方政府按国家有关规定收取的各种规费及其他预算外资金；国家授权的投资机构及企业法人的所有者权益（包括资本金、资本公积金、盈余公积金、未分配利润、股票上市收益等）；企业折旧基金以及投资者按照国家规定从资本市场上筹措的资金；经批准，发行股票或可转换债券；国家规定的其他可用作项目资本金的资金。

资本金占总投资的比例，根据行业的不同和项目的经济效益等因素确定。其中，交通运输、煤炭项目，资本金比例为35%及以上；钢铁、邮电、化肥项目，资本金比例为25%及以上；电力、机电、建材、石油加工、有色金属、轻工、纺织、商贸及其他行业的项目，资本金比例为20%及以上；项目资本金的具体比例，由项目审批单位根据项目经济效益、银行贷款意愿与评估意见等情况，在审批可行性研究报告时核定。

6.2.1.2 外部资金来源——国内资金

国内资金来源渠道主要有银行贷款、国家预算贷款、国家预算拨款和发行债券等。

1. 银行贷款

银行贷款是指银行采取有偿的方式向建设单位提供的资金。从我国的现实情况来看，银行贷款是项目筹资的主要渠道。

2. 国家预算贷款

国家预算贷款是指由国家预算拨交政策性银行作为贷款资金，由政策性银行对实行独立核算、有偿还能力的事业单位和更新改造的企业发放的有偿贷款。根据投资的性质来划分，国家预算贷款包括国家预算基建投资贷款和国家预算更新改造贷款。

3. 国家预算拨款

国家预算拨款亦称财政拨款，是指由国家预算直接拨付给建设部门、建设单位和更新改造企业无偿使用的建设资金。根据级别来划分，国家预算拨款包括中央预算拨款和地方预算拨款。前者是指中央预算对国务院各部管理的中央级建设单位和更新改造企业的拨款，后者是指地方预算对各省、直辖市、自治区和计划单列市管理的地方级建设单位和更新改造企业的拨款。

4. 发行债券

债券是筹资者为筹措一笔数额可观的资金，向众多的出资者出具的表明债务金额的凭证。这种凭证由筹资者发行，由出资者认购并持有。债券是表明发行者与认购者双方债权债务关系的具有法律效力的契据。根据其发行主体，债券可分为不同的类型。这里所讲的债券仅指企业债券。发行债券已成为我国投资项目的重要投资资金来源。

6.2.1.3 外部资金来源——国外资金

国外资金来源渠道主要有外国政府贷款、外国银行贷款、出口信贷、国际金融机构贷款等。

1. 外国政府贷款

外国政府贷款是指一国政府利用财政资金向另一国政府提供的援助性贷款。目前，尽管政府贷款在国际间接投资中并不占居主导地位，但其独特的作用和优势是其他国际间接投资形式所无法替代的。政府间贷款是友好国家经济交往的重要形式，具有优惠的性质。

外国政府贷款的期限一般较长，如日本政府贷款的期限为 15～30 年（其中含宽限期 5～10 年）；德国政府贷款的期限最长达 50 年（其中含宽限期 10 年）。在政府贷款协议中除规定总的期限外，还要规定：贷款的使用期（亦称提取期）、偿还期和宽限期。外国政府贷款具有经济援助性质，其利率较低，甚至为零。

2. 外国银行贷款

外国银行贷款也称商业信贷，是指为项目筹措资金在国际金融市场上向外国银行借入的资金。诚然，外国政府贷款和国际金融机构贷款条件优惠，但不易争取，其数量有限，吸收国外银行贷款已成为各国利用国外间接投资的主要形式。目前，我国接受的国外贷款以银行贷款为主。

利息是贷款银行所获得的主要报酬，利息水平直接决定于利率水平。从理论上来讲，国际间的银行贷款利率也主要决定于世界经济中的平均利润率和国际金融市场上的借贷供求关系，处于不断变化之中。从实际运行情况来看，国际间的银行贷款的利率比政府贷款和国际金融机构贷款的利率要高，依据贷款国别、贷款币种和贷款期限的不同而又有所差异。

对于中长期贷款，一般采取加息的办法，即在短期利率的基础上，加一个附加利率。附加利率一般不固定，视贷款金额、期限长短、贷款风险、资金供求状况、借款者信誉等，由借贷双方商定。中长期贷款的利息在计息期末（即 3 个月或 6 个月的月末）支付一次。银行在提供中长期贷款时，除收取利息外，还要收取一些其他费用，主要有：①管理费，是借款者向贷款银团的牵头银行所支付的费用，管理费取费标准一般为贷款总额的 0.5%～1.0%；②代理费，是由借款者给贷款银团的代理行支付的费用，其多少视贷款金额、事务的繁简程度，由借款者与贷款代理行双方商定；③承担费，是指借款者因未能按贷款协议商定的时间使用资金而向贷款银行支付的带有赔偿性质的费用；④杂费，是指由借款人支付给银团贷款牵头行的、为与借款人联系贷款业务所发生的费用。

国际间银行贷款可划分为短期贷款、中期贷款和长期贷款，其划分的标准是：短期贷款的期限在 1 年以内，有的甚至仅为几天；中期贷款的期限为 1～5 年；长期贷款的期限在 5 年以上。

银行贷款的偿还方法主要有到期一次偿还、分次等额偿还、分次等本偿还和提前偿还 4 种方式。在贷款货币的选择上，借贷双方难免有分歧。就借款者而言，在其他因素不变的前提下，其更倾向于使用汇率趋向贬值的货币，以便从该货币未来的贬值中受益，而贷款者相反。

3. 出口信贷

出口信贷也称长期贸易信贷，是指商品出口国的官方金融机构或商业银行以优惠利率向本国出口商、进口方银行或进口商提供的一种贴补性的贷款，是争夺国际市场的一种融资手段。目前，各国较为普遍采用的出口信贷主要有卖方信贷、买方信贷、福弗廷三种方式。

卖方信贷是指在大型设备出口时，为便于出口商以延期付款的方式出口设备，由出口商本国的银行向出口商提供的信贷。

买方信贷是由出口方银行直接向进口商或进口方银行所提供的信贷。信贷额度一般为进出口商品额的 35%，其余 15% 为定金，签订合同时支付 10% 的定金，第一次交货时再付 5% 的定金，进口商或进口方银行则于进口货物全部交清后的一段时间内分次偿还借款本金，并支付利息。

福弗廷是指在延期付款的大型设备进出口贸易中，出口商将进口商承兑的、期限在半年以上到五六年的远期汇票，无追索权地售予出口商所在国的银行（或大金融公司），以便提前取得现款的一种资金融通形式。

4. 混合贷款、联合贷款和银团贷款

混合贷款是指政府贷款、出口信贷和商业银行贷款混合组成的一种优惠贷款形式，目前各国政府向发展中国家提供的贷款，大都采用这种形式，其特点是：政府出

资必须占有一定比重；利率比较优惠，贷款期也比较长；贷款手续比较复杂。

联合贷款是指商业银行与世界性、区域性国际金融组织以及各国的发展基金、对外援助机构共同联合起来，向某一国家提供资金的一种形式。此种贷款的特点是：政府与商业金融机构共同经营；援助与融资互相结合，利率比较低，贷款期限比较长；有指定用途。

银团贷款也称辛迪加贷款，它是指由一家或几家银行牵头、多家国际商业银行参加，共同向一国政府、企业的某个项目（一般是大型的基础设施项目）提供金额较大、期限较长的一种贷款。此种贷款的特点是：必须有一家牵头银行；必须有一定代理银行；贷款管理十分严密；贷款利率比较优惠，贷款期限也比较长，并且没有指定用途。

5. 国际金融机构贷款

国际金融机构贷款是指为了达到共同的目标，由数国联合兴办的在各国间从事金融活动的机构。根据其业务范围和参加国的数量，可将国际金融机构划分为全球性国际金融机构和地区性国际金融机构两大类。前者主要有国际货币基金组织和世界银行；后者主要有国际经济合作银行、国际投资银行、国际清算银行、亚洲开发银行、泛美开发银行、非洲开发银行、阿拉伯货币基金组织等。就我国而言，主要是世界银行、国际货币基金组织和亚洲开发银行的贷款。

世界银行是国际复兴开发银行的简称。世界银行贷款的特点是：按不同对象区别对待。它按国民生产总值的多寡把贷款国分为五组，越贫困的国家相对来讲贷款越多，期限长，一般为 20 年，利率也较市场利率低，这种贷款一般称硬贷款。其附属机构——国际开发协会对发展中国家的贷款条件更为优惠，一般是无息的，仅收 0.75％的手续费和 0.50％的承诺费，期限可达 50 年，宽限期为 10 年，还可用本币归还，一般称为软贷款。

国际货币基金组织的宗旨是促进成员国的国际经济合作，扩大对外贸易，稳定汇率，平衡国际收支，为成员国提供资金及技术援助等，其贷款对象只限于成员国的政府机构，如中央银行、政府部门等。贷款的用途限于解决成员国国际收支暂时的不平衡、储备地位或货币储备变化的资金需要。根据上述情况，我国使用该种贷款比较少。

亚洲开发银行是亚洲及太平洋地区的一个区域性国际金融组织。亚洲开发银行贷款的种类包括：普通贷款，即用成员国认缴的资本和在国际金融市场上借款及发行债券筹集的资金向成员国发放的贷款。此种贷款期限比较长，一般为 10～30 年，并有 2～7 年的宽限期，贷款利率按金融市场利率，借方每年还需交 0.75％的承诺费，在确定贷款期后固定不变。此种贷款主要用于农业、农林发展、能源、交通运输及教育卫生等基础设施。特别基金，即用成员国的捐款为成员国发放的优惠贷款及技术援助，分为亚洲发展基金和技术援助特别基金，前者为偿债能力较差的低收入成员国提供长期无息贷款，贷款期长达 40 年，宽限期为 10 年，不收利息，只收 1％的手续费。特别基金资助经济与科技落后的成员国，为项目的筹备和建设提供技术援助和咨询等。除上述种类以外，亚洲开发银行还利用其他资金来源，向成员国建设项目提供援助性贷款。亚洲基础设施投资银行简称亚投行，是一个政府间性质的亚洲区域多边开发机构。重点支持基础设施建设，成立宗旨是为了促进亚洲区域的建设互联互通化和经济一体化的进程，并且加强中国及其他亚洲国家和地区的合作，是首个由中国倡议设立的多边金融机构，总部设在北京，法定资本 1000 亿美元。截至 2019 年 7 月 13 日，亚投行有 100 个成员国。亚投行首批 4 个项目（2016 年 6 月批准）为孟加拉国电力配送升级和扩容项目、印度尼西亚国家贫民窟升级项目（世行联合融资）、巴基斯坦 M－4 高速公路项目（与亚洲开发银行和英国贸易发展部联合融资）、塔吉克斯坦公路项目（欧洲复兴开发银行联合融资）

6.2.2 项目资金筹措

资金筹措方案的编制依据是总投资估算得出的有关数据。资金筹措方案包括的内容主要有：①确定项目的筹措资金渠道；②确定每种渠道所筹措的资金额。在制订资金筹措方案时应当注意：严格按照资金的需要量确定筹资额；认真选择筹资来源渠道；准确把握自有资金与外部筹资的比例；避免利率风险与汇率风险对项目的不利影响。

资金使用计划应根据项目实施进度与资金来源渠道进行编制：第一，根据建筑安装工程进度表，按照不同年度的工作量安排相应的资金供给量；第二，根据设备到货计划，安排设备购置费支出；第三，项目的前期费用应尽早落实；第四，在安排投资计划时，应先安排自有资金，后安排外部筹集来的资金。

6.3　国民经济评价

国民经济评价是从全社会或国民经济综合平衡的角度，运用影子价格、影子汇率、影子工资和社会折现率等经济参数，分析计算项目所需投入的费用和可获得的效益，据以判别建设项目的经济合理性和宏观可行性。国民经济评价是项目经济评价的核心内容、决策部门考虑建设项目取舍的主要依据。

6.3.1 国民经济评价的意义

由于在现行的财务、税收制度和价格体系下财务评价往往不能说明项目对整个国民经济的真实贡献。有些项目财务评价的效益很好，盈利性很高，但实际上对国民经济的贡献并不大。比如某些地区存在的一些小型造纸厂，若从财务评价角度考察，企业盈利性很好，利润很高，税收也很高，似乎对国家的贡献很大。可是这些小型工厂会排放大量的废水、废气，带来的环境污染影响周边地区人民的生活或经济社会的持续发展，从全社会的利益考察，这些项目的经济效益则很成问题。有些项目，也许财务评价的盈利性并不高，但可能是由于价格、税收等方面的政策原因，项目实际上对国民经济的贡献还是很大的，比如原油、煤炭开采、采矿、电力等项目，还有水利工程、公路、桥梁、文教、卫生等项目。国民经济评价正是为了解决财务评价不能正确反映项目对国民经济的真实效益和费用的问题。

主要由于两方面的原因，项目的财务评价不能说明项目对整个国民经济的真实贡献。首先，由于企业（项目）或投资者与国家对项目进行评价的角度不同，企业利益并不总是与国家利益完全一致。因此，一个项目对于企业与对于国家的费用和效益的范围不完全一致。比如税金对于企业是费用支出，但对于国家则不是费用支出，企业无偿占有、开采、利用某种自然资源，并没有费用支出，但对于国家来说，这种资源被占用则往往应该考虑是有代价的。另外，由于种种原因，项目的投入品和产出品财务价格失真，不能正确反映其对国民经济的真实价值。

6.3.2　经济效益与经济费用

6.3.2.1　经济效益的定义

凡是项目为国民经济所做的贡献均计为项目的经济效益，可分为直接效益和间接效益。直接效益主要是用影子价格计算的项目的产出物（物质产品或服务）的经济价值，项目的直接效益一般是根据"有项目"和"无项目"对比的原则来确定。

直接效益是指由项目产生并在项目范围内计算的经济效益。一般表现为增加该产出物数量满足国内需求的效益；替代其他相同或类似企业的产出物，使被替代企业减少国家有用资源耗费（或损失）的效益；增加出口（或减少进口）所增收（或节支）的国家外汇等。

间接效益是指由项目引起的而在直接效益中未能得到反映的那部分效益。

6.3.2.2　经济费用的定义

项目的经济费用是指国民经济为建设项目所付出的代价，即指这个建设项目在兴建和建成后运营中所投入的全部物资消耗和人力消耗，并用影子价格进行测算。它不仅包括与这个项目的兴建和运营直接相关的直接费用，而且包括这个项目完成预期效益，国民经济为此所付出的其他代价，即间接费用或外部费用。

直接费用是指项目使用投入物所产生并在项目范围内计算的经济费用。一般表现为其他部门为供应本项目投入而扩大生产规模所耗用的资源费用；减少对其他项目（或最终消费）投入物的供应而放弃的效益；增加进口（或减少出口）所耗用（或减收）的外汇等。

间接费用是指由项目引起的而在项目的直接费用中未得到反映的那部分费用。

6.3.2.3　经济效益和经济费用的识别

在经济费用效益分析中，应尽可能全面地识别建设项目的经济效益和费用，并需要注意以下几点。

（1）费用和效益识别中的分析对象。对项目涉及的所有社会成员的有关费用和效益进行识别和计算，全面分析项目投资及运营活动耗用资源的真实价值，以及项目为社会成员福利的增加所做出的贡献。

1）分析体现在项目实体本身的直接费用和效益，以及项目引起的其他组织结构或个人发生的各种外部费用和效益。

2）分析项目的近期影响，以及项目可能带来的中期、远期影响。

3）分析与项目主要目标直接联系的直接费用和效益，以及各种间接费用和效益。

4）分析具有物质载体的有形费用和效益，以及各种不具备物质载体无形费用和效益，例如，项目产生的技术进步、文化弘扬和传播、美学价值等效益，或者对文化、美学产生的负面影响等。

（2）效益和费用识别应遵循的原则。

1）增量分析原则。项目经济费用效益分析应建立在增量效益和增量费用识别和计算的基础之上，不应考虑沉没成本和已实现的效益。应按照"有无对比"增量分析的原则，将项目的实施效果与无项目情况下可能发生的情况进行对比分析，作为计算机会成本或增量效益的依据。

2）考虑关联效果原则。应考虑项目投资可能产生的其他关联效应。

3）以本国居民作为分析对象的原则。对于跨越国界，对本国之外的其他社会成员产生影响的项目，应重点分析对本国公民新增的效益和费用。项目对本国以外的社会群体所产生的效果，应进行单独陈述。

4）剔除转移支付的原则。项目财务分析中的某些财务费用和财务收入，并未伴有资源的相应投入和产出，不影响社会最终产品的增减，因而不反映国民收入的变化。它们只表现为资源的支配权力从项目转移到社会其他实体，或者从社会其他实体转移给项目。这种转移，只是货币在项目和社会其他实体之间的转移，并不同时发生社会资源的相应变动。项目与社会实体之间的这种并不伴随有资源变动的纯粹货币性质的转移，称为基础上的直接转移支付。在项目的国民经济分析中，有几种常见的直接转移支付，它们是税金、补贴、投资估算中施工企业的计划利润、国内贷款和其债务偿还（还本付息），因此，在国民经济评价中不能计为项目的费用或效益，但国外借款利息的支付产生了国内资源向国外的转移，则必须计为项目的费用。

6.3.2.4 项目费用与效益识别的时间范围

项目费用与效益识别的时间范围应足以包含项目所产生的全部重要费用和效益，而不应仅根据有关财务核算规定确定，比如财务评价中的计算期可根据投资各方的合作期进行计算，而国民经济评价中的费用效益分析则可不受此限制。

6.3.2.5 评估项目外部效果的识别

应对项目外部效果的识别是否适当进行评估，防止漏算或重复计算。对于项目的投入或产出可能产生的第二级乘数波及效应，在经济费用效益分析中一般不予考虑。

6.3.3 国民经济评价参数

国民经济评价是在合理配置国家资源的前提下，从国家整体的角度分析计算项目对国民经济的净贡献，以考察项目的经济合理性。其目的是对项目的经济价值进行分析，以确定项目消耗社会资源的真实价值。

所有国家都面临着资源的可获得量和对资源进行技术转换的可能性这两种基本约束。在某些情况下，市场价格能够正常地反映这些资源的稀有价值。但是，其他约束条件作用的结果，却经常使市场价格和经济价值发生背离。例如，关税可能引起商品的国内价格和国际价格之间的差别。由此导致官方汇率不能正确地反映外汇的价值。

为了纠正这些偏差，经济学家建议使用影子价格，即使用那种能保证资源的有效分配而不受各种变形因素影响的价格。因此，为了正确计算项目对国民经济所做的净贡献，在进行国民经济评价时，原则上都应使用影子价格。

国民经济评价参数包括社会折现率、影子汇率、影子价格等。

6.3.3.1　社会折现率

社会折现率是指建设项目国民经济评价中衡量经济内部收益率的基准值，也是计算项目经济评价净现值的折现率，是项目经济可行性和方案比选的主要判据。

社会折现率在项目国民经济评价中的这种作用使得它具有双重职能，即：作为项目费用和效益在不同时间点上价值的折算率，同时作为项目经济效益要求的最低经济收益率。作为基准收益率，社会折现率的取值高低直接影响项目经济可行性的判断结果。社会折现率如果取值过低，将会使得一些经济效益不好的项目投资得以通过，经济评价不能起到应有的作用。社会折现率取值提高，会使一部分可以通过评价的项目因达不到判别标准而被舍弃，从而间接起到调控投资规模的作用。

对于不同类型的具体项目，应当视项目性质采取不同的社会折现率，比如交通运输项目的社会折现率比水利工程项目要高。

《建设项目经济评价方法与参数》（第三版）中对社会折现率的取值，没有采用不同行业使用不同社会折现率的方案。但对于远期收益较大的项目，允许对远期效益计算采取较低的折现率。

6.3.3.2　影子汇率

影子汇率是指能正确反映国家外汇经济价值的汇率。建设项目国民经济评价中，项目的进口投入物和出口产出物，应采用影子汇率换算系数调整计算进出口外汇收支的价值。目前影子汇率换算系数为 1.08。在项目国民经济评价中使用影子汇率，是为了正确计算外汇的真实经济价值，影子汇率代表着外汇的影子价格。

6.3.3.3　影子价格

国民经济评价中项目投入物和产出物应使用影子价格。根据《建设项目经济评价方法与参数》（第三版），计算影子价格时应分别按其外贸货物、非外贸货物、特殊投入物三种类型进行计算。

1. 外贸货物影子价格

对于外贸货物，影子价格基于口岸价格按下列公式计算：

$$出口产出物的影子价格（出厂价）＝离岸价 \times 影子汇率－出口费用 \qquad (6.1)$$
$$进口投入物的影子价格（到厂价）＝到岸价 \times 影子汇率 ＋ 进口费用 \qquad (6.2)$$

影子汇率按国家外汇牌价乘以影子汇率换算系数。

2. 非外贸货物影子价格

对于非外贸货物，若货物处于竞争性的市场环境中，且货物的生产或使用不会因市场的供求关系发生改变而影响其价格时，则采用市场价格作为影子价格的测算依据；若项目的投入物或产出物的规模很大，项目的实施足以影响市场价格，通常将有无项目两种情况下的平均市场价格作为影子价格的测算依据；当项目的产出物不具备市场价格，或者市场价格难以真实反映其经济价值时，通常按照消费者支付意愿或者接受补偿的意愿测算影子价格。

3. 特殊投入物影子价格

特殊投入物通常包括土地、劳动力和自然资源，特殊投入物的影子价格通常以机会成本为基础进行计算。

土地的影子价格是指建设项目使用土地而使社会付出的代价，由土地的机会成本和新增资源消耗两部分构成。其中，土地的机会成本是指拟建项目占用土地而使国民经济为此而放弃的该土地的最佳替代用途的净效益。新增资源消耗是指土地因为拟建项目而发生的拆迁补偿、农民安置等费用。

劳动力的影子价格也称为影子工资，是指建设项目使用劳动力资源而使社会付出的代价，由劳动力的机会成本和新增资源消耗两部分构成。劳动力的机会成本指劳动力在本项目中被使用，而不能在其他项目中使用而被迫放弃的收益。新增资源消耗是劳动力在本项目新就业或者由其他就业岗位转移过来而发生的社会资源的消耗，例如培训、交通、时间耗损等费用。

影子工资的确定可以根据财务工资进行转换确定，有

$$影子工资＝财务工资×影子工资换算系数$$

其中，财务工资为财务分析中的劳动力工资；影子工资换算系数是指影子工资和财务工资之间的比例，反映了劳动力的就业状况和转移成本。按照《建设项目经济评价方法与参数》（第三版）的规定，技术劳动力的影子工资换算系数一般可取 1.0，非技术劳动力的影子工资换算系数一般可取 0.25～0.8，非技术劳动力较为富裕的地区可取低值，不太富裕的地区可取较高值，中间状况可取 0.5。

自然资源是指自然形成的，在一定经济、技术条件下可以被开发利用以提高人们生活福利水平和生存能力，并同时具有某种"稀缺性"的实物性资源的总称，包括森林资源、矿产资源和水资源等。项目建设和运营需要投入的自然资源，是项目投资所付出的代价，这些代价要用资源的经济价值而不是市场价格表示，可以用项目投入物替代方案的成本，对资源资产用于其他用途的机会成本等进行分析计算。

6.3.4 国民经济评价指标

国民经济评价内容包括效益、费用的分析计算和评价指标的确定。对难以量化的外部效果还需进行定性分析。其评价指标有经济内部收益率、经济净现值、经济效益费用比、经济换汇成本等。

6.3.4.1 经济净现值 (*ENPV*)

经济净现值反映项目对国民经济所做贡献的绝对指标，以用社会折现率（i_s）将项目计算期内各年的净效益折算到计算期初的现值之和表示。其表达式为

$$ENPV = \sum_{t=0}^{n} (B-C)_t (1+i_s)^{-t} \qquad (6.3)$$

式中：B 为经济效益流量；C 为经济费用流量；$(B-C)_t$ 为第 t 年的经济净效益流量；n 为项目计算期；i_s 为社会折现率。

项目的经济合理性应根据经济净现值的大小确定。当经济净现值大于或等于零（$ENPV \geqslant 0$）时，该项目在经济上是合理的。

6.3.4.2 经济内部收益率 (*EIRR*)

经济内部收益率表示项目占用的费用对国民经济的净贡献能力，反映项目对国民经济所做贡献的相对指标，它是项目计算期内各年净效益现值累计等于零时的折现率。其表达式为

$$\sum_{t=0}^{n} (B-C)_t (1+EIRR)^{-t} = 0 \qquad\qquad (6.4)$$

式中：B 为经济效益流量；C 为经济费用流量；$(B-C)_t$ 为第 t 年的经济净效益流量；n 为项目计算期。

项目的经济合理性应按经济内部收益率与社会折现率的对比分析确定。当经济内部收益率大于或等于社会折现率（$EIRR \geqslant i_s$）时，该项目在经济上是合理的。

6.3.4.3　经济效益费用比（R_{BC}）

经济效益费用比是反映项目单位费用对国民经济所做贡献的相对指标，以项目效益现值与费用现值之比表示。其表达式为

$$R_{BC} = \frac{\sum_{t=0}^{n} B(1+i_s)^{-t}}{\sum_{t=0}^{n} C(1+i_s)^{-t}} \qquad\qquad (6.5)$$

式中：B 为经济效益流量；C 为经济费用流量；R_{BC} 为经济效益费用比；n 为项目计算期；i_s 为社会折现率。

项目的经济合理性应根据经济效益费用比的大小确定。当经济效益费用比大于或等于 1（$R_{BC} \geqslant 1$）时，该项目在经济上是合理的。

6.3.5　国民经济评价的具体步骤

国民经济评价可以在财务评价基础上进行，也可以直接进行。

6.3.5.1　在财务评价基础上进行国民经济评价的步骤

（1）调整效益和费用范围。

1）剔除已计入财务效益和费用中的转移支付。

2）识别项目的间接效益和间接费用，对能定量的应进行定量计算，不能定量的应作定性描述。

（2）调整效益和费用数值。

1）固定资产投资的调整。剔除属于国民经济内部转移支付的引进设备、材料的关税和增值税，并用影子汇率、影子运费和贸易费用对引进设备价值进行调整；对于国内设备价值则用其影子价格、影子运费和贸易费用进行调整。

2）流动资金的调整。调整由于流动资金估算基础的变动引起的流动资金占用量的变动。

3）经营费用的调整。可以先用货物的影子价格、影子工资等参数调整费用要素，然后再加总求得经营费用。

4）销售收入的调整。先确定项目产出物的影子价格，然后重新计算销售收入。

5）在涉及外汇借款时，用影子汇率计算外汇借款本金与利息的偿付额。

（3）编制项目的国民经济效益费用流量表（全部投资），并据此计算全部投资经济内部收益率和经济净现值指标。对使用国外贷款的项目，还应编制国民经济效益费用流量表（国内投资），并据此计算国内投资经济内部收益率、经济净现值指标。

（4）对于产出物出口（含部分出口）或替代进口（含部分替代进口）的项目，编

制经济外汇流量表和国内资源流量表,计算经济外汇净现值、经济换汇成本或经济节汇成本。

6.3.5.2 直接进行国民经济评价的步骤

(1) 识别和计算项目的直接效益,对那些为国民经济提供产出物的项目,首先应根据产出物的性质确定是否属于外贸货物,再根据定价原则确定产出物的影子价格。按照项目的产出物种类、数量及其逐年的增减情况和产出物的影子价格计算项目的直接效益。对那些为国民经济提供服务的项目,应根据提供服务的数量和用户的受益计算项目的直接效益。

(2) 用货物的影子价格直接进行项目的投资估算。

(3) 流动资金估算。

(4) 根据生产经营的实物消耗,用货物的影子价格、影子工资、影子汇率等参数计算经营费用。

(5) 识别项目的间接效益和间接费用,对能定量的应进行定量计算,对难于定量的应作定性描述。

(6) 编制有关报表,计算相应的评价指标。

6.3.6 国民经济评价基本报表

国民经济评价的基本报表一般包括项目投资经济费用效益流量表、经济费用效益分析投资费用估算调整表、经济费用效益分析经营费用估算调整表、项目直接效益估算调整表、项目间接费用估算调整表和项目间接效益估算调整表等。

项目投资经济费用效益流量表由效益流量、费用流量、净效益流量和计算指标四大部分组成。

(1) 效益流量,指从建设期开始,项目各年的效益流入量,包括产品销售或提供服务、各种节约和新增效益等流入、计算期末资产余值回收以及项目间接效益等。

(2) 费用流量,指从建设期开始,项目各年的费用流出量,包括项目建设投资、维持运营投资、流动资金、项目经营费用以及项目的间接费用等。

(3) 净效益流量,指从建设期开始,项目各年的效益流入量与费用流出量之差。

(4) 计算指标,包括计算期内的经济内部收益率($EIRR$)、国家规定的社会折现率下的经济净现值($ENPV$)及经济效益费用比(R_{BC})。

6.4 财 务 评 价

财务评价又称财务分析,是从项目财务核算单位的角度,根据国家现行财税制度和价格体系,计算项目范围内的效益和费用,分析项目的清偿能力、盈利能力及外汇平衡,考察项目在财务上的可行性。

6.4.1 财务效益与费用的识别

财务效益与费用的识别是项目财务评价的前提。概略地说,识别费用、收益的准则是目标,凡削弱目标的就是费用,凡对目标有贡献的就是收益。目标是和评价角度相联系的。对于财务分析来说，主要目标就是赢得利润。要识别收益与费用，首先必须明确收益与费用的计算范围，必须遵循效益与费用计算口径一致的原则。一个项目的投资不仅涉及主要生产环节和辅助生产环节，并且还涉及厂外运输、通信以及公共设施等。效益计算到哪里（包括哪些），费用也应包括到哪里。由于财务评价是以投资者或项目的盈利性为标准进行的，对那些由项目实施引起的，但不由项目受益或不由项目支付的费用，则不予计算。有人认为，项目的效益与费用的识别很简单，实际上有时因分析的对象不同，效益与费用的内容就不同，例如：

（1）所得税。企业所交的所得税，看起来应认为是费用。但是，如果允许税前还贷，那么，企业既然已将本应交的所得税作为资金还了贷款，那么在还清贷款前本应交的所得税，就不是项目的费用，而是收益了；还清贷款后的所得税，又成为项目的费用；如果必须交所得税后利润才能用于还贷，那么所得税就成了项目的费用；如果分析项目自有资金的盈利能力时，那么不管税前还贷，还是税后还贷，所得税都是投资者的费用。

（2）折旧与摊销。无论是过去的完全成本法或新会计制度规定的制造成本，都认为折旧与摊销是成本的组成部分。但是，在项目盈利能力、清偿能力分析时，折旧和摊销是效益的一部分。因为企业在经营过程中消耗的是固定资产、无形资产、递延资产，而不是折旧和摊销费。而固定资产、无形资产、递延资产已在建设期中以投资的形式计算过了，折旧与摊销费提取后，企业可自由支配，可用于还贷，也可用于其折旧的，当然它们是效益而不是费用。当企业需要再投资或更新设备时，那么再投资和更新投资则是项目的费用。

（3）利息支出。无论是建设期利息还是生产期发生的贷款利息，对企业来说都是一项费用。但当分析项目全部投资的盈利能力时，因为利息本身就是投资的收益，因此利息支出不能作为项目的费用，而是效益。当分析项目自有资金的收益率时，利息支出以及偿还贷款的本金也应认为是投资者的费用。

（4）投资总额及流动资金。对项目来说，这无疑是费用。但当分析项目自有资金的盈利能力时，因为投资者投入项目的虽是全部固定资产投资及全部流动资金，但同时却从银行获得贷款，投资者自身投入项目的只是固定资产投资及流动资金中的自有资金部分，因而只是固定资产投资及流动资金中的自有资金部分，才是投资者的费用。

（5）回收流动资金。在分析全部投资的盈利能力时，回收流动资金无疑应视为项目的效益。但当分析自有资金盈利能力时，因为回收全部流动资金时，投资者必须将流动资金借款同时还清，因此，对投资者来说，能称为效益的只是回收自有流动资金。除非在项目寿命期内已将流动资金借款全部还清了，才能将回收的全部流动资金视为投资者的效益。

6.4.2　财务评价指标

主要财务评价指标有财务内部收益率、投资回收期和固定资产借款偿还期；辅助指标有投资利润率、投资利税率、资产负债率、财务净现值、财务净现值率等，以及其他一些价值指标（如单位生产能力费用、单位产品费用、单位产品成本等）或实物指标。产品出口创汇及替代进口节汇的项目，还要计算财务外汇净现值、财务换汇和节汇成本等。评价时应视各项目的财务收入情况选择不同的主要指标，如财务内部收益率、投资回收期、固定资产借款偿还期等作为主要的评价和分析指标；非盈利的社会公益性的项目应主要考察单位生产能力的费用、产品成本等指标。

财务评价指标根据财务评价报表计算。下面介绍主要指标的计算方法。

6.4.2.1 盈利能力分析

建设项目财务盈利能力分析主要是考察投资的盈利水平，主要计算指标为财务内部收益率、投资回收期，根据项目的实际需要，也可计算财务净现值、投资利润率、投资利税率等指标。

1. 财务内部收益率（FIRR）

财务内部收益率是衡量建设项目在财务上是否可行的主要评价指标，是项目在计算期内各年净现值累计等于零时的折现率，其表达式为

$$\sum_{t=0}^{n} (CI - CO)_t (1 + FIRR)^{-t} = 0 \tag{6.6}$$

式中：CI 为现金流入量（包括销售收入、回收固定资产残值、回收流动资金等）；CO 为现金流出量（包括固定资产投资、流动资金、经营成本、税金等）；$(CI - CO)_t$ 为第 t 年的净现金流量；n 为计算期，年。

在财务评价中，求出的 $FIRR$ 大于或等于财务基准收益率（i_c）时，则该项目在财务上是可行的。

2. 财务净现值（FNPV）

财务净现值是指按行业的基准收益率（i_c）或设定的折现率（i），将项目计算期内各年净现金流量折现到计算期初的现值之和。它是考察项目在计算期内盈利能力的动态评价指标，其表达式为

$$FNPV = \sum_{t=0}^{n} (CI - CO)_t (1 + i_0)^{-t} \tag{6.7}$$

式中：i_0 为行业基准收益率或设定的收益率。

财务净现值大于或等于零的建设项目在财务上是可行的。

3. 投资回收期（P_t）

投资回收期是考察项目在财务上的投资回收能力的主要静态评价指标，是指项目的净现金流量累计等于零时所需要的时间。投资回收期以年表示，一般从建设开始年起算，如果从运行开始年算起时，应予注明，其表达式为

$$\sum_{t=0}^{P_t} (CI - CO)_t = 0 \tag{6.8}$$

4. 投资收益率（ROI）

总投资收益率表示总投资的盈利水平，是指项目达到设计能力后正常年份的年息税前利润，或经营期内年平均息税前利润（$EBIT$）与项目总投资（TI）的比率，计算公式为

$$ROI = \frac{EBIT}{TI} \times 100\% \tag{6.9}$$

式中：$EBIT$ 是项目正常年份的年息税前利润或运营期内年平均息税前利润；TI 为项目总投资。

总投资收益率高于同行业的收益率参考值，表明用总投资收益率表示的盈利能力满足要求。

5. 资本金净利润率（ROE）

项目资本金净利润率表示项目资本金的盈利水平，是指项目达到设计能力后正常年份的年净利润，或运营期内平均净利润与项目资本金的比率，计算公式为

$$ROE = (NP/EC) \times 100\%$$　　　　　　(6.10)

式中：NP 为项目正常年份的年净利润或运营期内年平均净利润；EC 为项目资本金。

项目资本金净利润率高于同行业的净利润率参考值，表明用项目资本金净利润率表示的盈利能力满足要求。

6.4.2.2　清偿能力分析

对筹措了债务性资金（以下简称借款）的项目，为了考察企业能否按期偿还借款，应进行清偿能力分析。通过计算利息备付率、偿债备付率、资产负债率、流动比率和速动比率等指标，判断项目的偿债能力。

1. 利息备付率（ICR）

利息备付率是指在借款还期内的息税前利润与应付利息的比值，它从付息资金来源的充裕性角度反映项目偿付债务利息的保障程度，计算公式为

$$ICR = \frac{EBIT}{PI}$$　　　　　　(6.11)

式中：$EBIT$ 为息税前利润；PI 为计入总成本费用的应付利息。

利息备付率应分年计算。利息备付率高，表明利息偿付的保障程度高。

如果能够得知或根据经验设定所要求的借款偿还期，可以直接计算利息备付率和偿债备付率指标；如果难以设定借款偿还期，也可以先大致估算出借款偿还期，再采用适宜的方法计算出每年需要偿还的本金和付息的金额，代入相应的公式计算利息备付率和偿债备付率指标。需要估算借款偿还期时，可按下式估算：

$$\frac{借款}{偿还期} = \frac{借款偿还后开}{始出现盈余年份} - \frac{开始借}{款年份} + \frac{当年借款额}{当年可用于还款的资产金额}$$　(6.12)

需注意的是，该借款偿还期只是为估算利息备付率和偿债备付率指标所用，不应与利息备付率和偿债备付率指标并列。

2. 偿债备付率（$DSCR$）

偿债备付率是指在借款偿还期内，用于计算还本付息的资金（$EBITAD - T_{AX}$）与应还本付息金额（PD）的比值，它表示可用于还本付息的资金偿还借款本息的保障程度，计算公式为

$$DSCR = \frac{EBITAD - T_{AX}}{PD}$$　　　　　　(6.13)

式中：$EBITAD$ 为息税前利润加折旧和摊销；T_{AX} 为企业所得税；PD 为应还本付息金额，包括还本金额和计入总成本费用的全部利息，融资租赁费用可视同借款偿

还，运营期内的短期借款本息也应纳入计算。

如果项目在运行期内有维持运营投资，则在可用于还本付息的资金中应扣除维持运营的投资。偿债备付率应分年计算。偿债备付率高，表明可用于还本付息的资金保障程度高。

应测定利息备付率、偿债备付率等参数最低可接受值。参考国际经验和国内行业的具体情况，根据我国企业历史数据统计分析，一般情况下，利息备付率不宜低于2.0，偿债备付率不宜低于1.3。

国际上偿债备付率的计算公式各有不同，从不同的角度考虑，分子和分母都会有所变化。式（6.13）是基于偿还资金能力计算，即用于计算还本付息的资金包含的范围是息税前利润加上折旧和摊销，只扣除所得税和运营期间增加的投资支出。运营期间增加的投资支出主要指维持运营投资费用，对某些负荷变动大的项目，也可能会包括流动资金增加额（仅指在流动资金估算中未包括的部分）。

3. 资产负债率（LOAR）

资产负债率是指各期末负债总额同资产总额的比率，计算公式为

$$LOAR = \frac{TL}{TA} \times 100\% \tag{6.14}$$

式中：TL 为期末负债总额；TA 为期末资产总额。

适度的资产负债率，表明企业经营安全、稳健，具有较强的筹资能力，也表明企业和债权人的风险较小。对该指标的分析，应结合国家宏观经济状况、行业发展趋势、企业所处竞争环境等具体条件进行。项目财务分析中，在长期债务还清后，可不再计算资产负债率。

4. 流动比率

流动比率是流动资产与流动负债之比，反映法人偿还流动负债的能力，计算公式为

$$流动比率 = \frac{流动资产}{流动负债} \times 100\% \tag{6.15}$$

5. 速动比率

速动比率是速动资产与流动负债之比，反映法人在短时间内偿还流动负债的能力，计算公式为

$$\left. \begin{array}{l} 速动比率 = \dfrac{速动资产}{流动负债} \times 100\% \\ 速动资产 = 流动资产 - 存货 \end{array} \right\} \tag{6.16}$$

部分建设项目行业资产负债率、利息备付率、偿债备付率、流动比率及速动比率的取值或合理取值区间在《建设项目经济评价方法与参数》（第三版）中已经列出。由于项目具体情况复杂，不同行业、不同项目的这些参数计算数值存在差别，因此国家统一给出的是在行业正常运营情况下这些参数的平均取值，反映了行业的平均水平，对具体项目的计算判断具有参考价值。这些参数不是项目必须要达到的基准值。

6.4.2.3　财务生存能力分析

财务生存能力分析，应在财务分析辅助报表和利润与利润分配表的基础上编制财

务计划现金流量表，通过考察项目计算期内的投资、融资和经营活动所产生的各项现金流入和流出，计算净现金流量和累计盈余资金，分析项目是否有足够的净现金流量维持正常营运，以实现财务可持续性。

财务可持续性首先体现在有足够大的经营活动净现金流量；其次，各年累计盈余资金不应出现负值。若出现负值，应进行短期借款，同时分析该短期借款的年份长短和数额大小，进一步判断项目的财务生存能力。短期借款应体现在财务计算现金流量表中，其利息应计入利息支出。为维持项目正常运营，还应分析短期借款的可靠性。

6.4.3　基本财务报表

为做好建设项目的财务评价，可采用基本报表进行分析计算，主要有 10 张，见表 6.1～表 6.10，现说明如下。

表 6.1 为固定资产投资估算表，明细列出各项固定资产投资的数量和所占比重，以了解建设项目投资的组成情况。

表 6.1　　　　　　　　　　　固定资产投资估算表

费 用 名 称	估算价值 /万元	占固定资产投资的比例 /%	备注
1　固定资产投资（1.1＋1.2＋1.3）			
1.1　工程费用			
1.1.1　建筑工程			
1.1.2　机电设备及安装工程			
1.1.3　金属结构及安装工程			
1.1.4　临时工程			
1.2　其他费用			
1.3　预备费用			
1.3.1　基本预备费			
1.3.2　价差预备费			
2　固定资产投资方向调节税			
3　建设期利息			
合计（1＋2＋3）			

表 6.2 为投资计划和资金筹措表，明细列出各年投资计划和资金来源。

表 6.2　　　　　　　　　　投资计划与资金筹措表　　　　　　　　单位：万元

项　　目	建　设　期					合计
	第 1 年	第 2 年	第 3 年	…	第 m 年	
1　总投资						
1.1　固定资产投资						
1.2　固定资产投资方向调节税						
1.3　建设期利息						

续表

项 目	建 设 期					合计
	第1年	第2年	第3年	…	第m年	
1.4　流动资金						
2　资金筹措						
2.1　自有资金						
其中用于流动资金						
2.2　借款						
2.2.1　长期借款						
2.2.2　流动资金借款						
2.2.3　其他短期借款						

注　1. 建设期含运行初期。

　　2. 如有多种借款方式时应分项列出。

表 6.3 为总成本费用估算表，明细反映出总成本的各项组成。为便于计算经营成本，表中需列出各年折旧费、摊销费、借款利息额。

表 6.3　　　　　　　　　　**总成本费用估算表**　　　　　　　　　单位：万元

年 序　　　　　项 目	运行初期			正常运行期			合计
	…	m−1	m	m+1	…	n	
1　外购原材料							
2　外购燃料、动力							
3　工资及福利费							
4　修理费							
5　折旧费							
6　摊销费							
其中：无形资产							
其他资产							
7　利息支出							
8　其他费用							
9　总成本费用（1+2+3+4+5+6+7+8）							
其中：可变成本（1+2+8）							
固定成本							
经营成本（9−5−6−7）							

注　1. 运行期初期固定资产投资利息若已计入总投资，则此处不再计入。

　　2. 经营成本＝总成本费用−折旧费−摊销费−利息支出。

表 6.4 为利润与利润分配表，该表反映建设项目计算期内各年的利润总额、所得税及税后利润的分配情况，用以计算投资利润率、投资利税率和资本金利润率等指标。

表 6.4　　　　　　　　　　　**利 润 与 利 润 分 配 表**　　　　　单位：万元

项　目 \ 年　序	运行初期			正常运行期			合计
	…	…	…	…	…	n	
1　财务收入							
2　销售税金及附加							
3　总成本费用							
4　利润总额							
5　应纳税所得额							
6　所得税							
7　税后利润							
8　特种基金							
9　可供分配利润							
9.1　盈余公积金							
9.2　应付利润							
9.3　未分配利润							
10　累计未分配利润							

注　利润总额应根据国家规定先调整为应纳所得税额（如减免所得税、弥补上年亏损等），再计算所得税。

表 6.5 为借款还本付息表，明细列出偿还资金及还本付息的动态过程。

表 6.5　　　　　　　　　　　**借 款 还 本 付 息 表**　　　　　单位：万元

项　目 \ 年　序	运行初期			正常运行期			合计
	…	$m-1$	m	$m+1$	…	n	
1　借款及还本付息							
1.1　年初借款本息累计							
1.1.1　本金							
1.1.2　建设期利息							
1.2　本年借款							
1.3　本年应计利息							
1.4　本年还本							
1.5　本年付息							
2　偿还借款本金的资金来源							
2.1　利润							
2.2　折旧费							
2.3　摊销费							
2.4　其他资金							
2.5　小计							

　　表 6.6 为资金来源与运用表，反映建设项目计算期内各年资金盈余或短缺情况，用于选择资金筹措方案，制订适宜的借款及还款计划，并为编制资产负债表提供依据。

表 6.6　　　　　　　　　　　资 金 来 源 与 运 用 表　　　　　　　　单位：万元

序号	项 目 名 称	合计	建设期	投 产 期			达 产 期		
			第1年	第2年	…	第m年	第m+1年	…	第n年
	生产负荷/%								
1	经营活动净现金流量（1.1－1.2）								
1.1	现金流入								
1.1.1	营业收入								
1.1.2	增值销项税额								
1.1.3	补贴收入								
1.1.4	其他收入								
1.2	现金流出								
1.2.1	经营成本								
1.2.2	增值进项税额								
1.2.3	营业税金及附加								
1.2.4	增值税								
1.2.5	所得税								
1.2.6	其他流出								
2	投资活动净现金流量（2.1－2.2）								
2.1	现金流入								
2.2	现金流出								
2.2.1	建设投资（未含利息）								
2.2.2	维持运营投资								
2.2.3	流动资金								
2.2.4	其他流出								
3	筹资活动净现金流量（3.1－3.2）								
3.1	现金流入								
3.1.1	项目资本金投入								
3.1.2	建设投资借款								
3.1.3	流动资金借款								
3.1.4	债券								
3.1.5	短期借款								
3.1.6	其他流入								
3.2	现金流出								
3.2.1	各种利息支付								
3.2.2	偿还债务本金								
3.2.3	应付利润（股利分配）								
3.2.4	其他流出								
4	净现金流量（1＋2＋3）								
5	累计盈余资金								

表 6.7 为项目投资财务现金流量表，该表是从项目自身角度出发，不区分投资的资金来源，以项目全部投资作为计算基础，考察项目全部投资的盈利能力，为项目各个投资方案进行比较建立共同基础，供项目决策研究。

表 6.7　　　　　　　　　　　　　　**项目投资财务现金流量表**　　　　　　　　单位：万元

年　序 项　目	建设期	运行初期		正常运行期		合计
	1	⋯	⋯	⋯	⋯	⋯	⋯	⋯	n	
1　现金流入量 CI										
1.1　销售收入										
1.2　回收固定资产余值										
1.3　回收流动资金										
2　现金流出量 CO										
2.1　固定资产投资（含更新改造投资）										
2.2　流动资金										
2.3　年运行费										
2.4　销售税金及附加										
2.5　所得税										
2.6　特种基金										
3　净现金流量（$CI-CO$）										
4　累计净现金流量										
5　所得税前净现金流量										
6　所得税前累计净现金流量										
评价指标：　财务内部收益率：　　财务净现值：　　投资回收期：										

注　本表假定全部投资均为项目资本金，考察全部投资的盈利能力。

表 6.8 为项目资本金财务现金流量表（涉及外汇收支的项目为国内投资），从投资者角度出发，以投资者的出资额作为计算基础，把借款本金偿还和利息支付作为现金流出，用以计算资本金的财务内部收益率、财务净现值等评价指标，考察项目资本金的盈利能力。

表 6.8　　　　　　　　　　　　　　**项目资本金财务现金流量表**　　　　　　　　单位：万元

年　序 项　目	建设期	运行初期		正常运行期		合计
	1	⋯	⋯	⋯	⋯	⋯	⋯	⋯	n	
1　现金流入量 CI										
1.1　销售收入										
1.2　回收固定资产余值										
1.3　回收流动资金										
2　现金流出量 CO										
2.1　固定资产投资中的资本金										
2.2　流动资金中的资本金										
2.3　国外借款本金偿还										
2.4　国内借款本金偿还										

续表

项 目 ＼ 年 序	建设期			运行初期			正常运行期			合计
	1	…	…	…	…	…	…	…	n	
2.5 国外借款利息支付										
2.6 国内借款利息支付										
2.7 年运行费										
2.8 销售税金及附加										
2.9 所得税										
2.10 特种基金										
3 净现金流量（$CI-CO$）										
4 累计净现金流量										

注 本表以项目资本金为计算基础，考察项目资本金的盈利能力。

表 6.9 为资产负债表，综合反映建设项目在计算期内各年末资产、负债和所有者权益的增值或变化及对应关系，以考察项目资产、负债、所有者权益的结构情况，用以计算资产负债率等指标，进行清偿能力分析。

表 6.9 　　　　　　　　　资 产 负 债 表 　　　　　　　　单位：万元

项 目 ＼ 年 序	建设期			运行初期			正常运行期			合计
	1	…	…	…	…	…	…	…	n	
1 资产										
1.1 流动资产总额										
1.1.1 应收账款										
1.1.2 存货										
1.1.3 现金										
1.1.4 累计盈余资金										
1.2 在建工程										
1.3 固定资产净值										
1.4 无形及递延资产净值										
2 负债及所有者权益										
2.1 流动负债总额										
2.1.1 应付账款										
2.1.2 流动资金借款										
2.1.3 其他短期借款										
2.2 长期负债										
负债小计（2.1＋2.2）										
2.3 所有者权益										
2.3.1 资本金										
2.3.2 资本公积金										
2.3.3 累计盈余公积金										
2.3.4 累计未分配利润										

表 6.10 为折旧与摊销表，反映计提折旧或摊销的有关情况、按税收规定允许税前扣除的折旧或摊销额、折旧或摊销的时间性差异等。

折 旧 与 摊 销 表

表 6.10

单位：元

资产类别	行次	本期计提折旧或摊销的资产平均原值或折余价值	本期资产折旧或摊销额					应予调整的资产平均值	本期资产计税成本	允许税前扣除的折旧或摊销额	本期纳税调整增加额或减少额	本期转回以前年度确认的时间性差异	可抵减时间性差异的计算			
			小计	计入制造费用	计入管理费用	计入营业费用	计入在建工程						本年结转以后年度扣除的折旧或摊销	以前年度结转额	本年税前扣除额	累计结转以后年度扣除或摊销
		1	2	3	4	5	6	7	8	9	10	11	12	13	14	15
固定资产小计	1															
房屋建筑物	2															
机器设备	3															
电子设备运输工具	4															
无形资产小计	5															
专利权	6															
非专利技术	7															
商标权	8															
著作权	9															
土地使用权	10															
商誉	11															
其他	12															
其他资产小计	13															
开办费	14															
长期待摊费	15															
其他	16															
合计	17															

　　上述 9 张财务评价报表可以根据建设项目的功能情况增减，如涉及外汇收支的项目应增加财务外汇平衡表；属于社会公益性质或财务收入很少的建设项目，财务报表可适当减少。各财务报表之间的关系如图 6.1 所示。

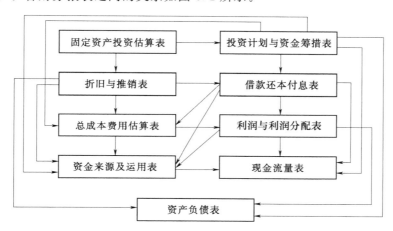

图 6.1　各财务报表之间的关系

6.4.4　财务评价的步骤

　　财务评价一般分为以下几个步骤：

　　（1）熟悉拟建项目的基本情况，包括建设目的、意义、要求、建设条件和投资环境、市场预测以及主要技术决定。

　　（2）收集整理基础数据资料，包括项目投入物和产出物的数量、质量、价格及项目实施进度的安排，资金筹措方案等。

　　（3）编制辅助报表，为编制基本财务报表提供依据，例如投资估算、折旧和摊销费用估算、总成本和费用估算、产品销售收入和销售税金及附加估算等辅助报表。

　　（4）编制基本财务报表。

　　（5）通过基本财务报表计算各项评价指标及财务比率，进行各项财务分析。例如，计算财务内部收益率、资产负债率等指标和比率，进行财务盈利能力、清偿能力、外汇平衡的分析等。

思 考 与 习 题

　　1. 项目投资的国民经济评价与财务评价有何区别？在投资项目的国民经济分析中，识别费用和效益的基本原则是什么？与财务分析的识别原则有何不同？

　　2. 在投资项目国民经济分析中，主要的费用项和效益项有哪些？当采用影子价格计量费用与效益时，哪些费用项和效益项需要列入国民经济分析的现金流量表中？

　　3. 某项目一种投入物为直接进口货物，其到岸价格为 600 美元，影子汇率为 8.7元/美元，贸易费用率为 6%，试计算该投入物的贸易费用。

4. 某项目产出物为直接出口产品，已知该产品离岸价为 140 美元/t，国家外汇牌价为 1 美元＝8.7 元，运输影子价格为 30 元/t，贸易费用率为 6%，试计算这种产出物的贸易费用和出厂影子价格。

5. 有一投资项目，固定资产投资 50 万元，于第 1 年初投入；流动资金投资 20 万元，于第 2 年初投入，全部为贷款，年利率为 8%。项目于第 2 年投产，产品销售第 2 年为 50 万元，第 3～8 年为 80 万元；经营成本第 2 年为 30 万元，第 3～8 年为 45 万元，产品税率为 5%；第 2～8 年折旧费每年为 6 万元；第 8 年末（项目寿命期末）处理固定资产可得收入 8 万元。根据以上条件列出的项目投资现金流量表（表 6.11、表 6.12）是否正确？若有错，请改正过来。

表 6.11   **项目投资现金流量表（一）**   单元：万元

年 数	0	1	2	3～7	8
现金流入	0	0	50	80	108
销售收入			50	80	80
固定资产回收					8
流动资金回收	50	20	32.5	49	20
现金流出					
经营成本（年运行费）			30	45	45
固定资产投资	50				
流动资金投资		20			
产品税（销售税金及附加）			2.5	4	4
净现金流	−50	−20	17.5	31	39

表 6.12   **项目投资现金流量表（二）**   单元：万元

年 数	0	1	2	3～7	8
现金流入					
销售收入			50	80	80
固定资产回收					8
流动资金回收					20
现金流出					
经营成本			30	45	45
固定资产投资	50				
流动资金投资		20			
产品税			2.5	4	4
净现金流	−50	−20	21.9	35.4	43.4

6. 习题 5 中，若固定资产投资 50 万元中企业自有资金为 30 万元，贷款为 20 万元，贷款期限为 2 年，年利率为 10%，流动资金全为贷款，年利率为 8%。固定资金贷款归还办法：等额本金法（即每年还本额相等并归还相应利息）；流动资金贷款每年付息，项目寿命期末还本。其余数据同习题 5。据此，列出资金平衡表，见表 6.13，请判断其正确性；若有错误，请予改正，对必要的数据允许做合乎情理的假设。

表 6.13　　　　　　　　　　　资 金 平 衡 表　　　　　　　　　单元：万元

年　　数	0	2	3	3~7	8
资金来源	50	20	23.5	37	65
自有资金	30				
利润			17.5	31	31
折旧			6	6	6
固定资产回收					8
流动资金回收					20
固定投资贷款	20				
流动资金贷款		20			
资金运用	50	32	12.6	1.6	21.6
固定资产投资	50				
流动资金投资		20			
固定投资还贷		12	11		
流动资金还贷			1.6	1.6	21.6
资金结余	0	—12	10.9	35.4	43.4
累计资金结余					

　　7. 某项目正常生产年份每年进口投入物的到岸价格总额为 500 万美元，进口关税率为到岸价格的 20%；每年耗用国内投入物的财务价值为 5000 万元，价格换算系数为 1.20；项目产品全部出口，每年离岸价格总额为 1500 万美元。在忽略国内运费和贸易费用的情况下，倘若官方汇率为 4.70 元/美元，影子汇率换算系数为 1.08，从国民经济分析的角度与财务分析的角度相比较，项目每年的盈利额有何差异？

　　8. 财务预算时为什么要做资本金和全部投资两个现金流量分析表？如何做？

　　9. 怎样进行项目盈利能力分析？有哪些常用指标？

　　10. 怎样进行项目清偿能力分析？有哪些常用指标？

第7章
不确定性分析与风险分析

经济评价对象主要为拟建项目。拟建项目的投资、年运行费、年效益或销售收入等基础数据都来自估算或预测，不可能与实际情况完全符合，因此这些数据具有一定程度的不确定性。为分析不确定性因素变化对评价指标的影响，估计项目可能承担的风险，应进行不确定性分析与风险分析，提出项目风险的预警、预报和相应的对策。

不确定性是指可能出现一种以上的状态，但并不知道出现这些状态的概率或可能性；风险是指未来发生不利事件的概率或可能性，投资项目风险是指由于不确定性的存在导致实际经济效果偏离预期经济效果的可能性。不确定性是风险的起因，不确定性与风险相伴而生。如果某一事件未来的可能结果无法用概率表示就是不确定性，如果某一事件未来的可能结果可以用概率表示就是风险。

不确定性分析就是分析基础数据的不确定性对项目经济评价指标的影响，不确定性分析包括敏感性分析和盈亏平衡分析；风险分析是指采用定性与定量相结合的方法，分析风险因素发生的可能性及给项目带来的经济损失的程度，其分析过程包括风险识别、风险估计、风险评价和风险应对。在国民经济评价和财务分析中均有必要进行不确定性分析和风险分析，但盈亏平衡分析一般仅适用于财务分析。

7.1 敏 感 性 分 析

7.1.1 敏感性分析概述
7.1.1.1 敏感性分析的概念

敏感性分析是通过分析测算项目主要不确定性因素发生变化对主要经济评价指标的影响，测算敏感度系数和临界点以找出敏感因素，估计项目评价指标对影响因素的敏感程度，预测项目可能承担的风险。

项目的主要不确定性因素一般有建设投资、原材料价格、产品产量、产品价格、建设工期等。不确定性因素变化方式一般采用对原数值增减某一百分率，如−20％、−10％、＋10％和＋20％等。对不便使用百分数来表示的因素，例如建设工期，可采用延长一段时间表示，如延长一年。敏感性分析选定一个或几个评价指标进行分析，最基本的分析指标是内部收益率。根据项目的实际情况，也可选择净现值或投资回收期评价指标，必要时可同时针对两个或两个以上的指标进行敏感性分析。不确定性因素对评价指标影响越大，表明项目对该不确定性因素越敏感。对项目评价指标影响最大的不确定性因素称为最敏感因素。

7.1.1.2　敏感度系数和临界点

为估计项目评价指标对不确定因素的敏感程度，敏感性分析中需要计算敏感度系数和临界点。敏感度系数表示项目评价指标对不确定性因素的敏感程度。计算公式为

$$S_{AF} = \frac{\Delta A/A}{\Delta F/F} \tag{7.1}$$

式中：S_{AF} 为评价指标 A 对不确定性因素 F 的敏感系数；$\Delta F/F$ 为不确定性因素 F 的变化率；$\Delta A/A$ 为不确定性因素 F 发生变化 ΔF 时，评价指标 A 的变化率。

$S_{AF} > 0$，表示评价指标与不确定性因素同方向变化；$S_{AF} < 0$，表示评价指标与不确定性因素反方向变化。$|S_{AF}|$ 越大，评价指标 A 对不确定性因素 F 越敏感。

临界点是指项目不确定性因素的变化使项目由可行变为不可行的临界数值，一般采用不确定性因素相对于基本方案的变化率表示。当该不确定性因素为费用科目时，为增加的百分率；当其为效益科目时，为降低的百分率。临界点也可用该百分率对应的具体数值表示，称为临界值。当不确定性因素的变化超过了临界点或临界值所表示的不确定性因素极限时，项目将由可行变为不可行。临界点的绝对值越小，表明不确定性因素的允许变幅越小，不确定性因素越敏感。为直观起见，一般还需要绘出敏感性分析图。根据敏感性分析图，可以直观判断敏感因素。

7.1.1.3　敏感性分析的类型

根据一次同时变动一个或多个因素，敏感性分析可分为单因素敏感性分析和多因素敏感性分析。单因素敏感性分析研究某一不确定性因素单独发生变化时对项目经济评价指标的影响；多因素敏感性分析则研究两个或两个以上不确定性因素同时发生变化时项目经济评价指标的变化情况。为了找出关键的敏感因素，通常采用单因素敏感性分析。

7.1.1.4　敏感性分析的作用

敏感性分析在经济决策中经常采用，敏感性分析是项目决策或方案比较的一项重要依据，在项目决策或方案比较时，应尽量避免选择可能出现明显不利效果的项目或方案；通过敏感性分析可以确定影响项目经济效果的关键因素，即敏感因素，以便在项目实施或运行期有针对性地做好项目管理工作，以保证项目获得较好的经济效果；敏感性分析也可为进一步的风险分析打下基础，为风险分析提供有关基础数据。

7.1.2　单因素敏感性分析

单因素敏感性分析的主要步骤如下：

（1）选取不确定性因素。

（2）确定一个或几个评价指标。

（3）选择不确定性因素的变动范围和变动幅度。

（4）计算敏感度系数。

（5）计算不确定性因素的临界点。

（6）绘制敏感性分析图，找出敏感因素。

（7）给出敏感性分析结论。

下面举例说明单因素敏感性分析方法。

【例 7.1】　某项目建设期为 1 年，正常使用年限为 15 年，基本方案的现金流量见表 7.1，基准折现率取 8%。试就该项目的建设投资和销售收入进行单因素敏感性分析。

表 7.1　　　　　　　　　　　　某项目基础方案现金流量表

项　　目	年　数		
	1	2～15	16
销售收入/(万元/年)		280	280
资产余值回收/万元			60
建设投资/万元	1500		
经营成本/(万元/年)		55	55

解：　首先计算基本方案的净现值和内部收益率。该项目建设期为 1 年，假定各项费用和效益均发生在年末，则基本方案净现值为

$$NPV = -1500(P/F,8\%,1) + (280-55) \times (P/A,8\%,15)(P/F,8\%,1)$$

$$+ 60(P/F,8\%,16)$$

$$= -1500 \times 0.9259 + 225 \times 8.5595 \times 0.9259 + 60 \times 0.2919$$

$$= 411.84(万元)$$

该基本方案内部收益率为 $IRR = 12.60\% > 8\%$

由于净现值大于零，内部收益率大于基准折现率，因此基本方案在经济上是合理的。下面进一步对该项目进行不确性分析。

选择年收入和总投资为不确定性因素。评价指标可选内部收益率或净现值等，下面仅以内部收益率为例进行敏感性分析。

年销售收入和投资的变化率均设为 ±20% 和 ±10%，分别计算相应的内部收益率，见表 7.2。根据式 (7.1) 计算敏感度系数。根据临界点定义，利用线性插值方法，计算出以百分率表示的临界点，再根据基本方案的销售收入和建设投资计算临界值。

以销售收入降低 20% 为例，敏感度系数为

$$\frac{(7.63\% - 12.60\%)/12.60\%}{-20\%} = 1.97$$

销售收入临界点百分率为

$$-20\% + \frac{8\% - 7.63\%}{10.15\% - 7.63\%} \times (20\% - 10\%) = -18.53\%$$

销售收入的临界值为

$$280 \times (1 - 18.53\%) = 228.12(万元)$$

全部计算结果见表 7.2。由于计算工作量较大，一般宜用计算机完成。根据表 7.2 绘制敏感性分析图，如图 7.1 所示。

表 7.2 敏感度系数和临界点分析表

序号	不确定因素	变化率/%	内部收益率/%	敏感度系数	临界点/%	临界值/万元
1	基本方案	0	12.60			
2	销售收入	−20	7.63	1.97	−18.53	228.12
		−10	10.15	1.90		
		+10	14.82	1.82		
		+20	17.03	1.79		
3	建设投资	−20	17.05	−1.80	28.79	1931.85
		−10	14.58	−1.63		
		+10	10.80	−1.38		
		+20	9.31	−1.29		

由表 7.2 可见，销售收入的敏感度系数绝对值较大，临界点百分率绝对值较小，因此销售收入是敏感因素。也可根据图 7.1 进行直观判断，图中较陡的敏感性曲线或者临界点更靠近原点的敏感性曲线所对应的不确定因素就是敏感因素。内部收益率与销售收入变化率关系曲线较陡，销售收入临界点更靠近原点，因此销售收入是敏感因素。

从总体上来看，该项目具有一定的抗风险能力，特别是对于投资的变化，具有较强的抗风险能力。若要更加明确项目抗风险能力大小，关键是要判断销售收入降至 18.53%

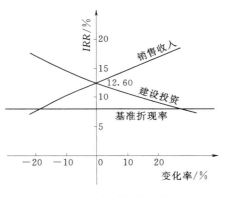

图 7.1 敏感性分析图

的可能性有多大。由于销售收入是项目的敏感因素，对项目的经济效果影响较大，因此在项目实施后的正常运营过程中，要加强促销力度，避免销售额滑落。

7.1.3 多因素敏感性分析与场景分析

单因素敏感性分析的优点是便于一目了然地看出评价指标对哪个因素最敏感，对哪个因素不敏感。但它假设只变动某一因素，其他因素不变，这与实际不符。实际上可能会有两个或两个以上因素同时变动。因此，有条件时可进行多因素敏感性分析，以便充分地反映项目可能出现的不利情况。下面以双因素敏感性分析为例，说明多因素敏感性分析基本方法。

【例 7.2】 设某项目建设期初一次性投资 300 万元，当年投入正常运行，年销售收入 60 万元，年经营费用 18 万元，项目寿命为 15 年，资产余值为 12 万元，基准收益率为 10%。试就投资和年销售收入对项目净现值进行双因素敏感性分析。

解：设投资发生于第一年年初。经计算，基本方案的净现值为 22.33 万元，内部收益率为 11.27%，可见基本方案在经济上是可行的。下面对项目进行双因素敏感性分析。

设 x 为投资变动的百分比，y 为年销售收入变化的百分比，则

$$NPV = -300(1+x) + 60(1+y)(P/A, 10\%, 15) - 18(P/A, 10\%, 15)$$
$$+ 12(P/F, 10\%, 15)$$
$$= -300(1+x) + 60(1+y) \times 7.6061 - 18 \times 7.6061 + 12 \times 0.2394$$
$$= 22.329 - 300x + 456.366y$$

当 $NPV \geqslant 0$ 时，项目是可行的。令 $22.329 - 300x + 456.366y \geqslant 0$，得

$$y \geqslant 0.6574x - 0.0489$$

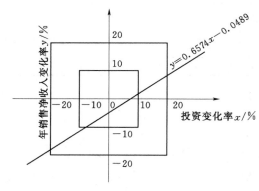

图 7.2　双因素敏感性分析图

将该不等式绘制在以投资变化率为横坐标，年销售净收入变化率为纵坐标的平面直角坐标系中，如图 7.2 所示。

从图 7.2 中可以看出，斜线 $y = 0.6574x - 0.0489$ 把 xy 平面分为两个区域，斜线上的点 $NPV = 0$，斜线上方 $NPV > 0$，斜线下方 $NPV < 0$。这显示了两因素允许同时变化的幅度，也就是投资和销售收入同时变动，只要两者变化率坐标落在斜线上方或斜线上，就能保证 $NPV \geqslant 0$。

另外，根据不等式 $y \geqslant 0.6574x - 0.0489$，以及双因素敏感性分析图，也可分析单因素的允许变幅。由该不等式可知，若投资不变（即 $x = 0$），则年销售收入降低到 -4.89% 以下时，项目将出现 $NPV < 0$。若年销售收入不变（即 $y = 0$），则当投资增加到 7.44% 以上时，将出现 $NPV < 0$。

由上述分析可知，项目抗风险能力不强。相对于投资来说，年销售收入为敏感因素。

普通的多因素敏感性分析并没有假设各个因素之间的变动关系。在实际操作中，人们可以针对不同的情况预测出各个变量在某一场景下具体的变化（例如，当产品出现安全事故时，价格和需求会大幅下降，也可能为了加强产品安全性而增加生产成本等），从而针对不同的场景分析其中的经济情况，这就是场景分析。常见的场景分析会给出乐观估计、悲观估计和正常估计下各变量的变化情况，并以此做出分析。

【例 7.3】　某工程项目在开工之前，市场部门根据对市场状况的预测给出表 7.3 中三种不同场景下的各变量估计。项目寿命为 10 年，第一年投入为初始投资，最后一年收回资产余值。从第二年开始，每年维持相同的市场需求（需求量 = 市场规模 × 市场份额）和单价，并支出固定成本和变动成本，基准收益率为 10%，税费不计。试计算不同场景下项目的净现值，并分析项目的风险性。

解：首先，计算悲观情景下项目净现值。将所有的现金流量折算到第一年年初，得到

$$NPV = -1000 + [5000 \times 0.3 \times (1.9 - 1.2) - 1000](P/A, 10\%, 10)$$
$$+ 2000(P/F, 10\%, 10) = 7.316(万元)$$

表 7.3 某工程项目不同场景对应的现金流量表

变量	悲观情景	正常情景	乐观情景
市场规模/件	5000	6000	6000
市场份额/%	30	30	50
单价/万元	1.9	2	2.2
可变成本/(万元/件)	1.2	1	1
固定成本/万元	1000	800	700
初始投资/万元	1000	900	800
残值/万元	2000	2000	2000

其次，计算正常情景下项目净现值。将所有的现金流量折算到第一年年初，得到
$$NPV = -900 + [6000 \times 0.3 \times (2-1) - 800](P/A, 10\%, 10)$$
$$+ 2000(P/F, 10\%, 10) = 6015.686(万元)$$

最后，计算乐观情景下项目净现值。将所有的现金流量折算到第一年年初，得到
$$NPV = -800 + [6000 \times 0.5 \times (2.2-1) - 700](P/A, 10\%, 10)$$
$$+ 2000(P/F, 10\%, 10) = 17790.43(万元)$$

在市场部门所预测的三类场景下，项目都呈现出正的净现值，因而该项目抗风险能力相对较强。

7.1.4 敏感性分析的局限性

敏感性分析在一定程度上就各种不确定性因素的变动对项目经济效果的影响作了定量描述。这有助于决策者对项目的风险情况有一个初步了解，有助于确定在项目实施后需要重点关注和控制的不确定性因素。但是，敏感性分析没有考虑各种不确定性因素在未来发生某种变化的概率，这会影响分析结论的准确性。实际上，各种不确定性因素在未来发生某一幅度变化的概率一般是不同的。可能有这种情况：通过敏感性分析找出的敏感因素未来发生不利变化的概率很小，因而实际上所带来的风险并不大，以至可以忽略；而另一非敏感因素未来发生不利变化的概率很大，实际带来的风险比敏感因素更大。这种问题是敏感性分析所无法解决的，必须借助于风险分析方法。

7.2 盈亏平衡分析

7.2.1 盈亏平衡分析的概念

盈亏平衡分析是指通过分析产品产量、成本和利润之间的关系，计算出盈亏平衡点（break-even point，BEP），判断项目对产品产量或产品价格等不确定性因素变化的适应能力和抗风险能力。

一个建设项目投产后，只有达到一定的产量才能实现盈利，亏损与盈利的临界点即盈亏平衡点；若产量保持不变，产品价格也存在一个保本价格，产品价格高于这一保本价格，才能盈利。盈亏平衡点多以产量来表示，有时也以价格或固定成本来表示。可见项目存在各种盈亏平衡点，在盈亏平衡点上正好盈亏平衡，利润等于零。盈

亏平衡分析就是要找出项目投产后的盈亏平衡点，根据盈亏平衡点的产品产量的大小或产品价格的高低等来判断项目承受的风险大小，从而为项目决策提供科学依据。

根据成本和收入与产品产量呈线性还是非线性关系，盈亏平衡分析分线性盈亏平衡分析和非线性盈亏平衡分析两种类型。盈亏平衡分析适用于财务评价，在企业的其他经济活动分析中，也有广泛的应用。盈亏平衡分析的基本假设是：产品销售量等于产品产量，即不存在产品滞销情况。

7.2.2　线性盈亏平衡分析

如果项目的成本和收入都是产品产量的线性函数，则该类项目的盈亏平衡分析称为线性盈亏平衡分析，其成本函数和收入函数可分别表示为

$$C = F + Vx \tag{7.2}$$

$$R = (p - t)x \tag{7.3}$$

式中：C 为生产总成本；F 为固定成本；V 为可变成本；x 为产品产量；R 为销售收入；p 为产品单价；t 为单位产品年销售税金（或营业税金）及附加。

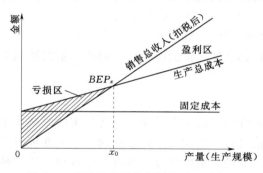

图 7.3　线性盈亏平衡分析的盈亏平衡图

以产品产量为横坐标，以成本和收入为纵坐标，绘出成本函数曲线和收入函数曲线，得盈亏平衡图，如图 7.3 所示。图中成本曲线和收入曲线的交点 BEP_x 即为盈亏平衡点。由图 7.3 可见：

（1）当产品产量等于 BEP_x 时，利润等于零（即 $R - C = 0$），盈亏平衡；当产品产量小于 BEP_x 时，项目出现亏损；当产品产量大于 BEP_x 时，项目盈利，且生产产品越多，盈利越多。

（2）产量越高，盈利越大，因此在产品有销路的情况下，应尽量扩大生产规模。

（3）BEP_x 越小，则盈亏平衡分析图中亏损区越小，因而项目发生亏损的可能性越小，即抗风险能力越大。

盈亏平衡点可用图解法确定，绘出盈亏平衡图，成本曲线与收入曲线的交点即为盈亏平衡点。盈亏平衡点也可按下述解析法计算。

令 $C = R$，由式（7.2）和式（7.3）得盈亏平衡点产量的计算公式为

$$BEP_x = \frac{F}{p - t - V} \tag{7.4}$$

由式（7.2）和式（7.3）还可得出产品的价格盈亏平衡点为

$$BEP_p = \frac{F}{x} + V + t \tag{7.5}$$

式（7.5）为任意产量情况下的产品价格盈亏平衡点。若生产能力维持设计生产能力，此时产品产量为 X，则产品价格盈亏平衡点为

$$BEP_p = \frac{F}{X} + V + t \tag{7.6}$$

用同样方法还可得出以可变成本表示的盈亏平衡点 BEP_V 及以固定成本表示的盈亏平衡点 BEP_F。

$$BEP_V = p - t - \frac{F}{X} \tag{7.7}$$

$$BEP_F = (p - t - V)X \tag{7.8}$$

【例 7.4】 某拟建项目设计规模为年生产某产品 3 万 t，预计年生产成本为 1350 万元，其中固定成本为 420 万元，单位产品可变成本为 310 万元/万 t，单位产品销售价格为 630 万元/万 t，单位产品销售税金及附加为 50.4 万元/万 t，试作出盈亏平衡图，并计算盈亏平衡点产量。

解： 已知 $F=420$ 万元；$V=310$ 万元/万 t；$p=630$ 万元/万 t；$t=50.4$ 万元/万 t。

则成本函数为 $\qquad C=420+310x$

收入函数为 $\qquad R=(630-50.4)x=579.6x$

盈亏平衡分析图如图 7.4 所示。

盈亏平衡点产量为

$$BEP_x = \frac{F}{p-t-V} = \frac{420}{630-50.4-310}$$
$$=1.56（万 t）$$

计算结果表明，项目投产后产量即使降到 1.56 万 t，仍然可以保本，可见项目具有一定的抗风险能力。

【例 7.5】 某项目年生产能力为 120 万 t，固定成本 $F=6000$ 万元，可变成本 $V=40$ 万元/万 t，产品单价 $p=150$ 万元/万 t，单位产品销售税金及附加 $t=18$ 万元/万 t。试进行盈亏平衡分析。

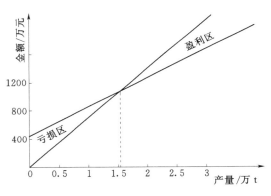

图 7.4 盈亏平衡分析图

解： 分别令产量盈亏平衡点为 BEP_x，价格盈亏平衡点为 BEP_p，可变成本盈亏平衡点为 BEP_V，固定成本盈亏平衡点为 BEP_F，则

$$BEP_x = \frac{F}{p-t-V} = \frac{6000}{150-18-40} = 65.22（万 t/年）$$

$$BEP_p = \frac{F}{X}+V+t = \frac{6000}{120}+40+18 = 108（万元/万 t）$$

$$BEP_V = p-t-\frac{F}{X} = 150-18-\frac{6000}{120} = 82（万元/万 t）$$

$$BEP_F = (p-t-V)X = (150-18-40)\times120 = 11040（万元/万 t）$$

若用相对值表示，则

$$\frac{BEP_x}{X} = \frac{65.22}{120} = 54.35\%$$

$$\frac{BEP_p}{p}=\frac{108}{150}=72\%$$

$$\frac{BEP_V}{V}=\frac{82}{40}=2.05$$

$$\frac{BEP_F}{F}=\frac{11040}{6000}=1.84$$

由以上计算可知，产量不低于设计产量的 54.35%，或价格不低于原预测价格的 72%，或可变成本不高于设计可变成本的 2.05 倍，或固定成本不高于设计固定成本的 1.84 倍，都能保证盈利。

除了计算单一生产技术（方案）下的盈亏情况外，盈亏平衡分析同样也可以运用到不同生产方案的比较上来。此时我们要计算方案的优劣平衡点，即当两种方案生产平均成本相等时，某一共同变量（如产量）的具体数值。而在确定优劣平衡点之后，我们可进而计算出不同方案平均成本相对较低的不同区间，从而结合自身情况为方案的选择作出判断。

【例 7.6】 某企业的技术改造项目有两种方案可以选择。方案一：购置设备 A，需投资 1000 万元，第四年年末的残值为 200 万元，每小时的运行成本为 0.8 万元，每年的维护费预计为 120 万元，设备为全自动化，不需要人工看管。方案二：购置设备 B，需投资 550 万元，使用寿命 4 年，不计残值。每小时的运行成本为 0.4 万元，平均每小时的维护费预计为 0.2 万元，每小时的人工成本为 0.8 万元。基准折现率为 10%，试进行两个方案的优劣比较。

解： 设设备使用时间为每年 x 小时，则使用设备 A 和设备 B 的成本分别为

$$C_A(x)=1000+(0.8x+120)(P/A.10\%,4)-200(P/F,10\%,4)$$

$$C_B(x)=550+(0.4x+0.2x+0.8x)(P/A.10\%,4)$$

整理可得：$C_A(x)=1243.68+2.5352x$，$C_B(x)=550+4.4366x$。

由 $C_A(x)=C_B(x)$ 计算得出 $BEP_x=364.83$h，图 7.5 刻画了 A、B 两设备的生产成本随生产时间变化的状况。

7.2.3　非线性盈亏平衡分析

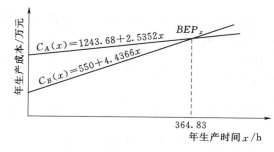

图 7.5　各方案的成本函数曲线图

由于资源的稀缺性，随着产量的增加，生产的边际成本有可能增加，因此项目总成本并不一定随产品产量呈线性变化；随着市场需求不断得到满足，产品价格则有降低趋势，因此产品的销售收入与产品产量之间也不一定是线性关系。在成本函数和收入函数中，只要有一个函数是非线性函数，该盈亏分析即称为非线性盈亏平衡分析。非线性盈亏平衡分析的盈亏平衡图如图 7.6 所示，图 7.6（a）只有成本函数为非线性，图 7.6（b）中成本函数和收入函

数都为非线性。由图 7.6 可见：

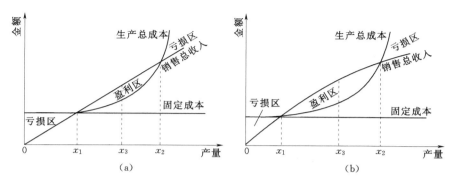

图 7.6 非线性盈亏平衡分析的盈亏平衡图

（1）一般存在两个盈亏平衡点 x_1 和 x_2，当 $x_1 < x < x_2$ 时盈利，当 $x = x_1$ 或 $x = x_2$ 时盈亏平衡，当 $x < x_1$ 或 $x > x_2$ 时发生亏损。

（2）存在一个盈利最大的产量，即图 7.6 中 x_3，x_3 一般借助于数学中的极值原理求解。

（3）x_1 越小，盈利区越大，则工程项目抗风险能力越强。下面举例说明非线性盈亏平衡分析计算方法。

【例 7.7】 已知某投资方案预计年销售收入为 $R = 500x - 0.02x^2$（元），年总成本为 $C = 300000 + 200x - 0.01x^2$（元），式中 x 为生产规模。试求：

（1）为保证盈利，生产规模应在什么范围？

（2）生产规模为多大时，盈利最大？

（3）最大利润为多少？

解：（1）计算盈亏平衡点。利润函数为

$$E = (500x - 0.02x^2) - (300000 + 200x - 0.01x^2)$$

即

$$E = -0.01x^2 + 300x - 300000$$

令 $E = 0$ 得盈亏平衡点，$x_1 = 1036$ 件，$x_2 = 28964$ 件。

（2）计算最优生产规模与最大利润。

$$\frac{\mathrm{d}E}{\mathrm{d}x} = -0.02x + 300$$

令 $\dfrac{\mathrm{d}E}{\mathrm{d}x} = 0$，得

$$-0.02x + 300 = 0$$
$$x = 15000 \text{ 件}$$

此时，利润为

$$E = -0.01 \times 15000^2 + 300 \times 15000 - 300000 = 1950000 (\text{元})$$

可见，为保证盈利，年生产规模宜在 1036～28964 件。年生产规模为 15000 件时，盈利最大，年最大利润为 195 万元。

7.3　风　险　分　析

7.3.1　风险分析概述

7.3.1.1　风险分析的概念

　　风险分析是在已知不确定性因素发生变化的概率的情况下，分析项目评价指标（如净现值）的期望值以及项目可行的概率，进而对风险程度进行判断。

　　不确定性分析与风险分析既有区别又有联系。不确定性分析与风险分析的主要区别在于两者的分析深度不同。不确定性分析只是分析不确定性因素对项目评价指标影响的大小，但不能说明这些不确定性因素发生的可能性大小，也不能确定这些不确定性因素对评价指标产生某种影响的可能性大小；而风险分析是在已知不确定性因素发生变化的概率的情况下，对项目风险程度进行定量的判断。不确定性分析与风险分析之间也有一定的关系，不确定性分析可以粗略估计项目的风险大小，通过不确定性分析可以找出对评价指标影响较大的敏感因素，从而为风险分析提供基础资料。

7.3.1.2　风险因素的识别

　　风险因素识别是指在众多不确定性因素中，找出对项目评价指标有决定性影响的关键因素。常用的识别方法如下：

　　（1）资料分析法。根据类似项目的历史资料寻找对项目有决定性影响的关键变量。

　　（2）专家调查法。根据对拟建项目所在行业的市场需求、生产技术状况、发展趋势等的全面了解，并在专家调查、定性分析的基础上，确定关键变量。

　　（3）敏感性分析法。根据敏感性分析的结果，将那些最为敏感的因素作为概率分析的关键变量。

7.3.1.3　估计风险变量的概率

　　项目评价中的概率有主观概率和客观概率两种。主观概率是根据经验凭主观推断而获得的概率。主观概率可以通过对有经验的专家调查获得，或由评价人员的经验获得。客观概率是在基本条件不变的前提下，对类似事件进行多次观察和试验，统计每次观察和试验的结果，最后得出各种结果发生的概率。

　　由于在项目建设风险分析中，难以获得风险因素的客观概率，因此一般采用主观概率，并以专家调查法为主。专家调查法的具体步骤如下：

　　（1）根据需要调查问题的性质组成专家组。专家组由熟悉该变量现状和发展趋势的专家、有经验的工作人员组成。

　　（2）调查某一变量可能出现的状态或状态范围和相应的概率，由每个专家独立使用书面形式反映出来。

　　（3）整理专家组成员的意见，计算所有专家给出的该变量状态对应的概率期望值，并分析专家意见分歧情况，反馈给专家组。

　　（4）专家组讨论并分析意见分歧的原因。由专家组成员重新独立填写变量可能出现的状态和相应的概率，如此重复进行 1～2 次，直至专家意见分歧程度低于要求值为止。

【例 7.8】　调查某项目的销售量，项目评价中采用的年市场销售量为 100t，请了 15 位专家对该种产品销售量可能出现的状态及其概率进行预测，专家们的书面意见整理见表 7.4。试计算销售量的概率分布。

表 7.4　　　　　　　　　　　　**专 家 调 查 意 见 表**

销售量/t		80	90	100	110	120
各种销售量的概率/%	专家 1	15.0	25.0	40.0	15.0	5.0
	专家 2	10.0	15.0	60.0	10.0	5.0
	专家 3	5.0	12.5	60.0	15.0	7.5
	专家 4	10.0	15.0	55.0	15.0	5.0
	专家 5	10.0	15.0	50.0	15.0	10.0
	专家 6	5.0	15.0	55.0	15.0	10.0
	专家 7	5.0	20.0	50.0	15.0	10.0
	专家 8	7.5	15.0	50.0	20.0	7.5
	专家 9	5.0	15.0	60.0	15.0	5.0
	专家 10	10.0	15.0	55.0	15.0	5.0
	专家 11	7.5	20.0	45.0	20.0	7.5
	专家 12	10.0	20.0	35.0	20.0	15.0
	专家 13	10.0	17.5	50.0	15.0	7.5
	专家 14	10.0	20.0	55.0	10.0	5.0
	专家 15	5.0	15.0	50.0	20.0	10.0

解：对 15 位专家填写的各种销售量的相应概率进行平均，得出销售量的概率分布，见表 7.5。

表 7.5　　　　　　　　　　　　**专 家 意 见 处 理 表**

销售量/t	80	90	100	110	120
概率/%	8.33	17.00	51.33	15.67	7.67

7.3.2　风险分析方法

定量风险分析方法主要有概率分析和蒙特卡罗模拟法。

7.3.2.1　概率分析

1. 概率分析的基本概念

概率分析是运用概率与数理统计理论，预测风险因素对项目经济评价指标影响的一种定量分析方法。一般计算项目的净现值的期望值以及净现值大于或等于零的累计概率，累计概率越大，说明项目承担的风险越小。

概率分析中运用的主要参数是期望值、方差和标准差。

（1）期望值。项目净现值的期望值公式为

$$E(NPV) = \sum_{i-1}^{m} NPV_i P_i \quad (i = 1, 2, \cdots, m) \tag{7.9}$$

式中：NPV_i 为第 i 个净现值可能出现的离散值；P_i 为 NPV_i 出现的概率。

如果已知第 t 时间段净现金流量的期望值 $E(X_t)$，则项目第 i 个净现值可能出现的离散值 NPV_i 为

$$NPV_i = \sum_{t=1}^{n} E(X_t)(1 + i_0)^{-t} \tag{7.10}$$

式中：i_0 为基准折现率；n 项目的计算期。

（2）方差。项目净现值方差的计算公式为

$$D(NPV) = \sum_{i=1}^{m} [NPV_i - E(NPV)]^2 P_i \tag{7.11}$$

（3）标准差。净现值与其方差的量纲不同，为了便于分析，通常采用与净现值量纲相同的标准差 σ 来反映净现值的离散程度，标准差计算公式为

$$\sigma(NPV) = \sqrt{D(NPV)} \tag{7.12}$$

标准差越小，说明各个 NPV_i 的值越集中靠近期望值，故风险越小。

【例 7.9】　某项目在计算期内可能出现三种变化状态，其资金流量及发生的概率见表 7.6，基准折现率为 8%。试计算该项目净现值的期望值、标准差以及净现值大于或等于零的概率。

解：（1）计算项目净现值的期望值、方差和标准差。以状态 1 为例，净现值为

表 7.6　　　　　　　　　　某项目资金流量　　　　　　　　　　单位：万元

状 态	年　　数			概 率
	1	2～10	11	
1	−9500	1020	1360	0.35
2	−9500	1150	1490	0.45
3	−9500	1280	1620	0.20

$$NPV_1 = -9500(P/F, 8\%, 1) + 1020(P/A, 8\%, 19)(P/F, 8\%, 1)$$
$$+ 1360(P/F, 8\%, 21)$$
$$= 543.94 (万元)$$

同理计算得，$NPV_2 = 1725.76$ 万元，$NPV_2 = 2907.57$ 万元。

则项目净现值的期望值为

$$E(NPV) = NPV_1 \times P_1 + NPV_2 \times P_2 + NPV_3 \times P_3$$
$$= 543.94 \times 0.35 + 1725.76 \times 0.45 + 2907.57 \times 0.20$$
$$= 1548.48 (万元)$$

净现值的方差为

$$D(NPV)=[NPV_1-E(NPV)]^2P_1+[NPV_2-E(NPV)]^2P_2+[NPV_3-E(NPV)]^2P_3$$
$$=[543.94-1548.48]^2\times0.35+[1725.76-1548.48]^2\times0.45$$
$$+[2907.57-1548.48]^2\times0.2$$
$$=736751.03$$

项目净现值的标准差为

$$\sigma(NPV)=\sqrt{D(NPV)}=\sqrt{736751.03}=858.34(万元)$$

（2）计算净现值大于或等于零的概率。根据概率论知识可知，如果净现值 NPV 服从正态分布，则 $Z=\dfrac{NPV-E(NPV)}{\sigma(NPV)}$ 服从标准正态分布，可通过标准正态分布表求出 $NPV<0$ 的概率。

设本例净现值随机变量从服正态分布，即 $\mu=E(NPV)$，$\sigma=\sigma(NPV)$，则

$$Z=\frac{NPV-E(NPV)}{\sigma(NPV)}=\frac{NPV-1548.48}{858.34}$$

因此，净现值大于或等于零的概率为

$$P(NPV\geqslant0)=1-P(NPV<0)$$
$$=1-P\left(Z<\frac{0-1548.48}{858.34}\right)$$
$$=1-P(Z<-1.80)$$
$$=0.96$$

本项目净现值大于或等于零的概率为 0.96，这表明本项目具有很强抗风险能力。

2. 概率树法

概率树法是在假设各不确定性因素相互独立的基础上，借助决策树计算项目净现值的期望值及净现值大于或等于零的累计概率。其一般的计算步骤如下：

（1）列出要考虑的各种风险因素，如投资、经营成本、销售价格等。

（2）确定各种风险因素可能发生的变化及其概率。

（3）给出概率树，分别求出各种可能发生状态的概率和相应状态下的净现值 NPV。

（4）求方案净现值的期望值 $E(NPV)$。

（5）求出净现值非负的概率。

（6）给出分析结论。

【例 7.10】 某项目总投资 2000 万元，一年建成投产。据分析预测，项目在生产期内的年净效益可能出现三种情况，即 100 万元、300 万元和 500 万元。它们出现的概率分别为 0.2、0.5 和 0.3，项目的使用寿命有 8 年、10 年和 13 年三种可能，其发生的概率分别为 0.2、0.5 和 0.3。基准折现率为 12%，试计算项目净现值的期望值和净现值不小于零的概率。

解：（1）计算项目各种可能发生事件的概率及其净现值。绘出概率树，如图 7.7 所示。在净效益为 100 万元、寿命为 8 年的情况下，事件的概率为

$$0.2\times0.2=0.04$$

$$NPV = -2000(P/F,12\%,1) + 100(P/A,12\%,8)(P/F,12\%,1) = -1342.27(万元)$$

$$加权净现值 = -1342.27 \times 0.04 = -53.69(万元)$$

按同样方法计算其他各种情况，计算结果见概率树。

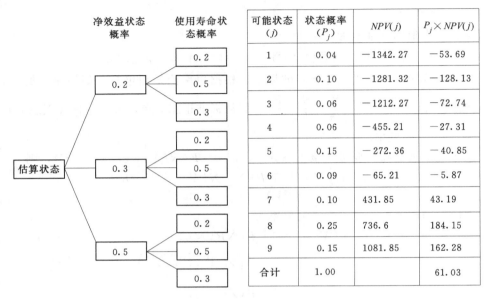

可能状态 (j)	状态概率 (P_j)	$NPV(j)$	$P_j \times NPV(j)$
1	0.04	−1342.27	−53.69
2	0.10	−1281.32	−128.13
3	0.06	−1212.27	−72.74
4	0.06	−455.21	−27.31
5	0.15	−272.36	−40.85
6	0.09	−65.21	−5.87
7	0.10	431.85	43.19
8	0.25	736.6	184.15
9	0.15	1081.85	162.28
合计	1.00		61.03

图 7.7　概率树

（2）计算项目净现值期望值。以可能事件的发生概率为权重对各可能事件的净现值加权求和，得项目净现值期望值，即

$$E(NPV) = \sum_{i=1}^{9} (P_i \times NPV_i) = 61.03(万元)$$

（3）计算净现值大于或等于零时的累计概率。净现值大于或等于零时的累计概率等于 $NPV \geqslant 0$ 对应的 P_i 之和，即

$$P(NPV \geqslant 0) = \sum_{i=1}^{9} P_i \mid NPV \geqslant 0 = 0.50$$

或

$$P(NPV \geqslant 0) = 1 - \sum_{i=1}^{9} P_i \mid NPV < 0 = 0.50$$

结论：该项目净现值的期望值大于零，但净现值大于零的概率只有 0.5，说明项目存在较大的风险。

7.3.2.2　蒙特卡罗模拟法

1. 蒙特卡罗法的基本原理

蒙特卡罗模拟法又称随机模拟法或统计试验法，是一种通过对随机变量进行统计试验和随机模拟，求解数学、物理以及工程技术有关问题的近似的数学求解方法。

当项目风险变量个数多于三个，每个风险变量可能出现三个以上至无限多种状态时（如连续随机变量），概率树分析的工作量极大，这时可以采用蒙特卡罗模拟技术。其原理是用随机抽样的方法抽取一组输入变量的数值，并根据这组输入变量的数值计算项目评价指标，如内部收益率、净现值等，用这样的办法抽样计算足够多的次数，可获得评价指标的概率分布及累计概率分布、期望值、方差、标准差，计算项目由可行转变为不可行的概率，从而估计项目投资的风险。

2. 蒙特卡罗模拟的步骤

蒙特卡罗模拟的主要步骤如下：

（1）通过敏感性分析，确定风险变量。

（2）构造风险变量的概率分布模型。

（3）通过随机数表或计算机随机函数，为各风险变量抽取随机数。

（4）根据风险变量的概率分布，将抽得的随机数转化为各风险变量的抽样值。

（5）将抽样值组成项目评价基础数据。

（6）根据基础数据计算评价指标值。

（7）整理模拟结果，得到评价指标的期望值、方差、标准差、概率分布及累计概率，绘制累计概率图，计算项目可行或不可行的概率。

【例 7.11】 某项目初始投资为 150 万元（发生在第一年年初），当年即可发挥正常效益。项目寿命为 12～16 年，呈均匀分布。年净收益估计呈正态分布，年净收益的期望值为 25 万元，标准差为 3 万元。设期末资产余值为零，基准折现率为 12%，试用蒙特卡罗模拟法分析项目的内部收益率。

解： 计算项目寿命和年净收益的随机样本。

项目寿命的累计概率分布如图 7.8 所示。项目年净收益的概率分布如图 7.9 所示。

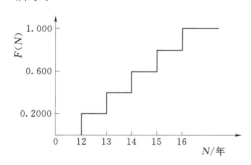

图 7.8　项目寿命累计概率 $F(N)$ 分布　　图 7.9　项目年净收益概率 $F(Z)$ 分布 $\left(Z=\dfrac{x-\mu}{\sigma}\right)$

任意取一个 0～0.999 之间的随机数（可由计算机或随机函数生成），根据以上概率分布即可产生一个寿命或年净收益的模拟量。例如，对随机数 0.303，由寿命分布曲线得项目寿命为 13 年。再取一个随机数 0.623，由年净收益分布曲线或标准正态分布表，得年净收益模拟量 $Z=0.325$，则

$$x=\mu+Z\sigma=25+0.325\times3=25.98（\text{万元}）$$

由项目寿命 13 年，年净收益 25.98 万元，可计算出项目的内部收益率：

$$-150+25.98(P/A,IRR,13)=0$$

$$IRR=14.3\%$$

重复以上模拟试验过程，共试验 25 次（实际试验一般需 50～300 次），计算结果

见表 7.7。

表 7.7　　　　　　　　　随机样本生成及 *IRR* 计算结果

序号	$F(N)$	项目寿命 /年	$F(Z)$	Z 值	年净收益 /万元	IRR /%
1	0.303	13	0.623	0.325	25.98	14.3
2	0.871	16	0.046	−1.685	18.95	10.7
3	0.274	13	0.318	−0.475	23.58	12.2
⋮						
25	0.040	12	0.942	1.570	29.71	16.7

由表 7.7 得，$E(IRR)=13.17\%$，其中 7 次试验的 *IRR* 小于 12%，因此

$$P(IRR \geqslant 12\%)=1-P(IRR<12\%)=1-7/25=0.72$$

由以上分析得，内部收益率的均值为 13.17%，大于 12%；*IRR* 不小于 12% 的概率为 0.72，可见该项目具有较好、较强的抗风险能力。

思 考 与 习 题

1. 不确定性与风险有何区别和联系？

2. 什么是敏感性分析？敏感性分析有何作用？

3. 敏感性分析有哪两种类型？各有什么特点？

4. 敏感性分析的局限性是什么？

5. 什么是盈亏平衡分析？有哪两种类型？各有什么特点？

6. 什么是风险分析？风险分析与不确定性分析有何区别与联系？

7. 什么是概率分析？简述概率分析的主要步骤。

8. 什么是蒙特卡罗模拟法？简述利用蒙特卡罗模拟法进行项目风险分析的主要步骤。

9. 某项目初始建设投资为 780 万元，第二年开始正常受益，每年产生效益 200 万元，年运行费用为 30 万元，项目使用年限为 25 年，资产余值为 20 万元，社会折现率为 8%。要求：

（1）计算项目的经济内部收益率和经济净现值，判断项目是否可行。

（2）若项目经济评价可行，则进一步就项目投资、年效益对经济内部收益率进行单因素敏感性分析，并绘出敏感性分析图。

10. 某项目初投资 150 万元，第二年开始发挥效益，使用期为 20 年，残值为 10 万元，每年产生净效益 45 万元，基准折现率为 12%。试解答以下问题：

（1）计算 *NPV* 和 *IRR*。

（2）分别对项目投资、净效益和使用年限进行单因素敏感性分析。

（3）对项目投资和净效益作双因素敏感性分析。

11. 某项目设计生产能力为生产某产品 120 万件，生产该产品的固定成本为 200

万元，单位产品销售收入为 10 元（已扣除税金），单位产品可变成本为 5 元，试问产品产量达多少时才能保本？保本时的销售总额为多少？项目抗风险能力如何？

12. 某投资方案的设计生产能力为 200 万件，固定成本为 328 万元，单位产品价格为 6.45 元/件，单位产品销售税金及附加为 0.52 元/件，单位产品可变成本为 3.10 元/件。试分别计算用产量、产品价格、可变成本和固定成本表示的盈亏平衡点。

13. 已知某工程项目寿命期为 10 年，基础数据见表 7.8。基准折现率为 10%。已通过敏感性分析确认项目风险因素为年销售收入和年经营成本，并通过专家调查法获得两项风险因素可能发生的变动及其概率，见表 7.9。试对该项目进行风险分析。

表 7.8　项 目 基 础 数 据

项　　目	年　　数	
	0	1～10
投资/万元	200	
销售收入/万元		80
经营成本/万元		40

表 7.9　项目风险因素可能发生的变动及其概率

项　　目	变化率/%		
	+20	0	-20
年销售收入	0.5	0.4	0.1
年经营成本	0.5	0.4	0.1

第8章
改扩建及设备更新项目
经济分析

按照建设项目的不同性质，基本建设项目可分为新建和改扩建项目。新建项目即原来没有、现在新开始建设的项目。有的建设项目并非从无到有，但其原有基础薄弱，经过扩大建设规模，新增的固定资产价值超过原有固定资产价值的三倍以上，也可称为新建项目。

改扩建项目指既有企业（或工程）利用原有资产与资源，投资形成新的生产（服务）设施，以技术进步为手段，扩大或完善原有生产（服务）系统的活动；通常包括改建、扩建、迁建和停产复建项目等；目的在于增加产品供给，开发新型产品，调整产品结构，降低资源消耗，节省运行费用，提高产品质量，改善劳动条件，治理生产环境等。

设备更新从经济意义上讲属于改扩建项目，但设备与建设项目在技术进步的速率、购建周期的长短等方面又有一定的区别，因此，其修理和更新的经济分析各有特点。

8.1 改扩建项目的特点及经济分析的内容

随着我国经济体制的改革和经济增长方式的转变，改扩建项目和技术改造项目逐渐成为投资项目的主体。改扩建项目以较小的增量投资带动较大的增量效益，其技术经济评价涉及的内容较多。

8.1.1 改扩建项目的特点

改扩建项目一般在老的建设项目基础上进行，不可避免地与老企业发生种种联系。改扩建项目一般具有显著的增量效益，并且具有目标多样性，使得其经济计算更为复杂。与新建项目相比，改扩建项目具有以下特点。

1. 与既有企业密切相关

改扩建项目是既有企业的有机组成部分，同时，项目的活动与企业的活动在一定程度上是有区别的。一般的改扩建项目在不同程度上利用了已建工程的部分设施，如水利工程的蓄水设施等，以增加发电、供水或防洪等效益。同时，新增投资、新增资产与原有投资和资产相结合而发挥新的作用。由于改扩建项目与老企业各方面密切相关，因此，项目与老企业的若干部门之间不易划清界限。具体体现在如下几个方面：

（1）项目的融资主体是既有企业（或工程管理部门），项目的还款主体是既有企业（或工程管理部门）。

（2）项目一般要利用既有企业（或工程管理部门）的部分或全部资产与资源，且不发生资产与资源的产权转移。

（3）建设期内既有企业生产（运营）与项目建设一般同时进行。

此外，改扩建项目是实现既有企业总体战略目标的手段，其目的是通过实施项目提高既有企业总体经济效益。所以，有些问题的分析范围要从项目扩展至整个企业（或工程）。

2. 显著的增量效益

改扩建项目是既有企业（或工程）的有机组成部分，以增量调动存量，以较小的新增投入取得较大的新增效益。

改扩建项目是在已有的工程设施、设备、人员、技术基础上，进行追加投资（增量投资），从而获得增量效益。一般来说，追加投资的经济效果应比新建项目更为经济，且增量效益远远大于增量投资。因此，改扩建项目的着眼点应该是增量投资经济效果。

3. 改扩建项目目标的多样性

改扩建项目的目标不同，实施方法各异，其效益和费用的表现形式则千差万别。其目标可能表现为如下一个方面或者几个方面的综合：

（1）增加产量。如水利工程改扩建项目表现为增加发电量、增加装机容量、增加水库库容、增加供水量，增加旅游景点和旅游效益等。

（2）扩大用途。如因库容扩大而增加养殖、防洪、灌溉、供水等效益。

（3）节约资源。如灌区续建配套与节水改造，减少渠系渗漏损失，节约灌溉用水。

（4）提高质量。如提高水库的调节性能，增发保证电量和调峰电量，提高供电、供水的可靠性。

（5）降低能耗。如提高机组效率，降低水头损失，降低输电线路损失、变电损失等。

（6）合理开发能源。如充分利用水力资源，扩大季节性电能的利用等。

（7）提高技术装备水平、改善劳动条件或减轻劳动强度。如增加自动化装置，采用遥测、遥控、遥调设备和设施，减少值班人员，减轻劳动强度，节省劳动力和改善工作环境等。

（8）保护环境。如保护水环境、保持生态平衡。

4. 经济计算的复杂性

（1）财务分析复杂性。改扩建项目财务分析采用一般建设项目财务分析的基本原理和分析指标。由于项目与既有企业既有联系又有区别，一般要进行项目层次和企业层次的分析。

此外，还应分析项目对既有企业的贡献。通过计算项目实施后既有企业的营业收入、利润总额等指标的"新增"数据及相关增长率，估算项目投资活动对既有企业财务状况改善的贡献。

（2）费用效益分析复杂性。改扩建项目的经济费用效益分析应采用一般建设项目的经济费用效益分析原理，其分析指标为增量经济净现值和经济内部收益率。关键是应正确识别"有项目"与"无项目"的经济效益和经济费用。

改扩建项目的费用不仅包括新增固定资产投资、流动资金和新增运行费用，还包括改扩建项目带来的停产或减产损失和原有设施的拆除费用。

（3）计算内容复杂性。改扩建项目的特点，决定了其经济评价除遵循一般新建项目经济评价的原则和使用基本方法外，应根据改扩建项目的具体情况，在项目效益和费用的识别、项目范围的界定、项目的盈利能力分析、项目的清偿能力分析等方面具体分析，妥善处理。

8.1.2　改扩建项目经济分析的内容

8.1.2.1　改扩建项目效益和费用的识别

1. 改扩建项目效益的识别

新建项目的效益一般比较单一，改扩建项目因目标不同、实施方法各异，其效益的表现具有多样性，其效益识别要针对以下几种项目分别进行：

（1）扩大生产规模的项目。其效益主要表现为由产品品种增加、销售量增加，以及消除"瓶颈"使下游装置"吃饱开足"所获得的收益。

（2）提高产品质量的项目。其效益表现为由于产品质量提高而使产品有竞争力，销售量增加，以及产品优质所获得的收益。

（3）提高技术装备水平，降低消耗的项目。其效益表现为设备使用费用和修理费用的减少，产品消耗的降低，使成本费用下降所获得的收益。

（4）合理利用资源的项目。其效益表现为优化产品结构而使企业整体经济效益增加所获得的收益。

对具体改扩建项目而言，其效益表现在上述一个方面或同时表现在几个方面，因此在进行改扩建项目的经济评价时要全面分析改扩建项目对企业的贡献。

2. 改扩建项目费用的识别

改扩建项目经济评价中有些费用是新建项目所没有的。如减停产损失、固定资产的拆除费用等。由于水力发电装置大多是连续生产，通常改扩建项目在企业的检修期间实施，如果超过检修期，就会有减停产损失，尤其是在原装置上改造的项目。

3. 增量分析的基础

改扩建项目不同程度上利用了原有企业的资产和资源，以增量调动存量，以较小的新增投入取得较大的新增效益。而改扩建项目给企业带来的经济效益，不完全来源于新增投资，其中一部分来自原有固定资产潜力的发挥。因此，改扩建项目经济评价应正确识别与估算无项目、有项目、现状、新增、增量等五种状态下的资产、资源、效益与费用。无项目与有项目的口径与范围应当保持一致，这是正确识别与计算改扩建项目效益和费用、做好改扩建项目经济评价的前提。

项目经济评价是从企业财务角度出发测算项目的效益和费用，如果没有改扩建项目，企业的原有生产潜力又不能发挥作用，因而改扩建项目的增量效益和增量费用应当是由项目引起的，发生在企业内的效益和费用。改扩建项目经济分析不能把项目从企业中孤立出来进行分析。

4. 增量指标的内容

增量指标为判断改扩建项目可行的必要及充分条件，增量指标决定着项目的可行与否，而不是将总量指标作为判断的依据。但必要时总量指标是对增量指标的补充，这是由改扩建项目的特点与预期目标决定的。

在财务分析中，效益和费用的范围是指项目活动的直接影响范围。局部改扩建项目范围只包括既有企业的一部分，整体改扩建项目范围包含整个既有企业。

在经济费用效益分析中，效益和费用范围是指项目活动的直接和间接影响范围。在保证不影响分析结果的情况下尽可能缩小项目的范围。

8.1.2.2　改扩建项目范围的界定

对于新建项目而言，项目的范围就是其本身，无需再去界定项目效益和费用的计算范围。对于整体改扩建项目，或可视同新建项目的改扩建项目，其范围界定应该包括整个既有企业，对企业进行总体改造的项目范围的界定应是整个企业。对于局部改扩建项目，当企业进行局部改扩建时，尤其是大型水利工程进行改扩建时，因改扩建项目与原企业生产系统之间存在着错综复杂的关系，项目的效益与费用往往难于与原生产系统分开计算，就需要根据改扩建项目所涉及的若干子系统与原有生产系统之间的关系来界定改扩建项目范围。

一般地讲，范围的界定应以能说明项目的效益与费用为准。这样既减少数据采集和计算的工作量，又不影响评估的结论；使项目的盈利能力分析简便易行，又能使清偿能力分析由项目扩展至企业，易于计算。

但无论界定项目的范围大小，有项目与无项目的效益与费用对应相减，得出的增量效益和增量费用都是对所界定的范围而言的。如拟建的某石油化工总厂乙烯改扩建二期工程，其工程内容包括改造六套装置、新建两套装置及配套建设部分公用工程及辅助设施。其经济评价项目范围的界定是该石油化工总厂的乙烯区。虽然乙烯区还有很多装置，如腈纶部分等，与改扩建二期工程没有关系，但考虑到满足清偿能力分析的需要和对乙烯区现状数据的资产、负债、成本费用等易于采集与整理，改扩建项目经济评价范围界定为乙烯区，没有包括该石油化工总厂的炼油、化肥生产等部分。

8.1.2.3　改扩建项目的盈利能力分析

1. 改扩建项目盈利能力分析方法

改扩建项目作为一项投资，其经济评价问题的实质就是要判断新增投资的经济效益是否合理，即在正确识别改扩建项目增量效益与增量费用的基础上，按照国家现行的财税制度和价格体系，计算其效益与费用，进行盈利能力分析。采用的方法与新建项目不同，按照《建设项目经济评价方法与参数》（第三版）的规定，盈利能力分析采用有无对比法（即有无对比、增量计算），以增量指标作为判断项目财务可行性和经济合理性的主要依据。增量指标计算的关键是按照有无对比的原则得到增量数据。根据增量数据通过有项目与无项目数据对比的方式来得到，还是可以直接得到，改扩建项目盈利能力分析方法可分为有无对比法和直接增量法。

有无对比法（又称有无法）是改扩建项目进行盈利能力分析原则上应采用的基本方法。改扩建项目盈利能力分析从本质上说是对改扩建（即有项目）和不改扩建（即无项目）两个方案进行比较，优选其中一个方案。方案比较最基本的方法是差额分析，也就是有项目和无项目的对比所产生的增量分析，简称有无对比法。

有项目（with project）是指改扩建后的总体情况。无项目（without project）是指不进行改扩建的估计情况。通过在两种情况下，将计算期内同一时间的效益和费用对应相减，其差额为增量数据，即有无对比数据，得到增量效益与增量费用，再据此计算有关的经济评价指标。

由于水利工程各用途之间关联密切，且工期长，即使是对某种用途进行改扩建的项目，其效益和费用也难于直接识别与计算，尤其对以合理利用资源改善水利工程功能、提高工程整体经济效益为目的的水利工程改扩建项目，往往要通过有、无项目两种情况进行分析。

2. 有无对比法注意事项

（1）有无对比不同于前后对比。改扩建前（即现状）只能说明改扩建前这一时间点上企业的状况。无项目则要考虑在没有该项目情况下，整个计算期内可能的变化状况。所以说前后对比没有考虑企业在无改扩建项目时的效益和费用随时间变化的情况，这种方法有可能造成费用和效益计算错误，导致做出不正确的判断。

（2）有无对比法不同于两个改扩建备选方案的对比。当企业进行改扩建时，往往对改扩建项目提出两个或两个以上的方案进行比较，在技术、资金、资源和市场等约束条件下，综合分析比较，选择费用少、效益高的方案作为拟建方案。有无对比法将优选的拟建方案与企业不进行改扩建来比较。

（3）有无对比法的计算范围、计算期和指标的计算。有项目与无项目两种情况下的效益和费用的计算范围、计算期应保持一致，应以有项目的计算期为基准，对无项目的计算期进行调整。一般情况下，可通过追加更新改造投资来维持无项目时的生产经营，延长其寿命期到与有项目的计算期相同。

对于在建工程的企业，其在建工程的实施应对应改扩建项目计算期内的不同时点体现在有项目、无项目中。

采用这种方法，一般情况要求收集、整理相关的现状技术经济资料和基础数据。可计算增量指标，满足投资决策的需要；还要计算总量指标，编制财务评价报表，便于完成清偿能力分析，满足信贷决策的需要。当要求计算总量指标时，需要对原有固定资产价值进行重估或收集近期清产核资后的资产的原值或净值数，还要对原有债务的数额、构成、在建工程的投资、贷款等进行统计分析，以整理必要的基础数据，其优点是可以防止漏算和重复计算。

（4）有无对比法的适用性。有无对比法是通过有项目与无项目数据对比方式得到增量数据，适用于任何类型改扩建项目。当项目与原企业的关系十分密切，其效益和费用不易与原企业分开时，必须采用这种方法。

有些改扩建项目，其效益和费用可以与原有企业分开计算。如为了提高加工深度，建立下游生产装置或生产线，可视同新建项目，可采用直接增量法直接计算增量指标。只是要注意将对原有公用设施的改造和填平补齐费用、拆迁费用等计入改扩建项目的投资中。

项目经济评价采用直接增量法计算项目的费用时，要注意识别属于企业范围内的沉没费用或生产成本中的固定部分，这部分费用不计为增量费用。如改扩建项目的实施不需新增定员，靠企业挖潜解决，那么在增量费用中工资及福利费为零。

8.1.2.4 改扩建项目的清偿能力分析

清偿能力分析是信贷决策的需要，是改扩建项目经济评价的一个方面。按照《建设项目经济评价方法与参数》（第三版）的规定，改扩建项目清偿能力分析是在现状的基础上对项目实施后的财务状况作出评价。在计算固定资产投资贷款偿还期时，偿还借款的资金来源不仅包括项目新增的可用于还款的资金，还可以包括原有企业所能提供的还款资金，分析的范围原则上是两个层次：项目层次和企业层次。

改扩建项目的清偿能力分析方法与其盈利能力分析方法不同，不采用有无对比法。清偿能力分析是在现状的基础上，对项目实施后的财务状况作出评价，判断企业的偿债能力和财务风险。按新财务制度规定，将企业基建和生产单位作为一个统一的核算单位，将有关基建财务核算的内容纳入在建工程中统一核算。即企业不论新建、改建、扩建或进行技术改造、设备更新等，所发生的各项建筑工程或设备安装工程支出，都应当纳入在建工程进行财务处理，企业可以统筹支配和调度资金，包括用于还款，国家不再干预企业的资金使用，当然也不再为企业归还借款规定渠道，也不存在所谓税前还款和税后还款的概念。当企业归还借款时，直接反映为企业银行存款减少，借款余额减少。按照新财务制度的规定，改扩建项目清偿能力分析的范围原则上是整个企业而不仅是项目本身，可用于还款的资金除项目新增的外，还包括原企业所能提供的还款资金。从业主、法人或是债务人对债务的偿还能力、清偿能力分析，实质上是对企业改扩建后的总体财务状况作出评价。

如果企业进行整体改扩建，改扩建项目的总量财务状况就是企业改扩建后的总体财务状况。如果企业是进行局部改扩建，企业改扩建后总体财务状况是改扩建部分的总体财务状况和不改扩建部分的总体财务状况之和。一般来说，改扩建项目与原企业的关系错综复杂，有些项目效益费用难以分开计算，也有些设备更新的项目又很简单，因此改扩建项目清偿能力分析的具体做法可以因项目难易复杂程度而异，在具体处理上也可根据债权人的要求进行清偿能力分析。

清偿能力分析要考察计算期各年企业的财务状况，选择资金筹措及偿还贷款方案，以及分析企业偿还贷款的能力。对于改扩建项目，当进行清偿能力分析时，要忘掉在盈利能力分析中起决定作用的增量数据，改用"有项目"的总量数据。

1. 清偿能力分析内容

清偿能力分析主要包括借款偿还期计算和资产负债分析。

（1）借款偿还期计算。借款偿还期是指在国家财政规定及项目具体财务条件下，以项目停产后企业可用于还贷的资金偿还固定资产投资国内借款本金和建设期利息（不包括已用自有资金支付的建设期利息）所需要的时间。这个概念隐含着"一有钱就还贷，所需要的最短时间"。国内借款偿还期指标的设立是为了满足国内贷款机构的要求，并照顾到多年来的习惯，为借贷双方和主管部门决策所用。目前一般的做法是，首先提出贷款条件，然后测算在满足贷款条件下项目的财务状况，分析其清偿能力，以作为借贷双方决策的依据，可不计算借款偿还期指标，只根据预先确定的贷款条件指定的还款期进行借款偿还平衡计算。

（2）资产负债分析。资产负债分析并非针对项目，而是针对企业来做的，所以它所使用的数据，也只能是"有项目"时的企业总量数据。构造资产负债表，计算资产负债率、流动比率、速动比率等指标，都是针对整个企业的，不存在"项目的"资产负债表，所以改扩建项目的资产负债分析方法，与新建项目的没什么不同之处。

2. 清偿能力分析方法

在具体进行改扩建项目经济评价时，要结合项目新增借款额的多少、企业的财务状况及债权人的要求来考虑。具体方法有以下几种：

（1）用新增还款能力，计算新增借款的偿还期。

（2）用新增还款能力加上企业可提供的还款资金，计算新增借款的偿还期。

（3）用有项目的还款能力，计算新增借款和原有债务总的偿还期。

（4）用企业总的还款能力，计算新增借款和原有债务总的偿还期。

当企业经济效益比较好，改扩建项目的投资相对企业资产比较小时，清偿能力分析应尽量简化，采用前两种方法，但第2种方法计算企业可提供的还款资金有时难于操作。当企业经济效益不好，或原有债务比较多，改扩建项目的投资相对企业资产比较大时，一般应采用后两种方法。如果考虑到各种财务评价报表之间的关系，使盈利能力分析和清偿能力都便于操作，又不影响评价结果，建议采用第3种方法。

8.1.2.5　增量分析中沉没成本的确认

决策时企业的账面价值与重估值的差值是业已发生的、无法回收的沉没成本，它通常是由生产运营过程中的无法控制因素或是由于技术因素导致的，也可能是物价水平或者上述综合因素造成的。在不进行项目改扩建决策时，企业通常无需进行资产评估，重估值与账面价值的差额就不会体现在账面上（尽管它确实存在），企业仍然按原先的资产数额计提折旧，而这部分数额通常是非常庞大的，尤其是淘汰掉的不再利用部分的变现收入和变现的可能性也是有限的。因此，这类沉没成本是企业法人最不愿意见到的。相反，对企业以前闲置不用的设备或厂房的重新起用则是人们所乐于见的，这部分资产是企业以前投资决策的结果，在会计上已停止计提折旧，是企业的沉没成本，不计入该零决策点（即作出是否进行改扩建项目决策的时间点）后的改扩建项目投资。对于继续利用部分应该怎么处理呢？

改扩建项目的增量效益并不完全来源于新增投资，有一部分是来自企业原有固定资产潜力的发挥，是否应将增量效益分摊给原有资产是一个有争议的问题。显然，没有了原有企业固定资产潜力的发挥，改扩建项目是达不到这样的增量效果的，但这正是改扩建项目的一个特殊优点——利用企业的原有资产。例如，某企业计划进行技术改造，那些可利用的固定资产是无项目投资，也是有项目的继续利用部分，其增量投资为零；转供该项目使用的以前可以外销的产品或水、电、气等的生产成本在"有"

"无"项目中没有变化，增量投资为零，以前的外销收入计入无项目效益；过去预留发展的准备用来新增生产线用的厂房或地皮，在没有新项目的情况下，可出租或发展其他项目，其变现收入可作为无项目效益，增量投资仍为零。因此，继续利用部分虽然继续发挥作用，是企业的主要潜力所在，但它不会随着上项目还是不上项目而改变，与有无对比最终的增量数据无关，在做增量盈利能力分析时可不予考虑。项目评价人员大可忽略对这一部分的考虑，从而大大减少工作量。

对于改扩建项目前期发生的市场调研、咨询及勘察设计费等支出，从项目角度出发评价其是否可行时，需按照一定比例计入固定资产投资总额，但从企业角度出发时，企业的零决策点是划分相关费用和效益与无关费用和效益的分水岭，于零决策点前发生的任何费用或效益，不管其数额多么庞大，都视为沉没成本，而在零决策点后发生的任何费用或效益都必须一一列入现金流。但仍有一些项目评估人员将市场调研及做可行性研究等前期投入计入项目费用，其理由是：这些费用与拟建项目息息相关，理应由项目收回。然而前期投入已经发生，不会随着后续项目的存在和不存在而改变。只要未来的现金流入大于现金流出，即使不能完全弥补前期投入也是值得投资的。决策者应该明白项目是为企业带来的将来效果，而不是追求项目本身的评价指标。改扩建项目的特殊性就在于以增量带动存量，通过增量投资带来增量收益。

8.1.2.6 机会成本

如果项目利用的现有资产有明确的其他用途（如出售、出租或有明确的使用效益），那么将资产用于该用途能为企业带来的收益被看作项目使用该资产的机会成本，也是无项目时的收入。按照有无对比识别效益和费用的原则，应该将其作为无项目时的现金流入。

8.1.3 改扩建项目经济评价

改扩建项目具有一般建设项目的共同特征。因此，一般建设项目的经济评价原则和基本方法也适用于改扩建项目。但因它是在现有企业基础上进行的，在具体评价方法上又有其特殊性。总的原则是考察项目建与不建两种情况下效益和费用的差别，一般采用增量效果评价法。其计算步骤是：首先计算改扩建产生的增量现金流，然后根据增量现金流进行增量效果指标计算（如增量投资内部收益率、增量投资净现值等），最后根据指标计算结果判别改扩建项目的可行性。具体的计算框图如图 8.1 所示。

增量现金流的计算是增量法的关键步骤。常见的计算增量现金流的方法是将进行改扩建后（简称项目后）的现金

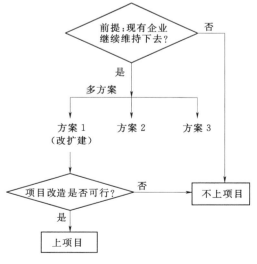

图 8.1 改扩建项目经济评价计算框图

流减去改扩建和技改前（简称项目前）的对应现金流，这种方法称为前后比较法（又称前后法），方案比较中的现金流比较必须保证该方案在时间上的一致性，即必须用同一时间的现金流相减。前后法用项目后的量减项目前的量，实际上存在着一个假设：若不上项目，现金流将保持项目前的水平不变。当实际情况不符合这一假设时，就将产生误差。因此，前后法是一种不准确的方法。计算增量现金流常用的方法是有无法，即用进行改扩建和技改（有项目）未来的现金流减去不进行改扩建和技改（无项目）对应的未来的现金流。有无法不作无项目时现金流保持项目前水平不变的假设，而要求分别对有、无项目未来可能发生的情况进行预测。

由于进行改扩建与不进行改扩建两种情况下都有相同的原有资产，在进行增量现金流计算时互相抵消，这样就不必进行原有资产的估价。按照通常的理解，在计算出增量效果指标后，若 $NPV>0$，或 $IRR>i_s$，则应进行改扩建改造投资。然而，能否这样下结论要根据总量分析确定，具体可参见 [例 8.1]。

【例 8.1】　某企业现有固定资产 5000 万元、流动资产 2000 万元。若进行技术改造需投资 1400 万元，改造当年发挥效益。改造与不改造的每年收入、支出如表 8.1 所列，假定改造、不改造的寿命期均为 8 年，财务收益率 $i_0=10\%$，问该企业是否应当进行技术改造？

解：（1）画出增量的现金流量图，如图 8.2 所示。

增量投资 $K=1400$ 万元，增量资产回收 $FB=3000-2500=500$（万元）

增量年净效益 $BA=(6500-5200)-(6000-4950)=250$（万元）

（2）计算增量投资财务净现值 NPV。

$$NPV=-1400+250(P/A,10\%,8)+500(P/F,10\%,8)=167（万元）$$

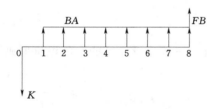

图 8.2　[例 8.2] 现金流量图

表 8.1　某企业改造与不改造的收支预测

方　　案	不改造		改　　造	
年数	1～8	8	1～8	8
年销售收入/万元	6000		6500	
资产回收/万元		2500		3000
年支出/万元	4950		5200	

因为 $NPV=167>0$，可以说企业进行技术改造比不改造好，至少经济效益有所改善。但若作出应当改造的结论就过于草率了。因为，增量法所体现的仅仅是相对效果，它不能体现绝对效果。相对效果只能解决方案之间的优劣问题，绝对效果才能解决方案能否达到规定的最低标准问题。从理论上说，互斥方案比较应该同时通过绝对效果和相对效果检验。

（3）改造与不改造的总量分析。

1）计算改造时投资财务净现值 $FNPV_a$。

投资 $K=8400$ 万元，资产回收效益 $FB=3000$ 万元，年净效益 $BA=1300$ 万元

$$FNPV_a=-8400+1300(P/A,10\%,8)+3000(P/F,10\%,8)=-65（万元）$$

2）计算不改造时投资财务净现值 $FNPV_b$。

投资 $K = 7000$ 万元，资产回收效益 $FB = 2500$ 万元，年净效益 $BA = 1050$ 万元

$$FNPV_b = -7000 + 1050(P/A, 10\%, 8) + 2500(P/F, 10\%, 8) = -232(万元)$$

此时，虽然 $FNPV_a > FNPV_b$，但两者都小于 0，不能通过绝对效果检验，因此，不能作出应当改造的结论。

总量法的优点在于它不仅能够显示出改扩建与否的相对效果，还能够显示出改扩建与否的绝对效果。但总量法的缺点在于要对原有资产进行估价。好在现实经济生活中，改扩建项目评价一般情况下只需要进行增量效果评价，只有当企业面临亏损，需要就企业关闭、拍卖还是进行改扩建作出决策时，才需要同时进行增量效果评价和总量效果评价。

8.2 工程磨损及经济寿命

8.2.1 水利工程磨损与病险特点

磨损是设备或工程在使用或闲置过程中功能的丧失和价值耗费。设备磨损的概念详见 8.3 节，本节主要针对各类水利工程的特点介绍其磨损的具体形式。

我国地域辽阔，各地区水文、地质、气候等自然条件相差悬殊，降水和河川径流时空分布很不均匀，这些都决定了水利建设的重要性。我国的治水历史悠久，从大禹治水到都江堰工程以及古人留下的许多水利工程，均昭示了我国治水历史与华夏文明一样源远流长。新中国成立后，我国人民进行了大规模的水利建设，取得了辉煌的成就，促进了国民经济发展，保障了社会安定。但由于历史原因，不同时期修建的水利工程普遍存在着标准偏低、配套设施不全、老化病险失修严重等问题。以下以水库工程、水闸工程和堤防工程为例，对水利工程磨损与病险特点进行分析。

8.2.1.1 水库工程

最新的水利普查显示：截至 2020 年 12 月 31 日，我国已建成及在建的水库 98566 座，其中大型水库有 774 座，中型水库有 4098 座，小型水库 93694 座，大、中、小型水库所拥有的库容总量为 9300 多亿 m^3。水库除了具有巨大的容蓄及调节洪峰能力外，还在灌溉、发电、供水等方面创造着巨大的效益。全国水库控制的灌溉总面积达 2.4 亿多亩，水电装机容量已经突破 1 亿 kW。水库每年向城市供水约 200 亿 m^3，拥有养殖面积 3000 万亩，年产鱼约 120 万 t。水库形成的水面可有效地改善环境，调节气候，还可开发旅游等综合经营。水库为发展国民经济、改善人民生活发挥了巨大的经济效益和社会效益。

从 2000 年起，我国先后启动了水库安全鉴定、大坝安全鉴定、水库安全整治等活动，使绝大部分水库工程的面貌焕然一新。大多数水库工程经过了几十年的运行，有不少水库存在如下的安全问题：

（1）防洪能力不足。主要表现在防洪标准低或防洪设施不健全，大坝坝顶高程不满足规范要求。部分水库修建时，江河实测水文系列短，实测大暴雨、大洪水的记录

很少。目前，将水文系列延长并按现行规范重新复核后，这些水库的洪水标准均达不到近期部颁标准。部分水库建坝时未进行洪水设计，因此洪水漫顶导致小型水库垮坝的事例所占比例较高。有的水库根本无泄洪设施，即使有也多存在着泄洪能力不足、溢洪道结构安全不满足要求等问题。如 1975 年 8 月，淮河上游大洪水，板桥、石漫滩两座水库因防洪标准不够垮坝失事。

（2）工程建设质量较差。我国现有水库大多数建于 20 世纪 50—70 年代，限于当时的技术水平和国家财力，边勘察、边设计、边施工的"三边"工程居多。多数设计和施工队伍技术水平较低，设备简陋，土法上马，使水库建设质量先天不足，隐患多。

（3）设施不配套，工程老化失修。我国现有水库大多数已运行了四五十年，工程本身进入老化期，结构物、设备、设施老化严重。水库主体工程老化破损，小型水库基本无监测设施，有的防汛交通不便，通信设施不具备，一旦发生险情难以有效组织抢险和及时通知下游群众转移。

（4）大坝渗漏严重，渗流不安全。在小型水库中尤为突出，如坝基渗漏、下游坡散浸、集中渗流、绕渗、坝后管涌、沼泽化等。渗流不安全是比较突出的病险，且该类问题往往会演变为管涌或坝坡失稳，造成严重后果。

（5）大坝体形单薄，坝坡过陡，结构安全不满足规范要求，大坝或建筑物的抗震性能差。主要表现在大坝断面不足，坝体裂缝，坝体坝坡抗滑不稳定。如福建东张水库宽缝重力坝和广东锦江水库浆砌石重力坝坝体抗滑不稳定等。很多水库大坝无抗震设计，因此在地震区的水库很可能难以排除抗震不满足要求的隐患。由于这种隐患只有在地震时才得到表现，往往低估地震危害。

（6）白蚁危害。在气候湿润地区，白蚁危害普遍存在，南方诸省较为严重。土栖白蚁危害的主要是土质坝，其中黑翅大白蚁和黄翅大白蚁危害最大。

（7）水库工程管理薄弱。水库水文测报、大坝观测系统不完善，设施陈旧落后。管理机构不健全，管理人员缺乏、素质偏低，运行管理经费短缺，使水库维护保养工作难以进行。工程老化失修，长期带病运行，往往发生小病不治最终酿成大祸的后果。

8.2.1.2　水闸工程

水闸是修建在河道上的控制性水工建筑物，属于水利基础设施，是江河湖泊防洪体系的重要组成部分。水闸属于低水头水工建筑物，其挡水高度一般不超过 15m，上下游最大水位差一般不大于 10m。

水闸作为调节水位、控制流量的水工建筑物，具有挡水和泄（引）水的双重功能，在防洪排涝、挡潮蓄淡、灌溉引水、水力发电、城镇工业和居民生活供水、水资源调控、改善水环境和航道通航条件等兴利方面发挥了巨大社会效益和经济效益，是减少自然灾害损失、保障经济社会发展和人民群众生命财产安全的重要基础设施，是我国水利工程体系的重要组成部分。截至 2020 年年底，全国已建成流量为 5m³/s 及以上的水闸 103474 座。其中，大型水闸 914 座，占 0.88%。但现有水闸大部分建于20 世纪 50—70 年代，限于当时经济技术条件，建设标准低、施工质量差，加之长久运行，部分水闸老化失修严重，影响防洪、排涝、挡潮、引水等功能的正常发挥，亟需进行除险加固。

同水库工程一样，有不少的水闸工程存在如下安全问题：

（1）防洪标准不够。建闸时资料少，气象、水文系列短；现在资料增多、系列延长，用新资料复核后，许多水闸的防洪标准不够。特别是现有规划标准提高，有些河道已扩挖、浚深，但水闸没有改造。

（2）闸室稳定安全系数不满足规范要求，闸基和两岸渗流不稳定，抗震不满足要求。大量水闸也是"三边"工程修建起来的，标准低、质量差，因陋就简。有些工程采用了当时不太成熟的新技术，造成水闸耐久性能差，达不到现在的规范要求。

（3）工程老化、破损。大多数水闸已运行三四十年，且频繁抵御了洪涝和风暴潮的侵袭，结构混凝土老化，闸下消能设施损坏，闸门、启闭机和电气设备老化、损坏。

（4）闸或枢纽上下游河道淤积，影响泄水和蓄水，防洪除涝功能削弱，不能按正常要求蓄水，影响兴利效益发挥。

（5）缺乏观测设施或虽有观测设施但损坏无法使用。

（6）初始规划问题，如闸位或枢纽布置不合理，容易造成河道淤积或堤岸冲刷，防渗铺盖损坏，翼墙和护岸坍塌损毁等。

8.2.1.3　堤防工程

江河堤防作为抵御洪水的主要屏障，在防洪工程体系中发挥着重要作用。1949年新中国成立以来，我国七大江河上已初步建成了防洪工程体系。截至2020年年底，全国已建成5级及以上江河堤防32.8万km，累计达标堤防24.0万km，堤防达标率为73%。其中，1级和2级达标堤防长度为3.7万km，达标率为83.1%，为我国社会安定与经济发展发挥了巨大的保障和支撑作用。

由于堤基条件和堤身建筑质量差，堤后坑塘多。长江"98大洪水"中，长江干堤发生管涌、滑坡、崩岸和漫溢等险情9000多处，暴露了我国堤防存在防洪标准低、险情多、抗洪抢险手段落后等问题。经历了1998年长江大洪水的严酷现实后，国家对整治江湖堤防作出了全面部署，堤防工程的除险加固、防灾减灾工作全面展开，江河堤防焕然一新。

堤防工程安全问题主要如下：

（1）防洪能力不足。主要问题是防洪标准低，堤顶高程不满足防洪要求。

（2）堤防的岸坡稳定问题。主要为堤基、堤身的土体由于受水的浸湿软化作用、水的浸透变形作用和水流冲刷作用，当堤基为饱和且不透水软弱土层，如可塑软黏土或淤泥等，特别是其中夹有砂的薄层或透镜体时，堤基抗塌滑能力低；河床狭窄、堤外无滩，水流冲蚀严重处易发生岸坡崩塌、滑坡。岸坡及构造稳定性是影响堤防工程安全的内在控制因素。

（3）堤防的渗透稳定问题。水在土中的渗流不仅对于某一接触面作用有压力，且土粒本身也受到孔隙水流拖曳力的作用。在渗透力作用下，土体中的某些颗粒被渗透水流携带走，使土石变松散，强度降低，工程上称为渗透变形。由于土体颗粒级配和土体结构不同，存在流土、管涌、接触冲刷和接触流失等破坏形式。

（4）砂土液化问题。地震区砂土液化可导致堤防强度失效而滑移，堤防沉陷和不均匀沉陷，堤身开裂，使堤防受到破坏。目前对液化趋势和性质大多根据砂土层的有效粒径、不均匀系数、渗透系数、相对密度、砂土层厚度、地下水位深浅及动剪应变的大小等因素进行综合评价。

（5）堤基和堤身的渗漏问题。堤身中由于透水性大的砂类土的含量高，易形成散浸、清水管涌、夹层渗漏，另外生物洞穴管道漏水、渗水流量可观。而挡水为堤防的主要功能，堤基、堤身大量渗水或漏水将直接导致该功能的丧失或降低。

（6）穿堤建筑物有关问题。穿堤建筑物可能有沉降变形过大、不均匀沉降导致沉陷缝止水带拉断、上部的土坝开裂、箱涵洞身与土坝结合面脱开等隐患，形成漏水通道，导致渗漏和管涌，危及防洪堤的安全。

（7）蚁害。与土坝一样，堤防工程也普遍存在着白蚁危害的问题。

8.2.2　建设项目经济寿命的分析

由上可见，工程磨损与病险可能对水利工程安全运行造成隐患，必须认真研究，采取各项工程措施以除险加固和安全整治。本节主要进行建设项目经济寿命分析，为改扩建提供决策依据。

8.2.2.1　建设项目实际寿命、技术寿命、经济寿命的概念

同任何事物一样，建设项目也有一个从诞生到功能完全丧失的过程，这一过程称为实际寿命或自然寿命，也称为物理寿命。作为一个建设项目，其功能也可能被技术更先进、结构更完善、使用更方便的新的设施、设备或工程所取代，因而使得该项目在技术上需要被淘汰。将工程从全新状态开始到由于技术进步而出现了新的替代工程或设备，使原有工程在技术上相对落后而需要报废的时间过程称为建设项目的技术寿命。自然寿命、技术寿命等并没有考虑项目的投资、使用成本、经济寿命等经济因素。如果从经济上考虑，将工程或设备从全新状态开始到年平均总费用最低的时间过程称为经济寿命，经济寿命是进行经济评价、折旧计算的重要依据。

【例8.2】　某总投资为5000万元的工程投产后，每年的生产支出为600万元，每年的收益为1400万元，基准折现率为12%，如按产品的经济寿命考虑运行20年（一般设计可达50年乃至更长）进行动态评价，则方案的净现值为

$$NPV = -P + R(P/A, i, n) = -5000 + (1400 - 600)(P/A, 12\%, 20)$$

$$= -5000 + 800 \times 7.469 = 975.2（万元）> 0$$

项目论证可行，且运行时间越长，按同等条件算出的效果越好，但如从影响其寿命的经济因素考虑，假定该项目的经济寿命为12年，此方案的净现值为

$$NPV = -P + R(P/A, i, n) = -5000 + (1400 - 600)(P/A, 12\%, 12)$$

$$= -5000 + 800 \times 6.1944 = -44.48（万元）< 0$$

则项目评价结果为不可行，因此，项目经济寿命的长短，直接影响项目的评价结果，决定项目的取舍。

8.2.2.2 影响建设项目经济寿命的因素

决定建设项目经济寿命长短的影响因素很多,概括起来,主要表现为宏观经济因素和微观经济因素两个方面。

1. 宏观经济因素

(1) 政治因素。主要是由于不同时期有不同的方针政策导向,如土地资源开发利用政策,财政、税收、金融政策等,项目投资体制、项目决策机制、项目建设的承发包制等管理体制的变更,不同领导者的领导意识、决策意识等。

(2) 区域经济因素。主要是由于区域经济的变化,使该区域的经济地位、区域功能(农业、旅游工业、商业、金融)发生了变化,如前些年的沿海区域开发,近几年的长江三角洲开发、西部大开发等,从而加速了基础设施的建设及新项目的建设,将导致原有不具备特定功能项目的淘汰加剧,从而缩短部分项目的经济寿命。

(3) 市场需求变化等因素。随着社会经济的发展,人民生活水平的提高,人们对项目的功能要求及标准在发生不断的变化,如住宅的面积、内部装饰、房间设置、厨房、卫生间的设施等。对于一些公共建筑,其使用面积、平面布置、装饰标准、设施配置和基础设施的容量等都有可能不适应新的要求,虽然按照技术寿命标准仍能继续使用,却不得不改建或拆除重建。

2. 微观经济因素

(1) 环境因素。主要是因为项目周围的基础设施、商业中心、金融中心、客运中心等项目的兴建或某个工业园区、生态住宅小区的建设等,导致原有不同功能的项目的改建或重建,如上海浦东陆家嘴金融区的建立,使原来的许多房屋的使用功能显得落后,淘汰加剧。

(2) 技术进步的因素。由于技术进步的作用,新的安全可靠的结构形式、节能环保材料、设备、工艺等不断出现,使得新建项目的功能日趋完善;相反,原有项目由于技术进步的快速发展,其经济寿命缩短加剧。

(3) 运行费用变化等因素。随着项目使用寿命的延长,项目的设备、设施、生产工艺性能下降,维护、维修、保养费用、运行能耗不断上升,从而使项目的综合经济效益日趋下降,进而导致经济寿命的终结。

8.2.2.3 建设项目经济寿命的确定

建设项目经济寿命的长短是由众多因素相互作用的结果,要准确预测建设项目的经济寿命,就必须掌握各种因素对经济寿命的影响方式及影响程度。在实际分析中可以根据预测因素的特征,对资料的掌握程度和项目的特点,分别进行定性或定量预测。

1. 定性预测

定性预测是指根据已掌握的信息资料和直观材料,依靠有丰富经验和分析能力的内行和专家,运用主观经验对预测对象作出的推断和估计。要做好经济寿命的定性预测,必须充分收集国家、地区的政策导向,地区的长远发展规划,地区经济的增长趋势,技术革新的速度等相关数据资料,并请相关的专家对数据资料进行详细的预测分析和综合的分析判断，进而确定出合理的经济寿命。

2. 定量预测

定量预测是指根据已掌握的数据资料，运用一定的数学方法进行科学的加工整理，并进行计算的方法，主要是计算出最小综合费用对应的年限，并作为工程经济寿命。所谓综合费用，是指项目建设资金与使用费之和，又称全寿命综合费用。为便于经济寿命的分析，一般将上述费用转换成年度费用，即建设资金的恢复费用 $(P+B-C)/n$ 和年度使用费 (E_i+M_i)。如果不考虑资金的时间价值，则年平均综合费用可表示为

$$F = \frac{1}{n}(P+B-C) + \frac{1}{n}\sum_{i=1}^{n}(E_i+M_i) \tag{8.1}$$

式中：F 为年平均综合费用；P 为项目的建造费用；B 为项目的拆除费用；C 为资产余值；n 为项目的使用年限；E_i 为第 i 年的运行费用；M_i 为第 i 年的维修费用。

根据式（8.1）求出与 F 最小值相对应的 n，即为经济寿命。

当考虑资金时间价值时，则根据式（8.1），按照资金的时间价值求出年平均综合费用，最小年平均综合费用 F_0 所对应的 n 即为经济寿命 T_0。

由式（8.1）可知，如果 E_i+M_i 是一个均匀系列，经济寿命趋向于无穷大。这当然只是一种理想的情况，但说明如果各年的运行维护费用差别不大的话，经济寿命可以很长，这也是很多土建工程得以长期运行而不予报废的原因。

可以看出，随着使用年限的增加，资金恢复费用逐渐减小；由于使用的磨损、工程的老化、能源消耗等因素，项目的年度使用费用则逐渐增加。

【例 8.3】 某工程的原始价值为 1000 万元，物理寿命为 50 年，运行成本初始值为 20.05 万元，各年运行成本见表 8.2 第二列，年末资产余值见表 8.2 第三列，求该工程的经济寿命。

解： 根据式（8.1）计算不同使用年数对应的年平均运行成本、年平均建设资金、年平均综合费用，结果见表 8.2 的（4）～（6）列和图 8.3。由表 8.2 及图 8.3 可知，年平均综合费用 F 最小所对应的使用年限为 41 年。因此，经济寿命 T_0 为 41 年，最小年平均综合费用 F_0 为 43.21 万元。

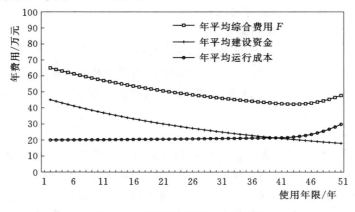

图 8.3　某工程经济寿命计算图

表 8.2 某工程经济寿命的计算

使用年限/年 (1)	年运行成本 E_i+M_i/万元 (2)	年末资产余值 C_i/万元 (3)	年平均运行成本/万元 $(4)=\dfrac{\sum(2)}{(1)}$	年平均建设资金/万元 $(5)=\dfrac{1000-(3)}{(1)}$	年平均综合费用F/万元 $(6)=(4)+(5)$	使用年限/年 (1)	年运行成本 E_i+M_i/万元 (2)	年末资产余值 C_i/万元 (3)	年平均运行成本/万元 $(4)=\dfrac{\sum(2)}{(1)}$	年平均建设资金/万元 $(5)=\dfrac{1000-(3)}{(1)}$	年平均综合费用F/万元 $(6)=(4)+(5)$
1	20.05	954.99	20.05	45.01	65.06	26	21.82	302.00	21.69	26.85	48.54
2	20.10	912.01	30.15	43.99	74.14	27	21.89	288.40	21.70	26.36	48.05
3	20.15	870.96	26.83	43.01	69.85	28	21.96	275.42	21.71	25.88	47.59
4	20.20	831.76	25.19	42.06	67.25	29	22.03	263.03	21.72	25.41	47.14
5	20.25	794.33	24.21	41.13	65.34	30	22.10	251.19	21.75	24.96	46.71
6	20.30	758.58	23.57	40.24	63.80	31	22.48	239.88	21.78	24.52	46.30
7	20.35	724.44	23.11	39.37	62.48	32	22.56	229.09	21.80	24.09	45.89
8	20.40	691.83	22.78	38.52	61.30	33	22.64	218.78	21.83	23.67	45.50
9	20.45	660.69	22.54	37.70	60.24	34	22.72	208.93	21.86	23.27	45.13
10	20.60	630.96	22.35	36.90	59.26	35	22.80	199.53	21.90	22.87	44.77
11	20.66	602.56	22.20	36.13	58.33	36	23.24	190.55	21.94	22.48	44.42
12	20.72	575.44	22.08	35.38	57.46	37	23.33	181.97	21.98	22.11	44.09
13	20.78	549.54	21.99	34.65	56.64	38	23.42	173.78	22.02	21.74	43.76
14	20.84	524.81	21.91	33.94	55.85	39	23.51	165.96	22.06	21.39	43.44
15	20.90	501.19	21.85	33.25	55.10	40	23.60	158.49	22.21	21.04	43.25
16	20.96	478.63	21.80	32.59	54.38	41	28.11	151.36	22.51	20.70	43.21
17	21.02	457.09	21.75	31.94	53.69	42	34.41	144.54	22.89	20.37	43.26
18	21.08	436.52	21.72	31.30	53.02	43	38.71	138.04	23.44	20.05	43.48
19	21.14	416.87	21.69	30.69	52.38	44	46.19	131.83	24.15	19.73	43.88
20	21.20	398.11	21.68	30.09	51.78	45	54.74	125.89	25.03	19.42	44.46
21	21.47	380.19	21.67	29.51	51.19	46	63.94	120.23	26.09	19.13	45.22
22	21.54	363.08	21.67	28.95	50.62	47	73.81	114.82	27.33	18.83	46.17
23	21.61	346.74	21.67	28.40	50.07	48	84.37	109.65	28.75	18.55	47.30
24	21.68	331.13	21.68	27.87	49.54	49	95.64	104.71	30.36	18.27	48.64
25	21.75	316.23	21.68	27.35	49.03	50	107.64	100.00	29.76	18.00	47.76

如果 E_i+M_i 是另一种理想的情况，每年等差递增 q，称为低劣化数值。例如，第一年为 a，第二年为 $a+q$，第三年为 $a+2q$……则式（8.1）可表示为

$$F=\frac{P+B-C}{n}+a+\frac{n-1}{2}q \tag{8.2}$$

将式（8.2）对 n 求导，并令其等于零，即 $\dfrac{\mathrm{d}F}{\mathrm{d}n}=0$，可得

$$n=\sqrt{\frac{2(P+B-C)}{q}} \tag{8.3}$$

即经济寿命

$$T_1=\sqrt{\frac{2(P+B-C)}{q}} \tag{8.4}$$

可以看出，随着使用年限的增加，资金恢复费用逐渐变小；而项目的年度使用费，由于使用的磨损、工程的老化、能源消耗等因素，其费用是逐渐增加，该方法也称为低劣数值法。

当考虑资金时间价值时，对于每年等差递增系列 q，以及工程的初始投资 P、残值 B 和拆除费用 C，按照 4.2 节等差系列年值计算公式可知，换算成年平均操作费 F，其计算公式为

$$F=a+q\left[\frac{1}{i}-\frac{n}{(1+i)^n-1}\right]+P\left[\frac{i(1+i)^n}{(1+i)^n-1}\right]-(B-C)\left[\frac{i}{(1+i)^n-1}\right] \tag{8.5}$$

不同的 n 对应不同的年综合费用 F，通过对 n 赋不同的值计算，得到 F 的系列，取最小的 F 所对应的 n，即为考虑资金时间价值的等差递增系列工程经济寿命，该方法也称为考虑资金时间价值的低劣数值法。

8.3　设备大修和更新的经济分析

8.3.1　设备大修和更新

8.3.1.1　设备磨损及其补偿形式

设备在使用及闲置过程中将发生两种基本形式的磨损——有形磨损和无形磨损，前者是指机器实体发生磨损，故称有形磨损或物理磨损；后者是机器设备在价值形态上的损失，故又称经济磨损。

引起设备有形磨损的主要原因是生产过程中的使用，称为第 1 类有形磨损；自然力的作用是造成有形磨损的另一个原因，称为第 2 类有形磨损。有形磨损的技术后果是降低机器设备的使用价值，磨损严重到一定程度导致机器设备使用价值完全丧失。有形磨损的经济后果是机器设备原始价值部分贬值，甚至完全丧失价值，消除有形磨损使之局部或完全恢复使用价值的方式是修理或更换。为此，需支出相应的费用——大修费或更换费，这就产生了设备大修的经济分析问题。

导致无形磨损的主要原因有两个：一是由于制造工艺的不断改进，劳动生产率的不断提高，生产同样机器设备所需社会必要劳动消耗减少，导致原有机器设备的价值相应

贬值,这是第 1 类无形磨损,它不影响原设备的使用价值,通常不存在提前更新问题;二是由于技术进步,生产出更先进、效率更高、耗费原材料能源更少的机器设备,从而使原机器设备的生产率可能低于社会平均水平,继续使用将使个别产品成本远高于社会平均成本,这是第 2 类无形磨损。第 2 类无形磨损可能导致设备提前更新(更换或技术的现代化改造)。

设备价值的两重性决定着磨损的两重性,两重磨损同时作用在机器设备上,同时发生的两重磨损称为综合磨损。有磨损就要有补偿,两重磨损形式与补偿方式之间的关系如图 8.4 所示。

8.3.1.2 设备大修

修理可以恢复设备在使用过程中丧失的局部工作能力。大修是通过调整、修复或更换磨损零件的办法恢复设备的精度、生产率,恢复整机全部的或接近全部的功能。在一定限度内,大修与购置新设备相比具有很大的优越性,这突出表现在经济合理性方面。因此,人们选择大修方式以延长设备的使用期限。

设备在使用过程中,由于各部分之间的摩擦及材料的疲劳和老化,性能在逐渐劣化。这种物理的劣化或者性能的劣化,可以借助修的方法得到全面或局部的补偿。但是修理是有限度的,而且大修后设备综合质量的恢复也是有限的,如图 8.5 所示。

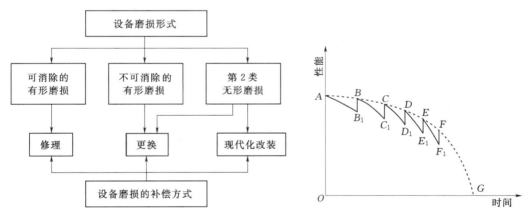

图 8.4 设备磨损形式与补偿方式相互关系　　　图 8.5 大修后设备综合质量变化图

尽管要求修理后的设备达到出厂水平,但实际修理过的设备不论从生产率、精确度、速度等方面,还是从使用中的技术故障频率、有效运行时间等方面,都比用同类型的新设备逊色,其综合质量会有某些程度的降低,这是客观现实。图 8.5 中 A 点表示新设备的标准性能。事实上设备在使用过程中,其性能是沿 AB_1 线所示的趋势下降的。如不及时修理仍继续使用,寿命一定很短。如果在 B_1 点所对应的时刻进行第一次大修,设备的性能可能恢复到 B 点。自 B 点起进行第二个周期的使用,其性能又继续劣化,当降至 C_1 点时,若进行第二次的大修,其性能可能恢复至 C 点。这样再一次大修后的性能又可能恢复到相当程度,一经使用又会下降。经几次大修后使用,设备性能最终降至 G 点,这时设备在技术上已不存在再进行修理的可能性了。把图 8.5 中 ABCDEFG 各点连接起来,就形成一条曲线。这条线反映了设备在使用过程中的综合质量劣化趋势，从这条曲线所呈现的现象也可以看出，设备的大修并非是无止境的。

8.3.1.3　设备更新

设备更新是修理以外的另一种设备综合磨损的补偿方式，是维护和扩大社会再生产的必备条件。设备更新有两种形式。一种是用相同的设备去更新有形磨损严重，不能继续使用的旧设备。这种更新只是解决设备的损坏问题，不具有更新技术的性质，不能促进技术的进步。另一种是用较经济和较完善的新设备，即用技术更先进、结构更完善、效率更高、性能更好、耗费能源和原材料更少的新型设备来更换那些技术上不能继续使用或经济上不宜继续使用的旧设备。后一种更新不仅能解决设备的损坏问题，而且能解决设备技术落后的问题。在当今技术进步很快的条件下，设备更新应该主要是后一种。

对设备实行更新不仅要考虑促进技术的进步，同时也要能够获得较好的经济效益。对于一台具体设备来说，该不该更新，在什么时间更新，选用什么样的设备来更新，都取决于更新的经济效果。

设备更新的时机，一般取决于设备的技术寿命和经济寿命。适时地更换设备，既能促进技术进步、加速经济增长，又能节约资源、提高经济效益。

8.3.2　设备大修和更新经济分析
8.3.2.1　设备大修的经济分析

1. 设备大修的经济界限

设备平均寿命期满前所必须的维修费用总额可能是个相当可观的数字，有时可能超过设备原值的若干倍。同时，这个费用总额又随规定的平均寿命期而变化，规定的平均寿命期越长，维修费用越高。因此，为了更合理地使用设备，必须研究维修的经济性。由于日常维护、中小修所发生的费用相对较少，因此，应该把注意力放在大修上。

如果当次大修费用超过同种设备的重置价值，十分明显，这样的大修在经济上是不合理的。把这一标准称为大修在经济上具有合理性的起码条件，或称最低经济界限，即

$$K_R \leqslant K_N - K_L \tag{8.6}$$

式中：K_R 为当次大修费用；K_N 为同种设备的重置价值（即同一种新设备在大修时刻的市场价格）；K_L 为旧设备被替换时的残值。

这里还应指出，即使满足上述条件，并非所有的大修都是合理的。如果大修后的设备综合质量下降较多，有可能致使生产单位产品的成本比用同种用途新设备生产时的成本为高。这时，其原有设备的大修就未必是合理的。因此，还应补充另外一个条件，即

$$C_J \leqslant C_N \tag{8.7}$$

式中：C_J 为用第 J 次大修后的设备生产单位产品的计算费用；C_N 为用具有相同用途的新设备生产单位产品的计算费用。

2. 设备大修周期数的确定

从技术上来说，通过大修的办法，可以消除有形磨损，使设备得以长期使用。事实上我国 20 世纪 50 年代建设起来的企业，其中绝大多数设备，都经过多次大修，至今仍在使用。

但是，从前面的分析也可以看出，从经济角度可以确定一台设备到底大修到第几个周期最为适宜。这是进行大修决策必须解决的问题。

如果一台设备的最佳使用期限即设备的经济寿命已定，而且设备每次大修间隔期又是已知的，则设备大修周期数应由下式求出：

$$T_{opt} \geqslant \sum_{i=1}^{n} T_i \tag{8.8}$$

式中：T_{opt} 为设备的经济寿命；T_i 为第 $i-1$ 次到第 i 次大修理的间隔期，若 $i=1$，则表示新设备至第 1 次大修的间隔期；n 为设备大修的周期数。

8.3.2.2 设备更新的经济分析

1. 设备原型更新经济分析

有些设备在其整个使用期内并不过时，也就是在一定时期内还没有更先进的设备出现。在这种情况下，设备在使用过程中，同样避免不了有形磨损的作用，结果将引起维修费用，特别是大修费用以及其他运行费用不断增加。这时即使使用原型新设备替换，在经济上往往也是合算的，这就是原型更新问题。在这种情况下，可以通过分析设备的经济寿命进行更新决策。

同建设项目一样，设备的经济寿命计算通常有最小综合费用法和低劣数值法，其计算方法见第 8.2.2.3 节，这里不再赘述。

【例 8.4】 某设备的原始价值为 10000 元，物理寿命为 10 年，运行成本初始值为 350 元，各年运行成本见表 8.3（2）栏，年末资产余值见表 8.3（3）栏，求该设备的经济寿命。

表 8.3   **某设备经济寿命的计算**

使用年限 /年	运行成本 E_i+M_i /元	年末资产余值 C_i /元	年平均运行成本 /元	年平均设备费用 /元	年平均综合费用 F /元
(1)	(2)	(3)	$(4)=\dfrac{\sum(2)}{(1)}$	$(5)=\dfrac{10000-(3)}{(1)}$	$(6)=(4)+(5)$
1	350	8913	350	1087	1437
2	360	7943	355	1028	1383
3	375	7079	362	974	1335
4	395	6310	370	923	1293
5	420	5623	380.00	875	1255
6	444	5012	391	831	1222
7	472	4467	402	790	1193
8	504	3981	415	752	1167
9	540	3548	429	717	1146

续表

使用年限 /年	运行成本 $E_i + M_i$ /元	年末资产余值 C_i /元	年平均运行成本 /元	年平均设备费用 /元	年平均综合费用 F /元
10	580	3162	444	684	1128
11	602	2818	458	653	1111
12	638	2512	473	624	1097
13	677	2239	489	597	1086
14	719	1995	505	572	1077
15	764	1778	523	548	1071
16	844	1585	543	526	1069
17	929	1413	565	505	1071
18	1019	1259	591	486	1076
19	1114	1122	618	467	1085
20	1214	1000	648	450	1098

解： 根据式（8.1）计算的各项见表 8.3 的（4）~（6）列和图 8.6。分析表 8.3 和图 8.4 可知，年平均综合费用 F 最小所对应的使用年限为 16 年。因此，经济寿命为 16 年。也就是说，该设备在第 16 年更新是最经济的。

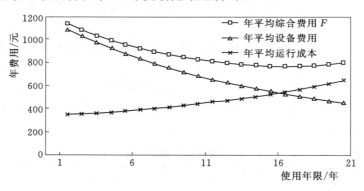

图 8.6　某设备经济寿命计算图

【例 8.5】 某设备已使用 5 年，下一年的运行及维修费用将为 8000 元。若采用同型号的设备进行更新，需投资 10000 元，而下一年的操作费用将为 4000 元。假定该设备每年的运行及维护费是递增的，设备无论何时更新其残值为 0，实际寿命为 10 年，年利率为 10%，试用考虑资金时间价值的低劣数值法确定是否应该更新。

解： 本题未给出低劣化数值 q 值，但由题意可知，某设备已使用 5 年，操作费用由 4000 元递增至 8000 元，故 $q = (8000 - 4000)/5 = 800$（元）。

分别采用式（8.5）计算 $n = 1, 2, \cdots, 10$ 时的总年费用，可知当 $n = 6$ 时，新设备的年总费用最小。此时

$$F = 4000 + 800\left[\frac{1}{0.1} - \frac{n}{(1+0.1)^n - 1}\right] + 10000\left[\frac{0.1(1+0.1)^n}{(1+0.1)^n - 1}\right]$$

采用上述公式，计算前 10 年的设备年总费用 F，结果见表 8.4，可知，当设备运行到第 6 年时，$F=4875$ 元，为最小，所以，该设备考虑资金时间价值的经济寿命为 6 年。

表 8.4   考虑资金时间价值的年总费用

使用年限/年	1	2	3	4	5	6	7	8	9	10
F/元	11800	6943	5570	5060	4886	4875	4951	5078	5234	5408

请同学们课后计算一下，如果不考虑资金的时间价值，该设备的经济寿命为多少？如考虑资金的时间价值相比，经济寿命为什么会缩短？

2. 出现新设备条件下的更新决策方法

前面讨论的是设备在使用期内不发生技术过时和陈旧，没有更好的新型设备出现的情况。在技术不断进步的条件下，由于第 2 种无形磨损的作用，很可能在设备运行成本尚未升高到需要替代之前，就已出现工作效率更高和经济效果更好的设备。这时，就要比较在继续使用旧设备和购置新设备这两种方案中，哪一种方案在经济上更为有利。

在有新型设备出现的情况下，常用的设备更新决策方法有：年费用比较法和更新收益率法。

（1）年费用比较法。年费用比较法是分别计算原有旧设备和备选新设备对应于各自的经济寿命期内的年均总费用，并进行比较。如果使用新型设备的年均总费用小于继续使用旧设备的年均总费用，则应当立即进行更新；反之，则应继续使用旧设备。

（2）更新收益率法。投资收益率法广泛适用于各种更新情况，更新收益率法的基本公式如下：

$$K = \sum_{t=1}^{n} B_t (1+i^*)^{-t} + V_L (1+i^*)^{-n} \tag{8.9}$$

式中：K 为设备更新的净投资；n 为新设备的使用年限；B_t 为更新后第 t 年增加的效益和节约的成本之和；V_L 为 n 年末新设备的残值；i^* 为设备更新后的净投资的内部收益率。

若基准收益率为 i_0，则设备是否更新的判别准则为：当 $i^* \geqslant i_0$ 时，设备应立即更新；当 $i^* < i_0$ 时，设备不必立即更新。

思 考 与 习 题

1. 什么是技术寿命、经济寿命和实际寿命？如何计算经济寿命？
2. 项目的磨损与寿命之间是什么关系？
3. 改扩建项目的经济评价有什么特点，如何决定工程是否进行改扩建？
4. 某设备已使用 5 年，下一年的操作及维修费用将为 800 元。若予以更新，需投资 10000 元，而下一年的操作费用将为 400 元。假定更新的设备与原设备型号相同，设备无论何时更新残值为 0 元，实际寿命为 20 年。

（1）如果不考虑资金的时间价值，试用低劣数值法确定应否更新。

（2）如果考虑资金的时间价值，试用低劣数值法确定应否更新。

（3）分析（1）和（2）中经济寿命差异的原因。

第 9 章

项目后评价

9.1 项目后评价概述

9.1.1 项目后评价的基本概念

项目后评价是判别项目投资目标实现程度的一种评价方法，即在项目竣工投产并运营一段时间后，对项目立项、准备、决策、实施直到投产运行全过程进行总结评价，对项目取得的经济效益、社会效益和环境效益进行全面系统的综合评价，从而判断项目预期目标的实现程度，总结经验教训，提高未来项目投资管理水平的一系列工作的总称。项目后评价是项目经济评价的一个重要组成部分。

项目后评价是一种微观层次上的评估，是对项目过去的活动和现在正在进行的活动进行回顾、审查，是对某项具体的决策或一组决策的结果进行评价的活动。项目后评价的主要目的是从已经完成的项目中总结正反两方面的经验教训，提出建议，改进工作，不断提高投资决策水平和投资效果。

项目的后评价是对项目决策前的评价报告及其设计文件中规定的技术经济指标进行再评价，并通过对整个项目建设过程的各个阶段工作的回顾，对项目全过程的实际情况与预计情况进行比较研究，衡量分析实际情况与预计情况发生偏离的程度，说明项目成功与失败的原因，全面总结项目管理的经验与教训，再将总结的经验教训反馈到将来的项目中去，作为其参考和借鉴，为改善项目管理工作和制订科学合理的工程计划及各项规定提供重要的依据，以达到提高项目投资决策水平、管理水平和提高投资效益的目的。

资源 9-1
中央政府投资项目后评价管理办法

资源 9-2
项目后评价的作用

根据项目建设周期的全过程，对项目全过程的评价可分为项目前评价、项目中间评价和项目后评价。一般认为项目后评价是在项目建成和竣工验收之后所进行的评价，各评价的时间范围如图 9.1 所示。

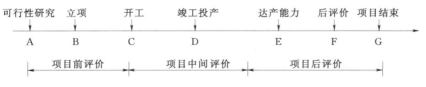

图 9.1 项目周期中的评价阶段

9.1.2 项目后评价的特点

项目后评价不同于项目决策前的可行性研究和项目评价（即前评价），与项目的前评价相比较，项目的后评价具有如下特点。

1. 现实性

项目投资前期的可行性研究针对的是项目的预测情况，所采用的数据都是预测数据，所作出的评价也是预测性的评价。而项目后评价是对项目投产后所发生的实际情况的总结评价，它以项目实际情况为基础，所依据的数据资料是现实发生的真实数据或根据实际情况重新预测的数据，所以具有现实性的特点。

2. 全面性

项目后评价是对项目进行全过程、全方位的全面评价，不仅需要分析评价项目的投资决策过程，还要分析评价项目的建设过程和生产经营过程；不仅要分析项目的投资经济效益，还需要分析项目的社会效益和环境效益。因此，项目后评价是一种比较系统、全面的技术经济活动。

3. 合作性

对项目进行后评价，工作量大，涉及面广，因此需要各方人员及机构的协助。所以进行项目后评价工作，应具有一定的合作性。

4. 独立性

独立性是指项目后评价工作的合法性，后评价不受项目决策者、管理者、执行者和前评价人员的影响。为了保障后评价的独立性，必须从机构设置、人员组成、履行职责等方面综合考虑，使评价机构既保持相对的独立性又便于操作。即从项目投资者或项目业主以外的第三者的角度出发，独立地进行后评价工作，使独立性贯穿于整个项目后评价的全过程，提高后评价工作的可信度。可见，独立性是实现项目后评价工作的公正性和客观性的重要保障。

5. 反馈性

项目后评价最主要的特点是反馈性。项目后评价的目的在于通过对项目的总结和回顾，利用反馈信息为以后的宏观决策、微观决策和建设提供依据和借鉴，不断提高未来投资的决策水平。因此，项目后评价的结果需要反馈到决策部门，作为新项目的立项和评价基础，以及调整工程规划和政策的依据，这是后评价的最终目的。国外一些国家已经建立了项目管理信息系统，通过项目周期各阶段的信息交流和反馈，系统地为后评价提供资料和向决策机构提供后评价的反馈信息。

9.1.3　项目后评价与项目前评价的区别

虽然项目后评价与项目前评价是对同一项目所作的评价，但是两者在评价的内容、方法等方面又存在着明显的区别，主要表现在以下几个方面。

1. 评价的内容不同

项目前评价主要侧重于分析评价项目建设的必要性、可行性、建设条件、项目的技术方案等方面的问题，并在此基础上对项目产生的经济效益和社会效益进行科学的预测，项目前评价的经济性较强；项目后评价不仅评价项目前评价所涉及的全部内容，而且还要对项目决策、项目实际运行情况、项目实施效率、项目管理工作以及项目全过程和其产生的效益进行深入分析，是一种综合性的评价。

2. 评价的依据不同

项目前评价是在项目决策阶段进行的，主要以历史资料、经验资料和运用预测方法获得的有关项目经济效益和社会效益的预测数据为评价依据，对项目作出的技术经济评价；而项目后评价则是在项目实施后进行的，依据的是项目的实际投入产出资料，以及根据已发生的实际资料预测未来的数据。因此，后评价所用的资料与前评价比较起来，具有较高的真实性和可靠性。

3. 评价的主体不同

项目前评价是由投资主体（投资者、贷款机构、项目审批机构）组织实施的；而项目后评价则是由项目投资运行的监督管理机构、单设的后评价权威机构或上一层决策机构构成，并会同计划、财政、审计、设计和质量等有关部门进行，以确保项目后评价的客观性与公正性。

4. 评价的阶段不同

项目前评价是项目前期工作的重要内容之一，是在项目决策前的前期工作阶段进行的，其评价结论作为是否进行投资决策的依据；而项目后评价是在项目建成投产后的一段时间里，对项目全过程的总体情况进行的评价，包括项目的工程实施时期和生产时期，处于项目管理的最后阶段。

5. 评价的目的不同

项目前评价直接作用于项目投资决策，评价结论作为项目是否可行的依据；项目后评价是以前的投资决策信息的反馈，是对项目实施结果进行的评价，评价结论间接作用于未来项目的投资决策，从而提高投资决策的水平。

9.2 项目后评价的内容与程序

9.2.1 项目后评价的内容

项目后评价以项目前期所确定的目标和各方面指标与项目实际结果之间的对比为基础。由于具体项目的类型、规模、复杂程度以及后评价目的的不同，项目后评价的内容也并不完全一致。参照国际项目后评价的经验，结合我国实际情况，项目后评价的基本内容可以概括为四个方面：实施过程评价、经济效益评价、影响评价、目标和可持续性评价。

9.2.1.1 实施过程评价

实施过程评价通常要对照项目立项时所确定的目标和任务，分析和评价项目实施过程中的实际情况，从中找出差距并分析产生的原因，总结经验教训。实施过程评价的主要内容包括项目前期工作后评价、项目实施后评价、项目运营后评价和项目管理水平后评价。

1. 项目前期工作后评价

项目前期工作后评价是指对立项条件、勘察设计、准备工作和决策程序等方面工作的评价。对项目前期阶段的后评价主要是回顾分析当初项目立项和决策工作的全过程，评价立项时各方面的研究工作是否全面深入；回顾检查当初项目决策的程序和方法是否科学，立项条件和决策依据是否正确，勘测工作对设计和施工的满足程度，设计方案的优化情况，技术上的先进性和可行性以及经济上的合理性。

2. 项目实施后评价

项目实施后评价主要是指项目实施管理的再评价，项目施工准备工作的再评价，项目施工方式和施工项目管理的再评价，项目竣工验收和试生产的再评价，项目生产准备的再评价等；主要包括对施工准备、招标投标、工程进度、工程质量、工程造价、工程监理以及各种合同执行情况及生产运行准备情况等的评价。

3. 项目运营后评价

项目运营后评价主要包括生产经营管理的再评价，项目生产条件的再评价，项目达产情况的再评价，项目产出的再评价，项目经济后评价等；重点对生产和销售情况，原材料、燃料供应情况，资源综合利用情况，生产能力利用情况等进行评价。

4. 项目管理水平后评价

项目管理水平后评价是对项目实施全过程中各阶段管理者的工作水平作出的评价，主要分析和评价其是否对项目的各项工作进行了有效管理，是否与政策机构和其他组织建立了必要的联系，人才和资源是否高效使用，从中总结出项目管理方面的经验教训，并对如何提高管理水平提出改进措施和建议。

通过项目实施过程评价，还应查明项目在实施过程阶段的成功经验和失败教训。

9.2.1.2 项目经济效益评价

项目经济效益评价主要包括项目的财务效益后评价和国民经济效益后评价。效益评价的目的是通过对财务指标和经济指标的计算来检验原来的测算结果是否符合实际，并找出发生变化的主要原因。

1. 财务效益后评价

财务效益后评价主要是从企业的角度，根据现行财税制度和价格体系，分析项目盈利的情况，计算有关实际指标。具体内容包括项目的盈利能力分析和贷款能力分析、财务实际成果与预期目标的对比分析，评价时应考虑财务参数变化和物价上涨因素所带来的影响，分析财务效益实现程度，寻找产生差异的原因。

2. 国民经济效益后评价

国民经济效益后评价是指从国家整体的角度，按照资源优化配置的原则，来考察项目的实际经济效益和费用。通常要采用现行的国民经济参数，主要包括影子价格、影子汇率、影子工资和社会折现率等。评价项目的国民经济实际净效益，并与社会折现率相比较，主要包括国民经济效益和社会效益的实际成果与预期目标的对比分析、国民经济效益的前景等。评估时要考虑物价、汇率等经济参数变化所带来的影响，要反映项目实际的效益。

3. 投资使用情况评价

投资使用情况评价是指将项目原定预算和资金投入计划与项目实际发生的投资进行对比分析，找出发生变化的原因及其影响。此评价的主要内容是在资金到位的时间和数量上检查项目是否按贷款协议计划执行；投资预算是否得到了控制；项目财务执行状况；项目资金渠道和贷款条件是否发生了变化等。除了分析评估投资是否及时到位和使用是否合理之外，还应进行贷款偿还能力的分析。

9.2.1.3 项目影响评价

项目影响评价是站在国家的角度，分析项目对整个社会发展的影响。项目影响评价是指在项目投产5～8年后的完全发展阶段，分析项目在经济、技术、环境和社会等方面对其周围地区所产生的影响和作用。项目影响评价的主要内容应该包括经济、技术、环境和社会四个方面。

1．项目经济影响评价

项目经济影响评价主要是分析评价项目对所在地区、行业、部门和国家的宏观经济影响，如对国民经济结构的影响，对提高宏观经济效益以及对国民经济长远发展的影响，并对项目所用国内资源的价值进行测算，为判断项目在宏观上利用资源的合理程度提供依据，同时也要分析项目对地区、行业、部门和国家经济发展所产生的重要作用和长远影响。

2．项目技术影响评价

项目技术影响评价主要是通过分析项目所采用的生产工艺、技术方案、设计方案和施工方案，评价项目对国家、部门和地方的技术进步所起的推动作用，以及项目本身选用技术的先进性和适用性，评价项目所采用的工艺技术或引进的技术装备的先进性，并将其与国内外同类技术装备进行对比，评价项目对本部门、本地区技术进步的作用。

3．项目环境影响评价

项目环境影响评价主要是对照在前评价时批准的《环境影响评价报告》，重新审查项目对环境产生的实际影响，审查项目环境管理的决策、规定、规范和参数的可靠性及实际效果。通常，环境影响评价的内容主要包括项目的污染源控制、区域的环境质量、自然资源的利用、区域的生态平衡和环境管理能力等五个方面的内容。

4．项目社会影响评价

项目社会影响评价主要是从社会发展的角度来分析和评价项目对社会发展目标所作的贡献和产生的有形与无形的影响。评价内容主要应从五个方面来进行：对社会文化、教育、卫生的影响；对社会就业、扶贫、公平分配的影响；对社会生产活动的影响；对社会生活条件与生活质量的影响；对生活风俗习惯、宗教信仰的影响。社会影响评价通常采用定量分析和定性分析相结合的方法，以定性分析为主。在对上述五个方面进行评价分析的基础上，最后对项目的社会影响作出综合评估。

作为社会影响评价的重要内容，对于水利建设项目，还应进行移民安置评价：分析移民安置规划实施前后基础设施、社会经济等指标的变化情况，评价移民安置总体规划及相应的专业规划实施情况，评价移民安置规划的合理性；分析移民搬迁安置前后生产、生活水平的变化情况，评价移民安置活动对区域经济所产生的影响，并预测其发展趋势；评价移民后期扶持的实施效果。

9.2.1.4 项目目标和可持续性评价

项目目标和可持续性评价是指项目在完成之后，项目的既定目标是否还可以持续，项目是否可以顺利地持续运行，项目业主是否愿意并可以依靠自己的能力持续实现既定的目标等。对项目进行可持续性评价就是要根据国家相关政策法规以及项目相关的内部和外部条件等各个方面来评估和分析项目在物质、经济和社会等方面的可持续性，并指出保持项目可持续性的条件和要求。项目目标和可持续性评价是可持续发展战略的具体体现，越来越多的投资者开始重视项目的可持续性评价。

9.2.2　项目后评价的程序

项目后评价是一项综合性较强的工作，为使项目后评价工作能够更为客观地反映项目的实际情况，在评价过程中必须遵循一定的程序。

9.2.2.1　组建后评价机构

项目后评价的主要目的是总结经验教训，因此，项目后评价机构的组建应该遵循客观、公正、民主和科学的原则。项目后评价一般分为两个阶段：自我后评价阶段和独立后评价阶段。

1. 自我后评价阶段

自我后评价是从使用者的角度进行的后评价，因此自我后评价阶段的工作通常由项目建设单位和项目使用单位来完成，并以项目使用单位为主。

2. 独立后评价阶段

为保证评价公正性，独立后评价阶段要求评价机构成员应与被评价项目没有直接经济和社会利益关系。后评价机构可以是由相关专家组成的后评价小组，也可以直接聘请机构以外的独立后评价咨询机构来进行。

9.2.2.2　制订后评价计划

项目制订后评价计划是项目后评价工作的重要环节。项目后评价机构应该根据项目的特点，尽快制订出项目的后评价计划。项目后评价从项目的可行性论证开始，就要注意收集和保存项目有关的信息资料。后评价计划的内容包括后评价工作的进度安排、后评价的内容和范围、项目后评价所采用的方法和评价指标等方面。

9.2.2.3　选择项目后评价的对象

项目后评价应纳入管理程序之中，原则上对所有投资项目都要进行后评价，但实际上，往往由于条件的限制，只能有选择地确定评价对象，一般在选择项目后评价对象时应优先考虑以下类型项目：

（1）政府投资项目中规定需要进行后评价的项目。

（2）可为即将实施的国家预算、宏观战略和规划制订提供信息的项目。

（3）具有未来发展方向的代表性项目。

（4）对行业或地区的投资发展有重要意义的项目。

（5）竣工运营后与前评估的预测结果有重大变化的项目。

（6）特殊项目（如大型项目、复杂项目和实验性的新项目）。

9.2.2.4　收集有关项目建设和项目效益的资料

根据制订的计划，项目后评价人员应制订出详细的调查提纲，确定调查对象和调查方法，收集与项目相关的各方面实际资料，具体如下。

1. 收集与项目建设有关的资料

与项目建设有关的资料包括已经批准的项目建议书、可行性研究报告、项目评估报告、项目的设计文件、工程合同文件、项目竣工验收报告、项目建设资金来源与运用资料、设备材料情况及其价格资料等。

2. 收集项目建成后与项目运行有关的资料

与项目建成后运行有关的资料包括项目投产后的销售收入、生产（或经营）成本、利润、缴纳税金和项目贷款本息偿还情况等。这类资料可以从项目的年度财务报表、资产负债表和损益表等有关会计报表中反映出来。

3. 收集国家经济政策与规定等相关资料

这方面的资料主要包括与项目有关的国家宏观政策、产业政策、金融政策、投资政策、税收政策以及其他有关政策与规定等，以便了解项目当初的建设背景和投资环境、历年的技术经济资料和国家发布的国民经济参数等方面内容。

4. 收集项目相关行业的资料

项目所在行业的资料主要包括国内外同行业项目的劳动生产率水平、技术水平、经济规模和经营状况等。

5. 收集其他有关资料

根据项目的特点和后评价的要求，还要收集其他有关资料，如项目的技术资料、设备运行资料等。

9.2.2.5 对后评价资料的分析论证

项目后评价人员应对所收集的资料进行整理和归纳。在资料的整理过程中，要注意分析鉴别资料的真实性和有效性，非正常条件下或偶然因素作用下获取的不可靠信息数据不能作为项目后评价的依据。如发现资料不足或存有异议，应做进一步补充调查。在充分占有资料的基础上，项目后评价人员应根据国家有关部门制定的后评价方法，按照现行的建设项目经济评价方法与参数，计算相关评价指标，根据评价指标，找出项目实际效果与预期目标的差距，并分析产生偏差的原因，对项目进行全面的定性和定量分析。

分析论证主要从三方面进行：一是项目后评价结果与项目前评价预测结果的对比分析；二是对项目后评价本身结果所做的分析；三是对项目未来发展的分析。

9.2.2.6 编写项目后评价报告

编写项目后评价报告是后评价阶段的最后一项工作，是项目后评价的最终成果。项目后评价报告要客观、全面、公正地描述被评价项目的实施现状，客观反映项目建设全过程。项目后评价人员应当按照客观、公正和科学的原则，将分析论证的结果进行汇总，总结经验教训，提出包括问题和建议在内的综合评价结论，提交委托单位和被评价单位。项目后评价报告要具有项目绩效评价、改善项目后续发展状况和提高项目决策水平的功能和作用。

资源 9 - 3
中央政府投资项目后评价报告编制大纲（试行）

9.3 项目后评价的方法

9.3.1 项目后评价的方法

由于项目后评价包含的内容非常广泛，根据项目后评价的目的，按照宏观分析和微观分析相结合、定量分析和定性分析相结合的原则，项目后评价的方法主要有以下几种。

9.3.1.1 对比分析法

对比分析法是项目后评价的一种基本的评价方法，具体可以分为前后对比法、有无对比法和横向对比法。

1. 前后对比法

前后对比法是进行项目后评价的基础。该方法是将项目实施前预测的情况与项目建成后的实际情况加以对比，即将项目前评价所预测的经济效益、社会效益与项目竣工投产运行后的实际结果相比较，找出两者存在的差异及原因。通过前后对比法可以显示项目的计划、决策和实施效率。

2. 有无对比法

有无对比法也是项目后评价的主要方法。这里说的"有"与"无"指的是评价的对象。该方法是在项目所在地区，将项目的建设和投产后实际发生的情况与若无该项目可能发生的情况进行对比分析，以度量项目的真实效益、影响和作用。由于项目所在地的影响不只是项目本身所带来的作用，还要考虑项目以外的许多其他因素的作用，因此，有无对比法分析的重点是要明确项目作用的影响与项目以外作用的影响。这种对比主要用于项目的效益评价和影响评价。评价是通过对比实施项目所付出的资源代价与项目实施后产生的效果得出项目好坏的结论。该方法的关键是要求投入的代价与产出的效果口径一致，也就是说，所度量的效果要真正归因于项目。要做到这一点就必须剔除那些非项目因素，对归因于项目的效果加以正确的定义和度量。这就要求在用有无对比法评价时收集大量可靠的数据，收集较为系统的项目监测资料，或采用当地有效的统计资料。由于无项目时可能的情况往往无法确切地描述，只能用一些方法近似地度量项目的作用。理想的做法是在项目受益范围之外找一个类似的"对照区"，进行比较和评价。在进行有无对比分析时，先确定评价内容，选择主要评价指标，选定可比对象，运用科学的方法收集资料，通过建立对比表进行分析评价。

3. 横向对比法

横向对比法是通过同一行业内类似项目相关指标的对比，来评价项目的绩效或竞争力。

9.3.1.2 逻辑框架法

逻辑框架法（logical framework approach，LFA）是一种综合、系统地研究问题的思维框架模式，可用来分析和评估项目目标层次之间的因果关系。逻辑框架法是美国国际开发署（USAID）在 1970 年开发并使用的一种设计、计划和评价工具。逻辑框架法以逻辑推理的方式描述项目，所谓的逻辑关系简单地说就是有什么原因就会产生什么结果。用逻辑关系分析项目的一系列相关变化过程，从而确定项目的目标及其相关联的假设条件（先决条件），以改善项目设计方案。目前已有 2/3 的国际组织把 LFA 作为援助项目的计划管理和后评价的主要方法。

将逻辑框架法应用于具体的项目分析时，一般要构造如表 9.1 所列的一个矩阵框架，即用一张简单的框图来清晰地分析一个复杂项目的内涵和关系，使之更容易理解。逻辑框架法的模式是一个 4×5 的矩阵，它包括两种逻辑关系，即垂直逻辑和水平逻辑。矩阵的横行代表垂直逻辑：项目目标的层次。矩阵的竖行代表水平逻辑：如何验证是否达到预期目标。

表 9.1　　　　　　　　　　　　　逻辑框架法的矩阵模式

项目目标层次结构	原定目标	实际结果	原因分析	可持续性条件
宏观目标	项目宏观目标、衡量指标	资料与信息的来源、采用的方法	宏观目标和直接目标相关假设	宏观目标的持续性依据
直接目标	直接目标、衡量指标	资料与信息的来源、采用的方法	产出和直接目标相关假设	直接目标的持续性依据
项目产出	产出数量、范围、计划完成时间	资料与信息的来源、采用的方法	投入与产出相关假设	项目产出的持续性依据
项目投入	投入估算、资源必要成本、性质、进度和开工期	资料与信息的来源、采用的方法	项目原始假设条件	项目投入的持续性依据

　　垂直逻辑用于分析项目计划内容，弄清项目手段与结果之间的关系，确定项目本身和项目所在地的社会、物质、政治环境中的不确定因素。在垂直逻辑中需要就以下几个问题予以说明：一是项目在不同层次上的目标；二是各层次间的因果关系；三是重要的假定条件，所谓重要的假定条件是指可能影响项目进程或成败的条件或因素。

　　水平逻辑是衡量项目的资源和成果，确立客观的验证指标及其指标的验证方法。水平逻辑要求对垂直逻辑四个层次上的结果做出详细说明。而指标就是指度量项目执行情况的度量标准，界定达到目标的程度，具体包括三方面的内容，即产出的数量、质量、时间。

　　采用逻辑框架法进行项目后评价时，可根据后评价的特点和项目特征在格式和内容上做些调整，以适应不同评价的要求。表 9.2 是我国西部某省某引水一期工程项目后评价逻辑框架应用的一个实例。

表 9.2　　　　　　我国西部某省某引水一期工程项目后评价逻辑框架

项目目标层次结构	原定目标	实际结果	原因分析	可持续性条件
宏观目标	增加粮食产量和经济作物产量；促进农村经济全面发展；扶贫；建设当地水利系统	农民人均收入增加 147 元/年；贫困人口减少；带动农村 GDP 增长，年经济效益 5.5 亿元以上；形成了水利灌溉系统	国家西部开发方针正确，"三农"政策对头；兴修水利基础设施社会效益显著	国家经济发展，国力增强；国家发展方针；地方政府参与；农民脱贫致富的积极性
直接目标	彻底解决原来干旱的局面，灌溉面积达到 127 万亩；通过增加水稻种植，增加农民收入	解决灌区原来干旱的局面，灌溉面积达到 100 万亩，比计划少 27 万亩；供水量增加了 3 亿 m³/年，复种指数增加，水稻减产，农业增加产值 3 亿元，增加城市供水量 8400 万 m³，工程 $EIRR$ 为 23%	灌溉能力减小主要是由蓄水能力不足、农毛渠滞后和灌溉浪费所致，粮价下滑，造成粮食减产；农业结构调整增加农业产值	建设引水二期工程，扩大灌溉面积；解决农民负担过重问题；安排好一期贷款偿还；依法收取水费促进节约用水，宣传推广节水接水，加强水利管理力度和制度建设

续表

项目层次结构	原定目标	实际结果	原因分析	可持续性条件
项目产出	渠道取水枢纽和干支渠建设；1 座调节水库；11 座电力提灌站	1 座水库未完成，部分田间渠系滞后，其余全部完成	工程管理得力，项目质量优良；部分田间工程滞后是由于农民筹资困难；取消 1 座水库是因为设计变更	解决田间工程配套滞后；加强工程的维修养护和管理
项目投入	总投资 4.85 亿元，预计工期 8 年；农民集资和以劳代资	实际投资 18.06 亿元；利用世界银行贷款 6767 万美元；工期 12 年；农民集资 8600 万元，以劳代资 13290 万元	投资增加主要是政策性调整、物价上涨、工程量增加、世界银行贷款汇率及相应费用增加；工期延误主要是资金不能足额到位	总结经验教训，为二期工程提供借鉴

9.3.1.3　成功度分析法

成功度分析法是项目后评价的一种综合分析方法，即所谓的打分法。它是以逻辑框架法分析的项目目标的实现程度和经济效益分析的评价结论为基础，以项目的目标和效益为核心所进行的全面系统评价。应用成功度分析法的前提条件是，首先要确定成功度的等级及标准，再选择与项目相关的评价指标并确定其对应的重要性权重，通过指标重要性分析和单项成功度结论的综合，即可得到整个项目的成功度指标。

1.成功度的标准

通常将成功度分为五个等级，各个等级的标准如下：

（1）成功（AA）。表明项目的各项目标都已全面实现或超过；相对成本而言，项目已获取巨大的效益或影响。

（2）基本成功（A）。表明项目大部分目标已经实现；相对成本而言，项目达到了预期的效益和目标，总体效益较大。

（3）部分成功（B）。表明项目实现了原定的部分目标；相对成本而言，项目只取得了一定的效益和影响。

（4）不成功（C）。表明项目实现的目标非常有限；相对成本而言，项目几乎没有取得什么效益和影响。

（5）失败（D）。表明项目的目标是不现实的，根本无法实现；相对成本而言，没有取得效益或亏损，项目不得不终止。

2.成功度测定的方法和程序

项目成功度的评价是项目后评价中应用成功度分析法时非常关键的一项工作。项目的成功度是依靠评价专家或专家组的经验，根据项目各方面的实际执行情况，通过成功度评价标准对项目总体的成功度作出的客观评价。对于一个大中型项目通常要对几十个重要的和次要的评估因素指标进行定性分析，才能确定各指标的成功度等级。为提高评价工作效率，在评定具体项目成功度时，并不一定要测定项目所有相关指标，而是评价人员首先根据项目的类型和特点，确定指标与项目相关的程度，按重要性不同将相关指标分为三类——重要、次重要和不重要，其中不重要指标不用测定，对重要和次重要指标的成功度进行评价后，综合单项指标的成功度结论和指标重要性即可得到整个项目的成功度评价结论。

为了更清楚地表达项目成功度分析法的评价过程，常采用成功度评价表的形式，见表9.3。项目成功度评价表是由评价任务的目的和性质决定的。

在成功度评价表中可设置评价项目的主要指标。在评定具体项目的成功度时，采用打分制，也就是按照上述评定等级标准的五个等级分别用 AA、A、B、C、D 表示，通过指标重要性分析和单项成功度结论的综合，即可得到整个项目的成功度指标，也可用 AA、A、B、C、D 表示，填在表中成功度评价等级栏内。

成功度评价法的缺点在于它以定性分析为主。在定性分析中，有些指标（如社会影响）的表述带有模糊性，没有明确的外延，再加上评价者的经验、知识结构、社会经历等方面的差异，对各项评价指标的评价结果往往会带有很大的主观性。

表 9.3　　　项目成功度评价表

项目执行指标	指标相对重要性	成功度评价等级
宏观目标和产业政策		
决策及其程序		
布局和规模		
目标及市场		
设计与技术装备水平		
资源和建设条件		
资金来源和融资		
进度及其控制		
质量及其控制		
投资及其控制		
经营		
机构和管理		
财务效益		
社会和环境影响		
可持续性		
综合评价		

9.3.2　项目后评价指标体系

项目后评价中除了采用定性指标评价之外，还要注重定量分析。要定量地评价项目的效果，必须借助于能够反映项目效果的指标。目前我国后评价核心指标的设置没有规范的标准，无论是一般盈利性项目，还是公益性项目，在对项目进行评价时，都存在如何选择评价指标，如何把模糊的、定性的指标进行量化以及指标数据的标准化处理等问题。此外，单独一个指标不能全面地反映项目的整体效果，需要建立一套项目后评价指标体系，从定量的角度衡量和分析项目实际效益与预测效益之间的偏差程度。根据这些定量指标评价项目的建设水平、项目效益水平以及项目对社会和环境的影响程度等，对整个项目作出全方位、准确的评价。

资源 9－4
一些水利工程项目后评价指标体系

在项目后评价指标体系中，涉及的评价指标从内容上来划分主要有反映项目投资前期的有关质量进度、投资和成本预测值的变化率；反映项目实施运行阶段的经济效果指标以及项目的社会效益和环境效益评价指标等。

9.3.2.1　反映项目前期和实施阶段效果的后评价指标

1. 实际项目决策（设计）周期变化率

该指标反映实际项目决策（设计）周期的变化程度，用实际项目决策（设计）周期与预计项目决策（设计）周期相对比。

$$项目决策(设计)周期变化率$$

$$=\frac{实际项目决策(设计)周期-预计项目决策(设计)周期}{预计项目决策(设计)周期}\times100\% \tag{9.1}$$

2. 项目实际建设工期变化率

该指标反映实际建设工期与计划安排的工期（或国家统一制定的合理工期）的偏离程度。

$$实际建设工期变化率=\frac{实际建设工期-预计(定额)建设工期}{预计(定额)建设工期}\times100\% \tag{9.2}$$

3. 实际工程合格（优良）品率

该指标反映项目的施工质量。

$$实际工程合格(优良)品率=\frac{实际单位工程合格(优良)品数量}{验收鉴定的单位工程总数}\times100\% \tag{9.3}$$

4. 实际总投资变化率

该指标反映实际总投资与项目可行性研究预计总投资的偏离程度，包括静态比较和动态比较。

$$静态(动态)总投资变化率$$

$$=\frac{实际静态(动态)总投资-预计静态(动态)总投资}{预计静态(动态)总投资}\times100\% \tag{9.4}$$

5. 实际单位生产能力（效益）投资及其变化率

实际单位生产能力（效益）投资指标反映竣工项目每增加单位生产能力（效益）所花费的投资。该指标把投资和投资效果联系起来，通过该指标反映投资的比较效果。

$$实际单位生产能力(效益)投资=\frac{工程项目总投资}{新增生产能力(效益)}\times100\% \tag{9.5}$$

实际单位生产能力（效益）投资变化率指标反映实际单位生产能力（效益）投资与设计单位生产能力（效益）投资的偏离（节约）程度。

$$实际单位生产能力(效益)投资变化率$$

$$=\frac{实际单位生产能力(效益)投资-设计单位生产能力(效益)投资}{设计单位生产能力(效益)投资}\times100\% \tag{9.6}$$

9.3.2.2　反映项目运营阶段效果的后评价指标

1. 项目实际达产年限变化率

该指标反映实际达产年限与设计达产年限的偏离程度。

$$达产年限变化率=\frac{实际达产年限-设计达产年限}{设计达产年限}\times100\% \tag{9.7}$$

2. 实际产品价格（成本）变化率

该指标可以衡量前评价中对产品价格（成本）的预测水平，也可以部分地解释实际投资效益与预期投资效益产生偏差的原因，还可以作为重新预测项目生命周期内产品价格（成本）变化情况的依据。该指标可以分三步计算：

（1）计算各年主要产品的价格（成本）变化率。

$$主要产品价格（成本）变化率$$

$$=\frac{当年实际产品价格（成本）-预测产品价格（成本）}{预测产品价格（成本）}\times100\%$$

(9.8)

（2）计算各年主要产品价格（成本）平均变化率。

$$各年主要产品价格（成本）平均变化率=\sum[该年主要产品价格（成本）变化率$$

$$\times该产品价格（成本）占总产值（总成本）的比例]$$

(9.9)

（3）计算考核期内产品价格（成本）变化率。

$$产品价格（成本）变化率=\frac{\sum各年主要产品价格（成本）平均变化率}{考核期年数}\times100\%$$

(9.10)

3. 实际投资利润（利税）率及其变化率

实际投资利润（利税）率指标是反映项目投资效果的一个重要指标。其中年实际利润（利税）是指项目达到设计生产能力后的实际年利润（利税）额或实际平均利润（利税）额。

$$实际投资利润（利税）率=\frac{年实际投资利润（利税）额}{实际总投资}\times100\%$$ (9.11)

实际投资利润（利税）变化率指标反映实际投资利润（利税）率与预测投资利润（利税）率的偏离程度。

$$实际投资利润（利税）变化率$$

$$=\frac{实际投资利润（利税）率-预测投资利润（利税）率}{预测投资利润（利税）率}\times100\%$$

(9.12)

9.3.2.3 反映项目全寿命期效果的后评价指标

1. 实际净现值及其变化率

实际净现值指标反映项目分析期内的动态获利能力，根据实际的费用流量和效益流量按式（5.6）计算。

实际净现值变化率指标反映实际净现值与预计净现值的偏差程度。

$$实际净现值变化率=\frac{实际净现值（后评价）-预计净现值（前评价）}{预计净现值（前评价）}\times100\%$$

(9.13)

2. 实际内部收益率

实际内部收益率是项目在后评价前实际发生的各年净现金流量和后评价时重新预测的项目生命周期内的各年净现金流量的现值之和为零时的折现率，按式（5.19）计算。

将后评价时计算得到的实际内部收益率与前评价时预测的内部收益率或行业基准投资收益率（i_c）进行比较，能清楚地反映出项目的实际投资效益。若实际内部收益率大于 i_c，或实际内部收益率大于前评价时预测的内部收益率，则说明项目的实际投资经济效益已达到或超过行业平均水平或预测的目标水平，有较好的投资经济效益。

3. 实际投资回收期

该指标是反映用项目实际产生的净收益或根据实际情况重新预测的净收益来抵偿总投资所需的时间。实际投资回收期分实际静态投资回收期和实际动态投资回收期。

其计算公式分别见式（5.1）和式（5.14），将计算结果与前评价的结果进行比较，以评价项目的实际效果。

4. 实际借款偿还期

该指标反映用项目实际产生的用于还款的折旧和部分税后利润来抵偿固定资产投资借款本金和建设期利息所需的时间。它反映项目的实际偿债能力，计算公式见式（6.12）。

5. 实际经济净现值和实际经济内部收益率

实际经济净现值和实际经济内部收益率是国民经济后评价的两个重要指标，其计算方法与经济净现值和经济内部收益率相同。但在计算这两个指标时必须考虑以下两个问题：一是项目投入物和产出物的影子价格的确定；另一个是项目的间接费用和间接效益的计算。

由于后评价是在项目竣工投产若干年后进行的，与前评价相隔时间较长，在此期间由于经济发展、产业结构调整和汇率变化，前评价时的影子价格已经不再符合实际，必须重新计算；对于项目的间接效益和间接费用，随着时间推移和其他项目建成投产等，预期的间接效益会随之消失，间接费用也会有所变化。因此在后评价时均应重新加以考虑，作出新的符合实际的评价。

9.3.2.4　反映项目社会效益和环境效益的后评价指标

反映项目社会效益和环境效益的后评价指标可分为定性效益指标和定量效益指标两种类型。

反映社会和环境效益的定量指标有对资源的有效利用、先进技术的扩散、生产力布局的改善、工业产业结构的调整、促进地区经济平衡发展以及有利于生态平衡和环境保护等方面产生影响的描述。

反映项目社会效益和环境效益的定量指标有劳动就业效益、收入分配效益和综合能耗等。

1. 劳动就业效益的后评价指标

项目的劳动就业效益可分为直接劳动就业效益、间接劳动就业效益和总劳动就业效益三种。

$$直接劳动就业效益 = \frac{工程项目新增就业人数}{工程项目投资支出} \quad （人/万元） \qquad (9.14)$$

$$间接劳动就业效益 = \frac{相关项目新增就业人数}{相关项目投资支出} \quad （人/万元） \qquad (9.15)$$

$$总劳动就业效益 = \frac{工程项目新增就业人数 + 相关项目新增就业人数}{工程项目投资支出 + 相关项目投资支出} \quad （人/万元）$$

$$(9.16)$$

这里的相关项目是指与本工程的投入物或产出物相关联的项目。当相关项目难以确定时，也可只计配套项目，即为本项目服务的配套工程。劳动就业效益指标是指单位投资所创造的就业机会。在劳动力过剩、有较多失业人员存在的情况下，为了社会安定，分析项目的劳动就业机会，评价其对社会的贡献具有十分重要的意义。但是，劳动就业效益与技术进步和劳动生产率提高是有矛盾的。项目的自动化程度越高，工人的劳动生产率越高，所需要的劳动力就越少，项目的劳动就业效益也就越低。所以，劳动就业效益应与项目的目标联系起来分析和评价。

2. 收入分配效益的后评价指标

收入分配效益就是考察项目的国民收入净增值在职工、投资者、企业和国家等各利益主体之间的分配情况，并评价其公平性和合理性。

$$职工分配比重 = \frac{年职工工资收入 + 年职工福利费}{项目年国民收入净增值} \times 100\% \qquad (9.17)$$

$$投资者分配比重 = \frac{年投资者分配的利润}{项目年国民收入净增值} \times 100\% \qquad (9.18)$$

$$企业留用比重 = \frac{年提取法定盈余公积金 + 未分配利润}{项目年国民收入净增值} \times 100\% \qquad (9.19)$$

$$国家分配比重 = \frac{年上交国家财政税金 + 保险费 + 利息}{项目年国民收入净增值} \times 100\% \qquad (9.20)$$

式（9.17）～式（9.20）所计算的 4 项指标之和应等于 1。

国民收入净增值是指从事物质资料生产的劳动者在一定时期内所创造的价值，也就是从社会总产值中扣除生产过程中消耗掉的生产资料价值后的净产值。所以，项目年国民收入净增值应等于项目物质生产部门在正常生产经营年度的职工工资、职工福利费、税金、保险费、利息和税后利润的总和。

3. 综合能耗指标

$$国民收入综合能耗指标 = \frac{年度能源消耗量}{年度国民收入净增值} \qquad (9.21)$$

式中的能源消耗量是指生产时耗用的煤、油、气等折合成标准煤的吨数，该指标反映项目能源利用状况和对社会效益带来的影响。

在实际的项目后评价中，还要根据具体项目，如不同行业、不同类型以及区域经济环境不同的项目，制定具体的后评价要求或设置一些其他评价指标。通过对这些评价指标的计算和对比，可以寻找并发现项目实际运行情况和预期目标的偏差及其偏离程度。在对这些偏差进行分析的基础上可以对产生偏差的各种因素采取具有针对性的措施，以保证项目正常运营并取得更大效益。对有规律性或有代表性的后评价结论应加以提炼总结，供其他类似工程借鉴和参考。

思 考 与 习 题

1. 什么是项目后评价？项目后评价有何作用？
2. 项目后评价与项目前评价的区别是什么？
3. 项目后评价有哪些特点？

4. 项目后评价的基本内容是什么？

5. 项目后评价中，常采用的方法有哪几种？

6. 怎样选择项目后评价对象？

7. 如何进行项目后评价？

第 10 章

工程经济预测

10.1 预测方法与应用

10.1.1 经济预测的目的与基本步骤

1. 目的

"凡事预则立,不预则废",计划和目标给出了未来发展的方向,但未来是不确定的,这就需要预测,通过预测,把那些不确定因素的发生、发展及变化趋势尽可能地确定下来。预测就是根据过去和现在的已知因素,运用人们的知识、经验和科学方法,对事物未来的发展趋势进行预计和推测。预测为计划和决策提供依据,也是计划和决策的重要组成部分。预测技术应用于经济领域就形成了经济预测。经济预测是为了适应社会化大生产,伴随着生产力的发展而发展起来的一门边缘学科。它以哲学为理论基础,根据经济学原理,依据历史资料或数据,应用数理统计以及数量经济与技术经济的方法,按照事物自身的逻辑性,对客观经济过程及其要素的变动趋势作出描绘,从而达到预测未来的目的。

2. 基本步骤

预测过程包括以下六个步骤:

(1)确定预测目标。根据社会需求、一般情报和创造性的直觉,按照计划和决策需要,提出预测的项目,确定预测要解决的具体问题、预测内容、预测期限,提出基本假设,拟订预测提纲。

(2)调查、收集、整理资料。获得资料是预测的第二步工作,有些资料可能是现成的二手资料,但更多的可能需要通过调查。调查是一项基础性工作,要采用适当的调查方法,设计好调查样本和调查表,保证调查资料全面、可靠。

(3)选择预测方法。应根据不同的预测项目,选择适当的预测方法,比如,定性的或定量的、短期的或中长期的、技术预测或经济预测等,并要注意各种方法综合使用,相互印证。

(4)进行预测。

(5)分析、评价预测结果。

(6)写出预测报告,提交决策者。

10.1.2 预测的依据

(1)事物发展都有自身的规律,人类通过实践可以逐步认识规律,并据此预测未来。这是预测的哲学基础。

资源 10 - 1
工程经济预
测的目的和
步骤

（2）事物沿时间轴演变的延续性（即惯性）是一切事物普遍具有的属性，是预测能进行的基本依据。惯性越大，过去和现在的信息对未来的影响越强；惯性越小，这种影响就越弱。例如各种因果关系回归模型和投入产出模型能用于预测的依据就是系统的结构将延续到预测期；各种时间序列模型能用于预测的根据就是系统的某些趋势和功能将延续到预测期。

（3）任何系统都不是孤立的，系统的发展变化都有一定的原因。故可通过因果关系进行预测，这是回归模型用于预测的依据。

（4）人类对客观事物的认识是不断深化和完善的，因此必须根据事物发展中反馈的新信息，及时修正原有的预测，并做出相应的决策。

10.1.3　预测的分类和特点

预测对象不同，适用的预测方法也不同。现有的预测方法将近 300 种。主要的预测方法常按预测性质及其要求进行分类。

1. 按预测结果的性质分类

（1）定性经济预测：主要用于对预测对象未来的趋势和性质作预测，主要依靠预测者根据历史资料的分析和对未来条件的研究作出主观的判断。常用的有德尔菲（Delphi）法、主观概率法等。

（2）定量经济预测：主要用于对预测对象未来的状况作出定量的描述，预测者利用历史和现状的数据，建立模型进行分析。常用的有时间序列法、回归法、经济计量模型法等。

复杂大系统的预测则需要用多种方法定性与定量相结合地进行。

2. 按预测的期限分类

（1）短期经济预测：一般以月、季度或一年为期限。

（2）中期经济预测：一般为一至五年。

（3）长期经济预测：一般为五年以上。

3. 按经济预测的范围分类

预测方法按经济预测的范围分为部门内预测、跨部门预测、宏观经济预测等。

10.1.4　经济预测方法

10.1.4.1　定性经济预测

定性经济预测以预测者对系统的认识和经验为基础，判断系统的发展趋势。定性预测方法适用于缺乏数据资料情况下的预测，其优点是简单、灵活，缺点是主观性较强。目前常用于经济预测的方法有德尔菲法和主观概率法。以下简要介绍德尔菲法。

德尔菲法又称专家预测法，是 20 世纪 40 年代末由美国兰德公司研究员赫尔默和达尔奇设计的，1950 年就已开始使用，早期主要应用于科学技术预测方面，从 60 年代中期以来，逐渐被广泛应用于预测商业和整个国民经济的发展方面。特别是在缺乏详细充分的统计资料，无法采用其他更精确的预测方法时，这种方法具有独特优势。德尔菲法是由预测机构或人员采用通信的方式和各个专家单独联系，征询对预测问题的答案，并把各专家的答案进行汇总整理，再反馈给专家征询意见。如此反复多次，

资源 10-2
经济预测

资源 10-3
主观概率法

资源 10-4
德尔菲法

最后由预测组织者综合专家意见，做出预测结论。

1. **德尔菲法的基本步骤**

（1）确定预测题目。预测题目是预测所要研究和解决的课题，即预测的中心和目的。预测题目应根据国家的经济政策和经济任务来确定。应该选择那些有研究价值的或者对本单位、本地区今后发展有重要影响的课题。题目要具体明确。

（2）成立专家小组。专家是指对预测课题有深切了解，熟悉情况，有这方面的专长，又有分析和预测能力的人。选择专家的条件：一是要在本专业领域有丰富的实际工作经验，或者有较深的理论修养，或者对预测课题有关的领域很熟悉，有研究；二是对该项预测有热心，有兴趣，愿意参加并能胜任。选定专家以后，要由预测机构指定专人负责与之通信，建立单独联系。专家小组的人数，一般20～50人为宜。人数太少，不能集思广益，并造成汇总的综合指标没有意义，因为相对指标和平均指标都要有大量数据才能计算。而人数太多，又不易掌握和联络，并增加预测工作量。

（3）制定调查表。调查表是把调查项目有次序排列的一种表格形式。调查项目是要求专家回答的各种问题。调查项目要紧紧围绕预测的题目，应该少而精，含义要具体明确，使回答人都能正确理解。同时可编制填表说明，并提供背景材料。

（4）进行逐轮征询。

第一轮：把调查表发给各个专家，要求他们对调查表中提出的问题一一做出回答。在规定时间内将专家意见收回。

第二轮：把第一轮收到的意见进行综合整理，"反馈"给每个专家，要求他们澄清自己的观点，提出更加明确的意见，要求专家回答。

第三轮：把第二轮收到的意见进行整理，"再反馈"给每个专家，这就是"交换意见"。这些意见是经过整理了的，不是具体说明谁的意见是什么，而是只说有几种什么意见，让专家重新考虑自己的意见。以后再这样一轮一轮地继续下去。反复征询意见的轮数，国外一般用四～五轮。每一轮都把上一轮的回答用统计方法进行综合整理。方法之一是在专家意见比较均匀分布时，通常利用中位数和四分位数计算出所有回答的平均数和离差，在下一轮中告诉各个专家。平均数一般用中位数，预测区间用四分位数之间的间距。

$$中位数 = \frac{1}{2}（最大值＋最小值）$$

$$上四分位数 = \frac{1}{2}（中位数＋最大值）$$

$$下四分位数 = \frac{1}{2}（中位数＋最小值）$$

（5）做出预测结论。经过多次反馈后，由预测机构对专家意见进行统计分析和综合，最后做出正式的预测结论。

2. **德尔菲法的优缺点**

德尔菲法有以下优点：①专家对问题的回答有一定的时间准备，能使答案比较成熟，并可以集各种专家之专长；②在征询意见的几轮反复中，专家能了解不同的意见，而经过不同的分析后提出的看法较为完善；③征询过程中用匿名方式进行，有利于各位专家敞开思想，独立思考，不为少数权威意见所左右；④对专家意见的汇总整理，采用数理统计方法，使定性的调查有了定量的说明，所得结论更为科学。

德尔菲法存在的主要缺点为：①预测结果取决于专家对预测对象的主观看法，受专家的学识、评价尺度及兴趣爱好等主观因素的制约；②专家在日常工作中一般专业方向比较明确，容易在有限范围内进行习惯思维，往往不具备了解预测问题全局所必需的思想方法；③专家对问题的评价通常建立在直观的基础上，缺乏严格的考证，因此专家的预测结论往往是不稳定的；④专家对发展的趋势预测用直观外推方法，对大大超于现实的情况是难以估计的。

【例 10.1】　某灌区管理局，请 20 位农业专家对明年灌区的粮食产量增长百分数进行预测，管理局向专家提供了灌区近几年粮棉产量及其增长情况的统计资料。经过多次反馈后，各位专家预测的结果见表 10.1。试用德尔菲法，对该灌区棉粮产量的增长百分数做出预测结论。

表 10.1　　　　　　　　　　　　专家预测成果统计表

粮棉增长百分数/%	15	12	10	8	6
同意此值的专家/人	2	5	4	6	3

解：对各位专家的预测值平等对待，用算术平均值法计算预测平均值：

$$M = \frac{15\% \times 2 + 12\% \times 5 + 10\% \times 4 + 8\% \times 6 + 6\% \times 3}{2 + 5 + 4 + 6 + 3} = 9.8\%$$

则该灌区粮棉产量增加的百分数预测值为 9.8%。

说明：一般当参加预测专家的知识和业务水平相差较大时，应分别对各专家的预测结果给予不同的权重，此时宜采用加权平均法计算预测值。

10.1.4.2　定量经济预测

定量经济预测主要用于对预测对象未来的状况做出定量的描述，预测者利用历史和现状的数据，建立模型进行分析。常用的有回归预测方法、时间序列预测方法等。

1. 回归预测方法

资源 10 - 5
回归分析法

回归预测是一种常用的定量预测方法，通过建立预测对象与其主要影响因素的回归模型而进行预测。回归预测中，变量之间的关系不是对等的，必须根据研究目的区分自变量和因变量。如果研究的是一个因变量和一个自变量之间的关系，则称为一元回归；如果研究的是一个因变量和两个或两个以上的自变量之间的关系，则称为多元回归。另外，根据回归方程式的特征，回归分析可分为线性回归和非线性回归。因为任何非线性回归都可以转化为线性回归或者分段逼近线性回归，所以这里主要研究线性回归。在线性回归中重点研究一元线性回归，因为一元线性回归的理论较完整、成熟，并且可以推广到多元线性回归中应用。

（1）一元线性回归的基本方程。

$$y = a + bx \tag{10.1}$$

式中：y 为预测目标；x 为自变量；a，b 为回归系数。

（2）系数 a、b 估计。利用最小二乘法求系数 a、b 的估计值。

$$a = \frac{\sum x^2 \sum y - \sum x \sum xy}{n \sum x^2 - (\sum x)^2} \tag{10.2}$$

$$b = \frac{n \sum xy - \sum x \sum y}{n \sum x^2 - (\sum x)^2} \tag{10.3}$$

$$r = \frac{\sum (x - \overline{x})(y - \overline{y})}{\sqrt{\sum (x - \overline{x})^2} \sqrt{\sum (y - \overline{y})^2}} \tag{10.4}$$

$$\overline{x} = \frac{\sum\limits_{i=1}^{n} x_i}{n} ; \quad \overline{y} = \frac{\sum\limits_{i=1}^{n} y_i}{n} \tag{10.5}$$

式中：$\overline{x}$、$\overline{y}$ 为群观测数据 x、y 的算术平均数；r 为相关系数；n 为观测数据的项数；

（3）相关系数 r。在应用预测回归方程之前，还要利用相关系数检验 y 与 x 之间的线性关系是否显著。一般情况下，计算出的相关系数值应与相关系数检验表值 r_0 对照。如果 $|r| > r_0$，表示 y 与 x 有显著的线性相关关系，方程可以用来进行预测；如果 $|r| < r_0$，表示 y 与 x 没有显著的线性相关关系，因此方程不能用来进行预测。需要说明的是，r_0 取值不仅与置信度 α 有关，而且与数据点的个数 n 也有关。

【例 10.2】 已知某河流某水文站年径流 y 和年降雨量 x 统计资料见表 10.2。

表 10.2 　　　　　　　　某河流某水文站年降雨量和年径流量统计表　　　　　　　　单位：mm

年份	2004	2005	2006	2007	2008	2009	2010	2011	2012	2013	2014	2015	2016
x	2014	1211	1728	1157	1257	1029	1306	1029	1316	1356	1266	1052	1029
y	1362	728	1369	695	720	534	778	337	809	929	796	383	534

根据天气预报，2017 年的年降雨量为 1052mm，为了对 2017 年各用水户用水量进行预分配，试对 2017 年的年径流量进行预测。

解： 利用式（10.2）～式（10.5）计算回归方程的系数：

$$\overline{x} = 1288 ; \quad \overline{y} = 767$$

$$r = 0.952$$

$$a = -568.9 ; \quad b = 1.037$$

将参数值代入回归方程得：$y = 1.037x - 568.9$。

又因为 $r = 0.952 \geqslant r_0 = 0.684$（$\alpha = 0.01$），故可以用此方程预测 2017 年的年径流量为 522.02mm。

（4）回归预测的特点。考虑了相关性，运用有关数理统计方法对回归方程进行统计检验，对预测对象变化的可能性具有一定的辨别能力。

但也有一些问题：①计算工作量大；②对"古老"数据与"新鲜"数据同等对待；③只注重过去数据的拟合，不注意外推性。对相关因素的选取往往取决于预测者的学识和经验。因为相关并不等同于因果关系，尽管有些变量与预测变量之间有很强的相关关系，但实际上可能对决策变量并无任何影响。

2. 时间序列预测方法

根据预测对象自身的历史演化资料（时间序列），利用时间序列的有关分析方法对其发展趋势进行预测。时间序列预测方法主要用于短期预测。对于确定性时间序列预测方法一般采用平滑预测。平滑是指消除或部分消除反映历史情况的时间序列数据的起伏波动，以便分析事物发展的趋势。常用的平滑预测包括移动平滑法和指数平滑法两种。

（1）移动平滑法。移动平滑法是指对于给定的一组历史数据，计算这种历史数据的平均值，然后将这一平均值作为下一期的预测值。

资源 10－6
移动平滑法

基本思路：一般情况下，不用于直接预测，而是根据一次和二次移动的平均数，先建立移动平滑预测模型，然后再进行预测。当原始数据的时间序列具有线性趋势时，多采用此种方法。

方法步骤如下：

1）计算一次移动平滑值 $M_t^{(1)}$。

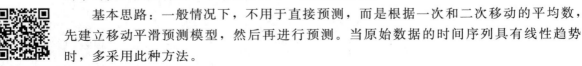

$$M_t^{(1)} = \frac{y_t + y_{t-1} + \cdots + y_{t-N+1}}{N} \quad (t \geqslant N) \tag{10.6}$$

式中：$M_t^{(1)}$ 为序列 y_t、y_{t-1}、$\cdots$、y_{t-N+1} 的一次移动平滑值；y_t 为第 t 个实测数据；t 为实测数据的序号；N 为移动平滑时所取的时段数（或者为跨越周期）。

从式（10.6）中可知，N 的取值直接影响 $M_t^{(1)}$ 值的大小。N 值越大，包括在 M_t 中的数据点越多，修匀程度就越大；N 值越小，包括在 M_t 中的数据点越少，修匀程度就越小，原始序列的特征保留就多。实际中 N 值取 5～200。通常如果时间序列中含有大量随机成分，或预测对象发展趋势变化不大时，N 值可取大些；如果预测对象的基本趋势变化较大，或外部环境变化较大时，N 值则应取小些。

2）计算二次移动平滑值 $M_t^{(2)}$。

$$M_t^{(2)} = \frac{M_t^{(1)} + M_{t-1}^{(1)} + \cdots + M_{t-N+1}^{(1)}}{N} \tag{10.7}$$

式中符号意义同前。

3）建立预测模型。

$$\left. \begin{array}{l} \hat{y}_{t+T} = a_t + b_t T \\ a_t = 2M_t^{(1)} - M_t^{(2)} \\ b_t = \dfrac{2}{N-1}(M_t^{(1)} - M_t^{(2)}) \end{array} \right\} \tag{10.8}$$

式中：$\hat{y}_{t+T}$ 为时段 $t+T$ 的预测值；T 为外推期值；a_t、b_t 为参数；t 为最后一个实测数据的序号。

【例 10.3】 已知某省 2001—2018 年各年粮食单产数据 y，见表 10.3。

试用移动平滑法，取 $N=5$，建立粮食单产的预测模型，并外推预测 2019 年和 2020 年的粮食单产。

解：1）计算一次和二次移动平滑值。$N=5$，根据式（10.6）和式（10.7）计算，结果见表 10.4。

表10.3 某省2001—2018年各年粮食单产

序号	1	2	3	4	5	6	7	8	9
年份	2001	2002	2003	2004	2005	2006	2007	2008	2009
粮食单产 /(kg/hm²)	1770	1740	1995	2010	2115	2325	2145	2295	2355
序号	10	11	12	13	14	15	16	17	18
年份	2010	2011	2012	2013	2014	2015	2016	2017	2018
粮食单产 /(kg/hm²)	2430	2565	2490	3120	3210	3000	2715	3150	2940

表10.4 一次和二次移动平滑值计算表

年份	序号	粮食单产 y_t/(kg/hm²)	$M_t^{(1)}$	$M_t^{(2)}$	年份	序号	粮食单产 y_t/(kg/hm²)	$M_t^{(1)}$	$M_t^{(2)}$
2001	1	1770			2010	10	2430	2310	2178
2002	2	1740			2011	11	2565	2358	2242.2
2003	3	1995			2012	12	2490	2427	2304
2004	4	2010			2013	13	3120	2592	2386.8
2005	5	2115	1926		2014	14	3210	2763	2490
2006	6	2325	2037		2015	15	3000	2877	2603.4
2007	7	2145	2118		2016	16	2715	2907	2713.2
2008	8	2295	2178		2017	17	3150	3039	2835.6
2009	9	2355	2247	2101.2	2018	18	2940	3003	2917.8

2) 建立预测模型。

取 $t=18$ 为基期，根据式（10.8）计算得

$$a_{18}=2M_{18}^{(1)}-M_{18}^{(2)}=2\times3003-2917.8=3088.2$$

$$b_{18}=\frac{2}{N-1}(M_{18}^{(1)}-M_{18}^{(2)})=\frac{2}{5-1}\times(3003-2917.8)=42.6$$

预测模型为

$$\hat{y}_{18+T}=a_{18}+b_{18}T$$

$$\hat{y}_{19}=\hat{y}_{18+1}=3088.2+42.6\times1=3130.8 \ (\text{kg/hm}^2)$$

$$\hat{y}_{20}=\hat{y}_{18+2}=3088.2+42.6\times2=3173.4 \ (\text{kg/hm}^2)$$

即预测2019年和2020年的粮食单产分别为3130.8kg/hm²和3173.4kg/hm²。

移动平滑法具有简单、直观、容易理解等优点，而且很容易从数据序列中排除随机干扰项，常用于近期预测。

（2）指数平滑法。

1) 指数平滑法是移动平滑法的改进。其基本思路是：在预测研究中越近期的数据越应受到重视，时间序列数据中各数据的重要程度由近及远呈指数规律递减，故对时间序列数据的平滑处理应采用加权平均的方法。指数平滑法就是一种加权平均法，

资源 10-7
指数平滑法

但这个权数根据过去的预测数和实际数的差异确定，这样取得的权数称为平滑系数。

a. 设时间序列 y_1，y_2，$\cdots$，y_t，其一次指数平滑值 $S_t^{(1)}$ 的计算式为

$$S_t^{(1)} = \alpha y_t + (1-\alpha) S_{t-1}^{(1)} \tag{10.9}$$

式中：α 为加权系数，$0 \leqslant \alpha \leqslant 1$。

由式（10.9）得

$$S_{t-1}^{(1)} = \alpha y_{t-1} + (1-\alpha) S_{t-2}^{(1)}$$
$$S_{t-2}^{(1)} = \alpha y_{t-2} + (1-\alpha) S_{t-3}^{(1)}$$
$$\vdots$$
$$S_2^{(1)} = \alpha y_2 + (1-\alpha) S_1^{(1)}$$
$$S_1^{(1)} = \alpha y_1 + (1-\alpha) S_0^{(1)}$$

依次代入式（10.9）得

$$S_t^{(1)} = \alpha y_1 + \alpha(1-\alpha) y_{t-1} + \alpha(1-\alpha)^2 y_{t-2} + \alpha(1-\alpha)^3 y_{t-3} + \cdots$$
$$+ \alpha(1-\alpha)^{t-1} y_1 + (1-\alpha)^t S_0^{(1)} \tag{10.10}$$

由于时间序列是由 $t=1$ 开始的，所以 $S_0^{(1)}$ 不能直接得到，而需要根据不同的情况确定。当数据序列较长（$t>20$）时，$S_0^{(1)}$ 对 $S_t^{(1)}$ 的影响已很小，因而可取 $S_0^{(1)} = y_1$。当数据序列较短时，一般取 $S_0^{(1)}$ 为最初若干个数据的平均值。若数据序列较平稳，可取前 $3\sim5$ 个数据的平均数；若数据序列波动较大，则可取第一个波动周期中各数据的平均值。

b. 对一次指数平滑的序列再进行一次指数平滑可以得到二次指数平滑值 $S_t^{(2)}$，对二次指数平滑值再进行一次指数平滑就得三次指数平滑值 $S_t^{(3)}$，计算公式分别为

$$S_t^{(2)} = \alpha S_t^{(1)} + (1-\alpha) S_{t-1}^{(2)} \tag{10.11}$$
$$S_t^{(3)} = \alpha S_t^{(2)} + (1-\alpha) S_{t-1}^{(3)} \tag{10.12}$$

2）指数平滑预测模型。常用的指数平滑预测模型包括三种：水平趋势、线性趋势和二次曲线趋势。

a. 水平趋势。其预测模型为

$$\hat{y}_{t+T} = S_t^{(1)} \tag{10.13}$$

b. 线性趋势。其预测模型为

$$\left. \begin{aligned} \hat{y}_{t+T} &= a_t + b_t T \\ a_t &= 2S_t^{(1)} - S_t^{(2)} \\ b_t &= \frac{\alpha}{1-\alpha}(S_t^{(1)} - S_t^{(2)}) \end{aligned} \right\} \tag{10.14}$$

c. 二次曲线趋势。

$$\hat{y}_{t+T} = a_t + b_t T + c_t T^2$$
$$a_t = 3S_t^{(1)} - 3S_t^{(2)} + S_t^{(3)}$$

其预测模型为

$$b_t = \frac{\alpha}{2(1-\alpha)^2}\left[(6-5\alpha)S_t^{(1)} - 2(5-4\alpha)S_t^{(2)} + (4-3\alpha)S_t^{(3)}\right]$$

$$c_t = \frac{\alpha^2}{(1-\alpha)^2}(S_t^{(1)} - 2S_t^{(2)} + S_t^{(3)})$$

（10.15）

3）系数 α 的确定。指数平滑法中，α 值的选择对预测结果影响很大。α 值越大，则对近期数据的影响就越大，α 值越小，则对近期数据的影响就越弱。α 值由预测者定性地凭经验选定。α 值取值范围一般为 0.1～0.3 为宜，一般来说，对于数据趋势比较稳定的系列，α 值应该取小些；如果外部环境变化较快，则 α 值应该取大些，以发挥近期数据对预测结果的影响。也可以对 α 值进行试选，待求出预测模型后再用历史数据检验其精度，必要时进行修正。

4）指数平滑法的特点。其优点是它对时间序列的每个数据按指数规律给予不同权数，对近期数据给予较大的权数，反映了近大远小的特征；缺点是需要的数据量大。

【例 10.4】 以［例 10.3］中的数据为依据，建立指数平滑预测模型，分别建立线性的和非线性的模型，预测 2019 年、2020 年、2024 年、2030 年的粮食单产。

解： 取 $\alpha = 0.3$；$y_0 = S_0^{(1)} = S_0^{(2)} = S_0^{(3)} = \dfrac{y_1 + y_2 + y_3}{3}$。

根据式（10.10）～式（10.12）计算一、二、三次指数平滑值，见表 10.5。

表 10.5　　　　　　　　　原始数据与一、二、三次指数平滑值

年份	序号	粮食单产 y_t /(kg/hm²)	$S_t^{(1)}$	$S_t^{(2)}$	$S_t^{(3)}$
	0	1835	1835	1835	1835
2001	1	1770	1816	1829	1833
2002	2	1740	1793	1818	1829
2003	3	1995	1853	1829	1829
2004	4	2010	1900	1850	1835
2005	5	2115	1965	1885	1850
2006	6	2325	2073	1941	1877
2007	7	2145	2095	1987	1910
2008	8	2295	2155	2037	1948
2009	9	2355	2215	2091	1991
2010	10	2430	2279	2147	2038
2011	11	2565	2365	2213	2090
2012	12	2490	2403	2270	2144
2013	13	3120	2618	2374	2213
2014	14	3210	2795	2500	2299
2015	15	3000	2857	2607	2392
2016	16	2715	2814	2669	2475
2017	17	3150	2915	2743	2555
2018	18	2940	2922	2797	2628

取 $t=18$ 为基期。

（1）利用线性模型，根据式（10.12）可计算出：$a_{18}=3048.1$，$b_{18}=53.8$。得预测模型：

$$\hat{y}_{18+T}=3048.1+53.8T$$

$T=1$、2、6、12 的预测结果见表 10.6。

表 10.6　　　　　　　　　　粮 食 单 产 的 预 测 值

年份	2019	2020	2024	2030
序号	1	2	6	12
预测值/(kg/hm^2)	3102	3156	3371	3693

（2）利用二次曲线模型，根据式（10.13）可计算出：$a_{18}=3004.6$，$b_{18}=6.17$，$c_{18}=-3.91$。得预测模型：

$$\hat{y}_{18+T}=3004.6+6.17T-3.91T^2$$

$T=1$、2、6、12 的预测结果见表 10.7。

表 10.7　　　　　　　　　　粮 食 单 产 的 预 测 值

年份	2019	2020	2024	2030
序号	1	2	6	12
预测值/(kg/hm^2)	3006	3001	2901	2515

从本例题可以看出不同计算公式得到的预测模型不同，预测结果也不同。所以进行经济预测时，选用什么模型、什么公式，应根据问题的具体性质确定。如果模型和参数的选择无把握时，可以将几种预测模型计算结果进行分析比较，并用历史数据进行检验，以便选择一组合适的预测值。

10.2　投入产出分析方法及其应用

投入产出分析属于确定型模型，用来描述经济数量间的确定关系，表现出经济数量间的必然性。

资源 10-8
投入产出
分析

10.2.1　投入产出表的结构

投入产出表一般有以下两种类型。

1. 投入产出报告表

这是把国家、地区、企业或水利工程管理单位过去的生产和消耗情况（以货币或实物形式表示）列成表格形式，以便了解该系统内各部门、各单位间相互关联的实际状况，为进一步分析提供依据。

2. 投入产出计划表

这是对系统内各部门未来的生产活动进行计划和平衡的表格，也是研究和制订最优经济计划的基础。由于计量单位不同，投入产出表的形式可分为价值型和实物型两种。表 10.8 为某地区各部门间的价值型投入产出表。

表 10.8 　　　　　　　　　**某地区各部门间价值型投入产出表**　　　　　单位：亿元

投入 ＼ 产出		各部门的中间需求				最终产值	产出总额
		工业	农业及水利	交通运输	合计		
各部门的中间投入	工业	6	2	4	12	8	20
	农业及水利	2	1	1	4	6	10
	交通运输	4	2	3	9	1	10
	合计	12	5	8	25	15	40
增加价值或基本投入 （劳动报酬和社会纯收入之和）		8	5	2	15		
投入总额		20	10	10	40		

表 10.8 是由三个部门构成的价值型投入产出表。横向表示各部门产出产品的流向和流量；纵向表示各部门的投入。例如：表中第一行表示工业部门的总产出为 20 亿元。其中，产品的具体流向和流量是：工业部门自身消耗 6 亿元；农业及水利部门生产性消耗 2 亿元；交通运输部门生产性消耗 4 亿元；工业部门最终提供社会消费、出口和储备的产品为 8 亿元。表中第一列表示工业部门投入构成。其中，工业部门自身投入为 6 亿元；农业及水利部门投入为 2 亿元；交通运输部门投入为 4 亿元；工业部门新创造价值（或称基本投入）包括劳动报酬（工资、奖金等）和社会纯收入（利润、税金等），共 8 亿元。所以工业部门需要的总投入为 20 亿元。每个部门的总投入和总产出量应该是相等的。

表 10.8 反映了部门间投入和产出结构的具体概貌，它的一般结构形式可用表 10.9 表示。表中 x_{ij} 表示第 j 部门对第 i 部门产品的需求量（或需求产值），或称第 i 部门对第 j 部门产品的投入量（或投入价值）；y_i 为第 i 部门提供的最终产品数量（或最终产品的产值）；x_i 为第 i 部门总产出量（或产出总额）；V_j 为第 j 部门的工资额；M_j 为第 j 部门所创造的税金和利润之和；n 为部门总数。

表 10.9 　　　　　　　　　　　　**价值型投入产出表一般形式**

投入 ＼ 产出		中间需求（或中间产品）							最终产值				产出总额
		1	2	⋯	j	⋯	n	合计	消费	储备	出口	合计	
中间投入	1	x_{11}	x_{12}	⋯	x_{1j}	⋯	x_{1n}	$\sum_{j=1}^{n} x_{1j}$				y_1	x_1
	2	x_{21}	x_{22}	⋯	x_{2j}	⋯	x_{2n}	$\sum_{j=1}^{n} x_{2j}$				y_2	x_2
	⋮	⋮	⋮	⋮	⋮	⋮	⋮	⋮				⋮	⋮
	i	x_{i1}	x_{i2}	⋯	x_{ij}	⋯	x_{in}	$\sum_{j=1}^{n} x_{ij}$				y_i	x_i
	⋮	⋮	⋮	⋮	⋮	⋮	⋮	⋮				⋮	⋮
	n	x_{n1}	x_{n2}	⋯	x_{nj}	⋯	x_{nn}	$\sum_{j=1}^{n} x_{nj}$					
	合计	$\sum_{n=1}^{n} x_{1i}$	$\sum_{i=1}^{n} x_{2i}$	⋯	$\sum_{i=1}^{n} x_{ij}$	⋯	$\sum_{i=1}^{n} x_{ij}$	$\sum_{i=1}^{n}\sum_{j=1}^{n} x_{ij}$				$\sum_{i=1}^{n} y_i$	$\sum_{i=1}^{n} x_i$

续表

投入＼产出		中间需求（或中间产品）							最终产值				产出总额
		1	2	…	j	…	n	合计	消费	储售	出口	合计	
新创造价值	劳动报酬	V_1	V_2	…	V_j	…	V_n	$\sum_{j=1}^{n} V_n$					
	社会纯收入	M_1	M_2	…	M_j	…	M_n	$\sum_{j=1}^{n} M_j$					
	合计	z_1	z_2	…	z_j	…	z_n	$\sum_{j=1}^{n} z_j$					
投入总额		x_1	x_2	…	x_j	…	x_n	$\sum_{j=1}^{n} x_j$					

（1）价值型投入产出表。表 10.9 以黑实线为界分为四个部分；左上角为第Ⅰ部分，它表明 n 个生产部门之间，中间产品的分配和消耗情况；右上角即第Ⅱ部分表示各部门最终产品的数量和构成；左下角第Ⅲ部分为各部门新创造的价值（工资和纯收入）；右下角第Ⅳ部分反映国民收入的再分配过程，如工农业的收入在卫生保健、文化教育等方面的分配情况等。由于再分配过程极其复杂，无法在第Ⅳ部分表示清楚，所以一般的投入产出表中均把该部分略去。

投入产出表的结构形式可以根据实际需要拟定。有些项目可以分列：如社会纯收入可以分为利润和税金两项；也可以将工资、利润、税金等项综合成为一项列入新创造的价值栏内。

（2）实物型投入产出表。实物型投入产出表的结构一般都比较简单，常分为左、右两部分。左边部分表示各种产品的生产与中间消耗的情况，右边部分反映产品的分配与最终产品的数量关系，见表 10.10。

表 10.10　实物型投入产出表的一般形式

投入＼产出			中间产品							最终产品							总产品
			粮食	棉花	…	轻工机械	…	建筑安装	合计	生活消费	增加库存	增加国家储备	进口	出口	合计		
			1	2	…	j	…	n									
粮食	1	t	x_{11}	x_{12}	…	x_{1j}	…	x_{1n}								y_1	x_1
棉花	2		x_{21}	x_{22}	…	x_{2j}	…	x_{2n}								y_2	x_2
⋮	⋮	⋮	⋮	⋮	…	⋮	⋮	⋮								⋮	⋮
水利建设	i	亿元	x_{i1}	x_{i2}		x_{ij}		x_{in}								y_i	x_i
⋮	⋮	⋮	⋮	⋮	…	⋮	⋮	⋮								⋮	⋮
建筑安装	n		x_{n1}	x_{n2}	…	x_{nj}	…	x_{nn}								y_n	x_n

表 10.10 中：x_i 为第 i 种产品的总产量，以实物单位计量；y_i 为第 i 种产品的最终产量；x_{ij} 为第 j 种产品生产中，第 i 种产品的消耗量。当 $i=j$ 时，x_{ij} 为自耗产品数量。

10.2.2　投入产出的数学模型
10.2.2.1　基本平衡方程式

由表 10.9 的结构可以看出，投入产出表的水平方向反映了每个部门的总产出。其中，一部分流向系统内其他部门供其使用；另一部分作为最终产品流出系统。表中每一横行的产出总额等于相应横行其他数值之和。这一产销平衡关系可用公式表示为

$$x_i = \sum_{j=1}^{n} x_{ij} + y_i \quad (i = 1, 2, \cdots, n) \tag{10.16}$$

投入产出表的垂直方向反映了各部门投入某产品价值构成情况，投入总额可用公式表示为

$$x_j = \sum_{i=1}^{n} x_{ij} + z_j \quad (j = 1, 2, \cdots, n) \tag{10.17}$$

式（10.16）、式（10.17）分别从产品分配、价值形成两个方面，表达投入产出表中各部门间投入和产出的数量平衡关系，也是建立数学模型的基本方程。对于实物型投入产出表，因各种实物计量单位不同，所以不存在如式（10.17）垂直方向的平衡关系。

由于各部门投入量之和应与各部门产出总量相等，所以有

$$\sum_{j=1}^{n} x_j = \sum_{i=1}^{n} x_i \tag{10.18}$$

由于 $\sum_{i=1}^{n} \sum_{j=1}^{n} x_{ij}$ 与 $\sum_{j=1}^{n} \sum_{i=1}^{n} x_{ij}$ 都是各部门中间产出消耗量之和，所以

$$\sum_{i=1}^{n} \sum_{j=1}^{n} x_{ij} = \sum_{j=1}^{n} \sum_{i=1}^{n} x_{ij} \tag{10.19}$$

由式（10.16）～式（10.19）可以得出

$$\sum_{i=1}^{n} y_i = \sum_{j=1}^{n} z_j \tag{10.20}$$

式（10.20）说明各部门最终产品的价值之和应与各部门新创造价值之和相等。

10.2.2.2　直接消耗系数和完全消耗系数

各生产部门每种产品的产出量与各部门投入物资的量之间存在着一种相对稳定、并可计量的比例。计算公式为

$$a_{ij} = \frac{x_{ij}}{x_j} \tag{10.21}$$

式中：a_{ij} 为直接消耗系数，表示 j 部门生产单位产品所需要消耗 i 部门产品的数量。在价值型模型中，它必定满足 $0 \leqslant a_{ij} \leqslant 1$ 的关系；在实物型投入产出模型中，它满足 $a_{ij} \geqslant 0$ 的关系。直接消耗系数的大小是由技术和管理水平决定的，故有人称为技术系数，它清楚地揭示了部门间的技术经济联系。

表示各种产品直接消耗系数 a_{ij} 的表格为直接消耗系数表，见表 10.11。其阵列称为直接消耗系数矩阵，并用 **A** 表示。

表 10.11　　　　　　　　　　　直 接 消 耗 系 数 表

部门	1	2	$\cdots$	n
1	a_{11}	a_{12}	$\cdots$	a_{1n}
2	a_{21}	a_{22}	$\cdots$	a_{2n}
$\vdots$	$\vdots$	$\vdots$	$\vdots$	$\vdots$
n	a_{n1}	a_{n2}	$\cdots$	a_{nn}

$$A = \begin{bmatrix} a_{11} & a_{12} & \cdots & a_{1n} \\ a_{21} & a_{22} & \cdots & a_{2n} \\ \vdots & \vdots & \ddots & \vdots \\ a_{n1} & a_{n2} & \cdots & a_{nn} \end{bmatrix}$$

矩阵 A 反映了各部门之间的直接消耗关系，是计算完全消耗系数和建立数学模型的基础。同理，间接消耗系数是反映各部门之间的间接消耗关系的。例如，水利工程施工中消耗的电力属于水利部门的直接消耗。水利建设中所需要的水泥和钢筋等建筑材料，则是通过有关部门生产出来的。这些部门也需要电力，这就是水利部门对电力的间接消耗，可用间接消耗系数 $\sum_{k=1}^{n} b_{ik} a_{kj}$ 表示。完全消耗系数等于直接消耗系数和间接消耗系数之和，即

$$b_{ij} = a_{ij} + \sum_{k=1}^{n} b_{ik} a_{kj} \tag{10.22}$$

式中：b_{ij} 为完全消耗系数，表示生产第 i 种产品对第 j 种产品的完全消耗量。

一般不用式（10.22）计算，通常用直接消耗系数矩阵 A 和单位矩阵 I 计算完全消耗系数矩阵 B。

$$B = (I - A)^{-1} - I \tag{10.23}$$

即

$$B = \begin{bmatrix} b_{11} & b_{12} & \cdots & b_{1n} \\ b_{21} & b_{22} & \cdots & b_{2n} \\ \vdots & \vdots & \ddots & \vdots \\ b_{n1} & b_{n2} & \cdots & b_{nn} \end{bmatrix}$$

直接消耗系数和完全消耗系数从不同角度定量地表达了各部门之间的关系，它是编制、修改和调整投入产出表的重要参数。

10.2.2.3　投入产出数学模型

根据基本平衡方程、直接消耗系数和间接消耗系数，可以建立模拟各部门活动规律的数学模型。由式（10.16）和式（10.21）可得

$$y_i = x_i - \sum_{i=1}^{n} a_{ij} x_j \qquad (i = 1, 2, \cdots, n) \tag{10.24}$$

可将此式写为矩阵形式：

$$Y = X - AX \tag{10.25}$$

式中：Y 为最终产品列向量；X 为投入总额列向量；A 为直接消耗系数矩阵。

由式（10.24）可以得到

$$X = (I - A)^{-1} Y \tag{10.26}$$

式（10.25）和式（10.26）是投入产出的关键数学方程。

【例 10.5】 某地区投入产出的制约关系见表 10.12。根据国民计划，要求某地区工业增加 10 亿元最终产品，农业及水利增加 2 亿元最终产品。试计算该地区工业、农业及水利、交通运输业相应的产出量应增加多少。

表 10.12   **某地区各部门间投入产出表**   单位：亿元

产出 \ 投入		各部门的中间需求				最终产值	产出总额
		工业	农业及水利	交通运输	合计		
各部门的中间投入	工业	6	2	4	12	8	20
	农业及水利	2	1	1	4	6	10
	交通运输	4	2	3	9	1	10
	合计	12	5	8	25	15	40
增加价值或基本投入（劳动报酬和社会纯收入之和）		8	5	2	15		
投入总额		20	10	10	40		

解： 由题意已知

$$\overline{Y} = \begin{bmatrix} 10 \\ 2 \\ 0 \end{bmatrix}, \quad A = \begin{bmatrix} 0.3 & 0.2 & 0.4 \\ 0.1 & 0.1 & 0.1 \\ 0.2 & 0.2 & 0.3 \end{bmatrix}$$

则

$$I - A = \begin{bmatrix} 0.7 & -0.2 & -0.4 \\ -0.1 & 0.9 & -0.1 \\ -0.2 & -0.2 & 0.7 \end{bmatrix}, \quad (I - A)^{-1} = \begin{bmatrix} 1.8541 & 0.6687 & 1.1550 \\ 0.2736 & 1.2462 & 0.3343 \\ 0.6079 & 0.5471 & 1.8541 \end{bmatrix}$$

将上述数据代入式（10.26）中，得

$$
\begin{aligned}
X &= (I - A)^{-1} \overline{Y} \\
&= \begin{bmatrix} 1.8541 & 0.6687 & 1.1550 \\ 0.2736 & 1.2462 & 0.3343 \\ 0.6079 & 0.5471 & 1.8541 \end{bmatrix} \begin{bmatrix} 10 \\ 2 \\ 0 \end{bmatrix} \\
&= \begin{bmatrix} 19.88 \\ 5.23 \\ 7.17 \end{bmatrix}
\end{aligned}
$$

这说明 $x_1 = 19.88$，$x_2 = 5.23$，$x_3 = 7.17$，即工业部门总产出值需要增加 19.88 亿元，农业及水利部门总产出值需要增加 5.23 亿元，交通运输业总产出值需要增加 7.17 亿元，才能使该地区工业部门最终增加产值 10 亿元，农业及水利最终增加产值 2 亿元。

各部门增加的中间需求产值可用式（10.21）计算，将相应数据代入其中，可得：

各工业部门增加的中间需求量为

$x_{11}=a_{11}x_1=0.3\times19.88=5.96$，$x_{12}=a_{12}x_2=0.2\times5.23=1.05$，$x_{13}=a_{13}x_3=0.4\times7.17=2.87$

各农业及水利部门增加的中间需求量为

$x_{21}=a_{21}x_1=0.1\times19.88=1.99$，$x_{22}=a_{22}x_2=0.1\times5.23=0.52$，$x_{23}=a_{23}x_3=0.1\times7.17=0.72$

各交通运输部门增加的中间需求量为

$x_{31}=a_{31}x_1=0.2\times19.88=3.98$，$x_{32}=a_{32}x_2=0.2\times5.23=1.05$，$x_{33}=a_{22}x_3=0.3\times7.17=2.15$

故工业部门增加产值 10 亿元，农业及水利增加 2 亿元后，该地区间投入产出达平衡时的情况见表 10.13。

表 10.13　　　　　工业部门、农业及水利部门增加产值后某地区

各部门间投入产出平衡表　　　　　单位：亿元

产出　　　　投入		各部门的中间需求				最终产值	产出总额
		工业	农业及水利	交通运输	合计		
各部门的中间投入	工业	11.96	3.05	6.87	21.88	18	39.88
	农业及水利	3.99	1.52	1.72	7.23	8	15.23
	交通运输	7.98	3.05	5.15	16.18	1	17.18
	合计	23.93	7.62	13.74	45.29	27	
增加价值或基本投入（劳动报酬和社会纯收入之和）		15.95	7.61	3.43	27.00		
投入总额		39.88	15.23	17.17	72.28		

【例 10.6】　设某农场的经济部门可划分为农业、工副业、水利三个部门，其投入产出表见表 10.14，试求：

（1）直接消耗系数表。

（2）完全消耗系数表。

（3）如果计划期农业的最终产值为 350 亿元，工副业为 2300 亿元，其他部门为 450 亿元，试计算出各部门在计划期的总产值分别为多少亿元。

解：（1）根据式（10.21）计算其直接消耗系数矩阵 $\boldsymbol{A}$ 为

$$\boldsymbol{A}=\begin{bmatrix}0.1 & 0.05 & 0.05\\0.15 & 0.4 & 0.3\\0.05 & 0.025 & 0.1\end{bmatrix}$$

则

$$\boldsymbol{I}-\boldsymbol{A}=\begin{bmatrix}0.9 & -0.05 & -0.05\\-0.15 & 0.6 & -0.3\\-0.05 & -0.025 & 0.9\end{bmatrix}$$

$$(I-A)^{-1}=\begin{bmatrix} 1.1328 & 0.0984 & 0.0957 \\ 0.3191 & 1.7179 & 0.5903 \\ 0.0718 & 0.0532 & 1.1328 \end{bmatrix}$$

表 10.14　　　　　　　　　　　　**某农场的投入产出表**　　　　　　　　　　单位：亿元

产出 ＼ 投入		中 间 产 品			最终产品	总产品
		农业	工副业	水利		
生产部门	农业	60	190	30	320	600
	工副业	90	1520	180	2010	3800
	水利	30	95	60	415	600
新创造价值		420	1995	330		
总产值		600	3800	600		

（2）根据式（10.23）计算完全消耗系数 **B**：

$$\boldsymbol{B}=(\boldsymbol{I}-\boldsymbol{A})^{-1}-\boldsymbol{I}=\begin{bmatrix} 1.1328 & 0.0984 & 0.0957 \\ 0.3191 & 1.7179 & 0.5903 \\ 0.0718 & 0.0532 & 1.1328 \end{bmatrix}-\begin{bmatrix} 1 & 0 & 0 \\ 0 & 1 & 0 \\ 0 & 0 & 1 \end{bmatrix}$$

$$=\begin{bmatrix} 0.1328 & 0.0984 & 0.0957 \\ 0.3191 & 0.7179 & 0.5903 \\ 0.0718 & 0.0532 & 0.1328 \end{bmatrix}$$

（3）已知 $\overline{\boldsymbol{Y}}=\begin{bmatrix} 350 \\ 2300 \\ 450 \end{bmatrix}$，根据式（10.26）计算 **X**：

$$\boldsymbol{X}=(\boldsymbol{I}-\boldsymbol{A})^{-1}\overline{\boldsymbol{Y}}=\begin{bmatrix} 1.1328 & 0.0984 & 0.0957 \\ 0.3191 & 1.7179 & 0.5903 \\ 0.0718 & 0.0532 & 1.1328 \end{bmatrix}\begin{bmatrix} 350 \\ 2300 \\ 450 \end{bmatrix}=\begin{bmatrix} 665.9 \\ 4328.4 \\ 657.2 \end{bmatrix}$$

即农业、工副业和水利在计划期的总产值分别为 665.9 亿元、4328.4 亿元和657.2 亿元。

思 考 与 习 题

1. 为什么要进行经济预测？

2. 预测按传统方法可以分为哪些类型？它们各有何特点？

3. 预测有哪几种主要方法？简述该主要预测方法的工作步骤和特点。

4. 投入产出表一般有哪两种结构类型？

5. 投入产出分析在经济管理中有何用处？

6. 设某地区的各部门包括农业及水利、工业、交通运输三个部分，其投入产出表见表 10.15，试求：

（1）直接消耗系数表。

（2）完全消耗系数表。

（3）如果计划期的最终产值增加值分别为农业及水利 30 亿元，工业 290 亿元，交通运输 35 亿元，试计算出各部门在计划期的总产值分别为多少亿元？其各部门应增加的中间需求量为多少亿元？试列表说明。

表 10.15　　　　　　　　某地区各部门间的投入产出表　　　　　　　　单位：亿元

产出 \ 投入		中 间 需 求			最终产值	产出总额
		农业及水利	工业	交通运输		
各部门	农业及水利	60	190	30	320	600
	工业	90	1520	180	2010	3800
	交通运输	30	95	60	415	600
增加价值		420	1995	330		
投入总额		600	3800	600		

第 11 章

价值工程

价值工程是一门现代管理技术，通过对产品进行功能分析，解决功能和成本之间的矛盾，用最小的投入来实现产品必要的功能。价值工程是技术与经济相结合的边缘学科，是企业改进和提高产品的功能和质量、降低成本、提高经济效益、开拓市场的有效途径。随着价值工程理论的不断完善和发展，从最初主要用于解决物资短缺时代用品的选择、新产品开发、机械设备的更新改造等问题，逐步发展为如何改革生产流程、重组管理体系，以提高企业的综合竞争力。目前，价值工程已经在生产实践中得到了广泛应用。

11.1　价　值　工　程　概　述

11.1.1　价值工程的产生与发展

价值工程（value engineering，VE）是在 1947 年前后由美国人麦尔斯（L. D. Miles）创立的。他是第二次世界大战时期美国通用电气公司采购部门的设计工程师，在为公司采购紧缺商品和材料的过程中，组织了大量的物资代用的研究工作，经过深入细致地观察，不断地探索和实践，总结出了一套能够确保功能、完成任务而又可使成本下降的科学方法。经过多年的不断发展、完善，形成了目前的价值工程。

麦尔斯从分析功能，满足功能要求入手，找出不必要的工作环节，努力降低成本，取得了良好的效果。通用电气公司在开发价值工程技术上投入了 80 多万美元，而在应用价值工程的十几年中就节约了两亿多美元。1954 年美国海军舰船局采用了价值工程，1956 年签订了订货合同，一年就节约了 3500 万美元。1955 年价值工程被引入到了日本，他们将工业工程、质量管理、价值工程结合起来应用，在产品设计、工艺改进、材料代用、取消不必要成本等方面都取得了很大的收获。之后，许多国家开始重视并使用价值工程的方法，1978 年价值工程被引入我国，对我国的经济建设产生了重要影响。据统计，在应用了价值工程的项目中，往往能降低成本的 20%～40%，同时还保证了用户要求的功能，它既有效地利用了资源，又满足了用户的功能要求，经济效益显著。

11.1.2　价值工程的概念

价值工程是对产品进行功能分析，力求以最低的寿命周期成本来实现产品（作业或系统）的必要功能，从而提高产品价值的一项有组织的创造性活动。价值工程涉及的三个重要概念为价值、功能和寿命周期成本。

11.1.2.1 价值

资源 11－1
价值工程

价值工程中的价值概念有别于传统经济学中所讲的价值概念，后者反映的是商品中的社会必要劳动；前者是一种评价标准，反映出成本和价值的关系。价值、功能与成本的关系可表示为

$$V = \frac{F}{C} \tag{11.1}$$

式中：V 为价值；F 为功能；C 为成本。

由式（11.1）可见，产品的价值与其功能成正比，与成本成反比。这种价值概念提供了一种对产品的评价方式。

以往，对产品进行评价，一看产品价格，二看产品功能或效用，很难从两者中做出正确的取舍。通过把功能和成本有机结合，以价值作为评价标准，从而解决了对产品功能的选择问题。日常生活中的实例屡见不鲜，例如，购买一部手机，要同时考察其功能、质量和售价来满足购买意愿。对于一般消费者来说，知名品牌的智能手机固然质量、功能都很好，但售价昂贵，价值不恰当，一些人不愿意购买；而非智能手机由于功能少，虽然价格便宜，但价值不足，很多人也不愿意购买。一些普通品牌智能手机由于功能完善，质量、性能都比较满意，价格又适中，于是就成了当时消费者购买的主流。当然，在这一过程中也有人购买知名品牌，他们看中的是功能和质量，价格就高些；有人购买普通的品牌，可以在满足基本的功能后，享受优惠的价格。社会上的所有产品与手机一样，都存在着价格和质量的重要关系。

从影响价值大小的两大因素即功能和成本的关系来看，可得出提高产品价值的五个途径：

（1）功能不变，成本降低（$F→$，$C↓$）。

（2）成本不变，提高功能（$C→$，$F↑$）。

（3）功能提高，成本降低（$F↑$，$C↓$）。

（4）功能大幅度提高，成本小幅度增加（$F↑↑$，$C↑$）。

（5）功能小幅度下降，成本大幅度降低（$F↓$，$C↓↓$）。

提高产品价值的五个途径在实际运用时必须灵活掌握。值得注意的是，在运用前四个途径提高价值时，产品功能水平没有降低，而在第五个途径中，虽然价值有所提高，但同时使功能有所下降，这在一般情况下消费者难以接受，因为随着技术的进步和社会的发展，人们总对产品功能产生更高的期望。一般在下面两种情况才可运用第五个途径来提高价值：一种是原产品由于设计时的粗劣而存在多余功能时，则应该降低功能；另一种是在原产品设计时过高地估计了用户的消费水平，现在为了适应经济水平和使用水平比较低的用户需要，把产品功能降低到基本需要的水平，这样既满足了用户的需要，又可以提高企业的产品价值。

11.1.2.2 功能

产品的功能是价值工程的核心内容，研究它的目的是使功能适应用户的要求。功能是指产品（作业和系统）的用途和作用，或产品所承担的职能，如电话的功能是通

话，水泵的功能是抽水等。客户对产品的需求，也就是对该产品的功能需求，因此，产品功能是产品的实质。

产品之所以能够存在，主要取决于产品的功能，如电话机的通话功能。有时为了能更好地实现产品必要的基本功能，还有与之相关而附加的辅助功能，如电话机的录音、来电显示、语音报号、通话时间记录功能等。

在实际生活中，产品功能存在两种情况：

（1）具有相同功能的不同产品存在着功能水平的差异。功能水平是指产品的功能实现程度，它由一系列指标所表示，如产品的规格、性能指标、质量指标、安全指标、能耗指标、寿命指标、外观包装等。

（2）在产品的功能中，存在着功能过剩和功能不足的现象。所谓功能过剩和功能不足是针对标准功能水平而言的，超出标准功能的部分是功能过剩，反之则为功能不足。价值工程就是以恰当的功能水平来满足用户的基本要求，从而提升产品的价值。

11.1.2.3 寿命周期成本

寿命周期成本是指产品从研制、生产、销售直到报废的各时期所发生的各项费用（成本）之和。通常可将寿命周期成本分为两部分：生产成本和使用成本。

生产成本是指产品的调研、立项、设计、生产及耗用的原材料、机器设备和劳务等物化劳动和活劳动所支付的费用。

资源 11-2
生产成本

使用成本是指产品在流通、运输、销售、储存、使用、维护和修理以及报废后处理等物化劳动和活劳动所支付的费用。通常可表示为

$$C = C_1 + C_2 \qquad (11.2)$$

式中：C 为寿命周期成本；C_1 为生产成本；C_2 为使用成本。

资源 11-3
使用成本

产品的功能越高，生产成本也越高，而产品的使用成本却越来越低；产品的功能越差，生产成本固然很低，但其使用成本却很高。生产成本和使用成本的关系如图 11.1 所示。从图 11.1 中可见，由生产成本和使用成本构成的产品寿命周期成本中有一个最低点 $C_{\min}$，与此相对应的有一个最适宜水平的产品功能 F。$C_{\min}$ 是一种理想状态。在生产实际中，无论是产品或设计方案都不一定能实现这种理想状态，但是通过实施价值工程，

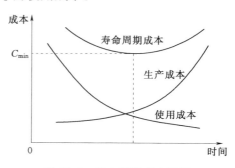

图 11.1 寿命周期成本简图

在达到用户所需基本功能的同时，可使产品的寿命周期成本接近最小。

11.1.3 价值工程的分析过程

价值工程的实施过程，是一个发现问题、分析问题和解决问题的过程，即分析产品在功能上和成本上存在的问题，提出切实可行的方案来解决这些问题，通过问题的解决来提高产品的价值。

整个价值工程活动是围绕以下 7 个问题来开展的：①这是什么？②它的作用是什么？③它的成本是多少？④它的价值是多少？⑤有无其他方法实现这个功能？⑥新方

案的成本是多少？⑦新方案能满足功能要求吗？

从价值工程全过程来看应包括两个阶段，即前期准备阶段和价值工程实施阶段。

前期准备阶段的主要任务是确定为什么要实施价值工程，以及如何保障价值工程得以实施。价值工程的实施步骤如下：

（1）确定价值工程的目标。根据目前企业生产经营中存在的问题，结合企业发展规划及经营策略来选定价值工程的目标。

（2）建立价值工程的项目工作小组。为了顺利实施价值工程，建立一个行之有效的项目工作小组是必不可少的，组长可由企业主要负责人担任，抽调企业生产、经营、技术、财务等各部门的精兵强将组成项目工作小组成员，工作需要时，可外聘专家参加。

（3）编制价值工程的工作计划。工作计划可由项目负责人在征集工作小组成员意见的基础上编制，该计划应详细规划整个价值工程的流程、人员和设备的配置、资金和时间的具体安排等内容。

（4）实施价值工程。价值工程实施阶段是价值工程的主要阶段，它包括功能定义、功能评价、创造新方案 3 个基本步骤和 12 个详细步骤，见表 11.1。

表 11.1　　　　　　　　　　　　价值工程实施过程和内容

决策程序	价值工程实施过程		主要内容	对应价值工程的问题
	基本步骤	详细步骤		
发现和分析问题	功能定义	选择对象	需改进主导产品或有潜在市场需求的产品	这是什么？
		收集情报	生产、价格、成本、技术、同业竞争等信息	
		功能定义	明确功能的定义	它的作用是什么？
		功能整理	明确各功能之间关系并修正功能定义	
	功能评价	功能成本分析	确定功能成本	它的成本是多少？
		功能评价	确定功能的价值及价值系数	它的价值是多少？
		选择功能改进对象	通过功能的价值与分析选定	
解决问题	创造新方案	方案创造	集思广益、广开言路、建立多个方案	有无其他方法实现这个功能？
		初步评估	从价值、成本、功能进行多方案比较	新方案的成本是多少？
		方案具体化	使方案完整、详细	
		详细评价	从经济、技术上进一步评价	新方案能满足功能要求吗？
		提案审批	编制并上报提案	

11.1.4　应用价值工程的意义

价值工程是既能提高产品功能，又能降低产品成本的一种管理技术，对于涉及产品和费用的生产领域，价值工程的应用都有着重要的意义。

应用价值工程可以提高经济效益，促进企业科学管理。我国的大多数企业在原来的生产技术与管理水平的基础上，要不断提高经济效益尚存在一定的难度，运用价值工程则是改变企业技术落后和经营管理落后的一种重要手段。因为，价值工程能够将产品定位在保证产品必要功能的基础上，摒弃产品不必要的功能，使产品的成本最低。另外，结合工业工程和质量管理等方法，使企业的管理进一步加强，在保证和提高产品质量的过程中，降低企业各环节的成本，做到人尽其才，物尽其用，在加强全面质量管理和全面经济核算的同时，搞好综合管理，带动各方面管理水平提升。

11.2　对象的选择与情报收集

11.2.1　选择价值工程对象

开展价值工程首先要确定对象。价值工程的对象就是生产中存在的问题，包括产品和工作过程。能否正确选择价值工程对象是价值工程活动收获大小，甚至成败的关键。企业可以根据一定时期内的主要经营目标，有针对性地选择价值工程的改进对象。

11.2.1.1　选择价值工程对象的一般原则

选择价值工程对象要根据企业的发展方向、经营目的、存在的问题等，以提高生产率、提高产品质量、降低成本、提高经济效益为目标。重点考虑：

（1）国计民生及对实现企业经营目标影响较大的产品。

（2）社会需求量大、竞争激烈且有良好发展前景的产品。

（3）结构复杂、零件较多的产品，工艺、生产技术落后、在同类产品中技术指标较差的产品。

（4）情报资料易收集齐全，投入较少且收效较快的产品及设计生产周期短的产品。

（5）成本高的产品及占产品成本比例大的零部件，价格较贵且有代用可能的零部件及成品率较低的产品和零部件。

（6）用户意见大、退货多及功能较差的产品。

（7）产量大的产品。

11.2.1.2　价值工程对象选择的方法

对象选择的原则是确定价值工程研究对象的基本标准，但是具体地、更为准确地选择合理的分析对象，进行价值工程与产品改进设计工作，还必须通过一定的方法来进行。选择价值工程对象的方法很多，这里主要介绍经验分析法、ABC 分析法和强制确定法。

1. 经验分析法

经验分析法是依靠价值工程分析人员的经验来选择和确定分析对象。这是一种定性的分析方法。用经验分析法确定价值工程对象时，要对各种影响因素进行综合分析，区分主次轻重，既考虑需要，也考虑可能，从而尽可能合理地选择价值工程与产品改进的项目。

经验分析法的优点是简便易行，不需要特殊的训练，考虑问题全面；缺点是分析质量受价值工程分析人员的经验经历与工作态度的影响较大，要求参加分析的人员要业务熟悉、经验丰富，同时要发挥集体的智慧，协同作业，力求准确。

经验分析法可与其他方法结合使用，如可以先用经验分析法进行粗选，再用其他方法进行细筛，或将其他方法选出的对象，利用经验分析法综合分析，加以修正。

2. ABC 分析法

ABC 分析法是意大利经济学家帕累托（Pareto）在研究人口收入规律时总结出来

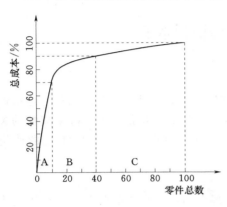

资源 11-4
ABC 分析法

的。帕累托发现占总人口百分比不大的少数人的收入要占总收入的极大部分，而占人口的百分比大的多数人的收入却只占总收入的很少一部分。类似这种现象在社会和经济生活中比较常见。例如，在进行成本分析时，经常发现占总数 10% 左右的零部件，其成本要占总成本的 70% 左右；另外占总数 30% 左右的零部件成本要占总成本的 20% 左右；而有占总数 60% 左右的零部件的成本却只占总成本的 10% 左右，如图 11.2 所示。

将占总成本 70% 的那部分零部件划为 A 类，占 20% 的划为 B 类，占 10% 的划为 C

图 11.2　ABC 分类法简图

类，这就是 ABC 分析法。

应用 ABC 分析法选择价值工程对象的步骤如下：

（1）将全部产品或一种产品的零部件按成本大小依次排队。

（2）按照排队的累计件数求出占产品或零部件总数的百分比。

（3）根据产品或零部件的累计成本求出占总成本的百分比。

（4）按 ABC 分析法将全部产品或零部件分为 A、B、C 三类。

（5）画出帕累托曲线，并首选 A 类为价值工程对象，其次再选 B 类。

ABC 分析法的优点在于简单易行，能抓住成本中的主要矛盾加以解决。这种方法的不足之处是：虽然在一般情况下，对象的成本比率与其功能大体上是相当的，但有时也会因成本和其他要素分配不合理造成产品或零部件虽属 C 类，但其功能却很重要，可能会因排列在后面未能选为价值工程对象。可结合运用其他方法避免这种情况。

3. 强制确定法

强制确定法是建立在产品的功能和成本应当相互协调一致的基础上的，即某一产品某零部件的成本应与其功能的重要性相对应。如果某零部件的成本很高，而它的功能在零部件中所处的重要性却较低，或者反之，成本与功能不相匹配，可利用强制确定法，通过计算功能评价系数、成本系数、价值系数来判断对象的价值，选出价值工程的对象。

$$功能评价系数 = \frac{某零部件的功能得分}{全部零部件功能总分} \tag{11.3}$$

$$成本系数 = \frac{各零部件的成本}{全部零部件成本之和} \tag{11.4}$$

$$价值系数 = \frac{功能评价系数}{成本系数} \tag{11.5}$$

强制确定法除用于选择对象外，还可用于功能评价和方案评价。

强制确定法的应用步骤如下：

（1）排列构成产品的零部件顺序。

（2）将各零部件逐一进行比较、打分，重要的多得分，不重要的少得分或不得分。

（3）分别根据式（11.3）、式（11.4）、式（11.5）求出每个零部件功能评价系数、成本系数和价值系数。

（4）确定价值工程的工作对象。当零部件价值系数小于1，即功能评价系数小于成本系数时，说明该零部件不太重要，却占用了较多的目前成本；当零部件价值系数大于1，即功能评价系数大于成本系数时，说明该零部件功能较为重要，花费的成本却并不多。对价值系数小于1的零部件，可能是其功能系数较低而成本较高，可考虑降低其成本以提高价值；对价值系数大于1的零部件，可能是其成本系数低于用户要求的功能系数，或者用户重视某一功能而选择较高的功能权重，可考虑增加这一功能而提高其价值，必要时可提高成本。价值系数偏离1的程度越高，上述情况越显著，就越应当被选为价值工程的对象。而当价值系数等于1时，则表示该零部件的功能和成本匹配恰当。通常，对价值系数等于1或略大于、略小于1时的零部件都不选择为价值工程的对象。

资源 11-5
价值系数法

在将各零部件逐一进行比较、打分时，通常采用0—1打分法和0—4打分法两种方法。

0—1打分法：将零部件顺序排列后，就其功能的重要性逐一相互比较，重要的得1分，不重要的得0分。然后，按照式（11.3）求出各自的功能评价系数，见表11.2。

表 11.2　　　　　　　　　0—1打分法功能评价系数计算表

零部件名称	A	B	C	D	E	F	G	H	得分	功能评价系数
A	×	1	1	0	1	1	1	1	6	0.214
B	0	×	1	0	1	1	1	1	5	0.179
C	0	0	×	0	1	1	1	0	3	0.107
D	1	1	1	×	1	1	1	1	7	0.250
E	0	0	0	0	×	0	1	0	1	0.036
F	0	0	0	0	1	×	1	0	2	0.071
G	0	0	0	0	0	0	×	0	0	0
H	0	0	1	0	1	1	1	×	4	0.143
合计									28	1.000

功能评价系数的大小，说明该零部件在全部零部件中的重要程度，系数越大越重要。对功能进行打分时应有10人左右参加，这样可减少个体误差，使评出的结

果更加符合实际。用求出的功能评价系数除以成本系数，即可得出价值系数，见表 11.3。

表 11.3　　　　　　　　　价 值 系 数 计 算 表

零部件名称	功能评价系数	目前成本/元	成本系数	价值系数
A	0.214	1828	0.253	0.85
B	0.179	3000	0.416	0.43
C	0.107	285	0.040	2.68
D	0.250	284	0.039	6.41
E	0.036	612	0.085	0.42
F	0.071	407	0.056	1.28
G	0	82	0.011	0
H	0.143	720	0.100	1.43
合计	1.000	7218	1.000	

0—1 打分法提供了零部件改进的努力方向、调整范围和调整程度。本方法简单、易行、实用，应用的范围很广。但由于 0—1 打分法在做零部件重要性比较时，只能给出 0、1 两种结果，而在实际生产中往往并非如此。同时，0—1 打分法中总有一个零部件得零分，但这个零部件并不是没有存在的必要。为了克服这些不足，有时也可采用 0—4 打分法。

0—4 打分法的应用规则与 0—1 打分法基本相同，只是在进行零部件逐一比较时，将打分的距离拉大，即将重要程度融入重要性比较中。若两个零部件的重要性相差很大，则重要的打 4 分，不重要的打 0 分；若两个零部件的重要性相差不是很大，则重要的打 3 分，不重要的打 1 分；若两个零部件的重要性无甚差别，则可分别打 2 分。不论怎样比较，对两个零部件打分的分数之和总是 4 分，见表 11.4。

表 11.4　　　　　　　0—4 打分法功能系数计算表

零部件名称	A	B	C	D	E	得分	功能系数
A	×	4	2	3	0	9	0.225
B	0	×	1	2	2	5	0.125
C	2	3	×	0	3	8	0.200
D	1	2	4	×	4	11	0.275
E	4	2	1	0	×	7	0.175
合计	7	11	8	5	9	40	1.000

0—4 打分法避免了 0—1 打分法造成的无法表示零部件之间程度差异的不足，使得所确定的零部件的功能系数及价值系数等更接近实际。对于更加复杂的零部件功能系数和价值系数的确定，有时可以按照 0—4 打分法的规则加以扩充，采用多比例打分法。

除上面介绍的两种强制确定法以外，确定价值工程对象的方法还有最合适区域法、费用比重分析法、经验估计法、用户评分法、成本模型法、功能重要性分析法等，工作中可根据具体实际参考有关资料灵活运用。

资源 11 - 6
最合适区域
法（田中法）

11.2.2　收集情报

价值工程的目标是提高价值。为实现目标所采取的任何决策，都与其对欲改进产品的了解程度和掌握的情报多少有关。通过收集情报可对产品进行分析对比，从而发现问题，找出差距，确定解决问题的办法和改进方向。另外，掌握相当数量的情报，还可使人们受到启发，拓展思路，有利于统一思想，充分发挥集体的智慧。价值工程的成果很大程度上取决于所收集情报的质量、数量和适宜的时间。

1. 情报收集的原则

应将产品从研制、生产、流通、交换到消费全过程的情报都收集起来，并进行归纳、整理、分析，使情报得到充分利用。在收集过程中，应注意情报的广泛性、目的性、可靠性、时间性和经济性，实际应用中应统筹兼顾，力求以较短的时间、较快的速度、较低的成本、较高的质量完成情报收集工作。

2. 情报收集的内容

在价值工程中需要的情报是多方面的，大致可分为市场信息、行业信息和其他相关信息。

市场信息的主要内容有：该产品的市场规模大小、地域分布特点、市场潜力；产品供应商的构成、市场分配的现状、同类产品在销售价格、产品性能上各自的优势；产品使用者的构成、使用目的、使用环境、支付能力及对产品的特殊需求等。

行业信息的主要内容有：国内外同类产品的技术、经济数据资料、产品创新趋势、相关的新技术、新材料、新工艺、新标准等；行业中不同企业的生产规模、设备的先进程度、经营管理水平、经营现状；新产品的研发能力、项目的储备深度；本企业的产供销现状、产品利润和成本资料、挖潜能力及企业在行业中的地位等。

其他相关信息的主要内容有：政府及相关部门的有关产业政策、法规、条文，产品市场所在地的相关法律条文，上游行业的供求状况及协作情况，环境保护的现状和要求等。

3. 情报收集的方法

常用的情报收集方法如下：

（1）访谈法。以当面询问的方式获取信息，能够详尽、准确地了解到被调查对象的观点。

（2）调查法。以问卷的形式在网络或宣传单上进行调查，不受时间和地点的限制。

（3）现场观察法。通过亲自观察获取第一手的材料，详细又真实。

（4）查阅文献法。可以查阅书籍、刊物、广告、论文、报告等资料获取相关信息。

不同的对象、不同的资料可以采用不同的方法，但是这些方法并不是绝对的，而是相互关联的，在运用的时候可以进行组合或合并使用，以提高效率和准确性。

11.3　功　能　分　析

资源 11-7
功能分析

功能分析是价值工程的核心，通过对产品的功能分析，不仅使生产成本评价有了客观依据，还可以发现价值工程对象中哪些功能是不必要的，哪些功能是过剩的，哪些功能是不足的，从而在改进方案中，去掉不必要的功能，减低过剩的功能，补充、提高不足的功能，使产品有一个合理的、平衡的功能结构，以实现用最低的成本创造必要的功能的目的。

功能分析包括功能定义、功能分类、功能整理和功能评价。

11.3.1　功能定义

功能定义就是对价值工程活动对象及其构成要素的功能给出明确的表述。

功能定义通常用一个动词和一个名词来描述。承担功能的对象物——产品及零部件是描述功能句子的主语，所以功能与物品的关系是主语、谓语和宾语的关系，见表 11.5。

表 11.5　　　　　功能定义举例

主语	谓语	宾语
笔	做出	记号
水泵	抽	水
管道	输	水
钟表	指示	时间

给功能下定义，就是要脱开对象物，打破框框，创造一个新的对象概念，抛开已有产品模式的束缚，必要时使用可以测定的名词和抽象化的动词，在功能评价和方案评价的基础上，拓展思路，提升或构思出高价值方案的可能性。

用动词和名词来表达功能时，只给出了所要求功能的最本质的描述，省略了可靠实现这些功能的各种条件。这些条件与功能是密切相关的，可用 5W2H 来表示。所谓 5W2H 是指英文单词 What（什么）、Who（谁）、When（时间）、Where（地点）、Why（原因）和 How to（如何）、How much（程度）的字头，其中 What、Who 是功能的主语，即功能的承担对象；When、Where 说明功能是在何时何处实现，是与功能相对应的时间和地点的环境条件；Why、How to 是实现功能的手段；How much 是功能实现的程度。

以客观事实为基础，逐项地给功能下定义并充分考虑 5W2H 的制约条件，搞清功能的内容，将概念明确化，用简单准确的词语表达其功能，恰当地回答"它的功能是什么？"。

11.3.2　功能分类

产品或零部件的功能按重要程度区分为基本功能和辅助功能。基本功能是指产品或零部件要达到使用目的所不可缺少的功能，是产品或零部件得以存在的基本条件，也是用户购买该产品或零部件的重要原因。如水泵的基本功能是抽水，电冰箱的基本功能是冷藏食品。辅助功能是对实现基本功能起辅助作用的功能。如夜光表的基本功能是指示时间，夜光用来在晚上指示时间，只起辅助作用，是辅助功能。通常，对基本功能所花费的成本总要大于辅助功能的成本。

功能按性质可分为使用功能和美学功能。使用功能是指产品或零部件达到某种特定用途的功能，是每个产品都具有的使用价值。使用功能包括产品或零部件的可靠性、有效性、保养性、安全性等，由产品或零部件的基本功能和辅助功能所构成。美学功能是指外观美化的功能，这也是用户的心理实际需求，有的产品不需要美学功能，如地下电缆等。而绝大多数的产品除了在性能上要满足要求之外，还应满足用户在造型、色泽、式样等方面的要求。

一般来说，应着重满足基本功能和使用功能的要求，但也不能完全忽视辅助功能和美学功能，这取决于社会消费水平和产品的性质，也涉及市场调整和经营决策等问题。

11.3.3　功能整理

一个产品往往具有几个不同的功能，而这些功能又是由组成该产品的不同的零部件来实现的。所以，一个产品除具有结构体系外，客观上同时还存在着一个功能体系。功能整理就是要把对实物本身的思考，转化为对功能的思考，把实物结构体系转化为功能结构体系，用系统的观念，找出各功能之间的内在关系，进而摸清该产品的所有功能。

(1) 功能间的逻辑关系及功能系统图。功能间的内在联系有上下逻辑关系和并列逻辑关系两种。上下逻辑关系是指产品或零部件功能之间的存在目的和手段的关系。如城市供水系统的供水是水处理的目的，水处理是供水的手段，它们之间是上下逻辑关系。水处理又是沉淀、过滤、消毒的目的，而后三项则是水处理的手段，它们之间也是上下逻辑关系。并列逻辑关系是指产品功能之间相互独立、平行排列的关系。如供水系统中的沉淀、过滤、消毒这三者则是并列逻辑关系。

把功能间的这种上下逻辑关系和并列逻辑关系绘出功能系统图，如图 11.3 所示，就可将产品的功能关系完整地表达出来。功能 F_2 对上位功能 F_0 来讲是手段，对下位功能 F_{22} 来讲则是目的。

(a) 目的（上位）手段（下位）概念图　　　(b) 目的（上位）手段（下位）示例

图 11.3　功能系统图模式

(2) 功能整理方法。功能整理方法主要是制作功能卡片和寻找上位或下位功能。

功能卡片是指记录功能及实现功能的零部件的名称和功能成本的卡片，一张卡片记录一个功能，根据每张卡片的内容，从目的和手段出发寻找它的上、下位功能，直到将所有的卡片都用上，绘制出功能系统图。同时，在制作的卡片中，把相同功能的卡片集中，将其与未集中的单张卡片都视作一个功能，任意取一组或一张，寻找其上位功能，若发现功能定义有不当或遗漏则予以修改，如此反复进行，直至找出最终的上位功能。另外依此办法寻找下位功能，去发现多余功能或功能不足，删去不必要的功能，增加功能不足的内容。当所有的卡片都找到上、下位功能后，就可组成该零部件的较合理的功能系统图。

功能系统图表明了活动对象的最终目的和用途，也表明了实现该目的和用途的全部手段。借助于功能系统图，就可从整体出发，进一步研究各功能之间的关系，以便更好地把握住必要的功能，排除一切不必要的功能，更利于发现原设计方案的不合理之处。

11.3.4　功能评价

功能评价就是对功能的价值进行测定或评定，是对功能的定量分析。可以根据功能评价测评出的数据，将那些功能价值低、改善期望值大的功能作为开展价值工程的重点对象。

功能评价的基本内容由功能成本分析、功能评价和选择对象区域等三部分组成。功能成本分析用来回答"它的成本是多少?"，功能评价和选择对象区域则是回答"它的价值是多少?"。在功能评价中，由于功能是抽象概念，难以用数量来准确度量，价值工程只使用金额数值作为表示功能大小和重要程度的度量，即用户为了获得某一特定功能要花多少钱? 为了维持已取得的功能又要花多少钱? 用了解和掌握的费用数值来对功能进行评价。因此，进行功能评价，就要在明确价值工程对象所构成的各要素之间的功能及其关系后，用统一的衡量尺度去找出实现每一功能的最低必需成本，即功能评价值。然后与实现该功能的目前成本相比较，求出功能的价值。由此可将式（11.1）赋予新的含义，即

$$V = \frac{F}{C} \tag{11.6}$$

式中：V 为功能价值（价值系数）；F 为功能评价值；C 为功能的目前成本。

通常，功能评价值 F 是功能的最低成本或用作功能成本的降低目标，也称其为目标成本。C 与 F 的差值（$C - F$）就是功能成本的降低幅度，或称为改善期望值。改善期望值大的功能常常被选为价值工程活动的重点对象。

当 $V = 1$ 时，说明 $C = F$，即实现功能的目前成本与目标成本相符合，功能与成本对应得较为合理。

当 $V < 1$ 时，说明 $C > F$，即实现功能的目前成本高于功能评价值，应努力降低其功能的目前成本，或提高其价值。

当 $V > 1$ 时，说明 $C < F$，对此，首先应该检查功能评价值是否确定的合理，若是 F 值评定得太高，则应降低；如果 F 值确定的合理，则要检查 C 值偏低的原因。若功能不足造成目前成本 C 偏低，就应提高功能以适应用户的需要。一般来说，价值低的功能，存在的问题也较多。但有时价值系数即使等于或接近于 1，产品或零部件也会存在许多问题，对于这种情况，就要从提高功能的角度重新确定对象领域。

综上所述，可得出功能评价的步骤如下：

（1）算出功能的目前成本 C。

（2）算出功能最低必需成本 F（即功能评价值）。

（3）计算各功能的价值。

（4）计算各功能降低成本的期望值 $C-F$。

（5）将价值低的对象作为价值工程改善的目标。

11.4　方　案　创　新　与　评　价

资源 11-8
方案创新与
评价

经过功能分析，明确了价值工程的工作对象，下一步工作的目标就是提出改革或创新的设计方案，并对此进行科学的评价，最终确定实施方案。功能评价明确了价值工程对象及其目标成本，回答了"它的成本是多少？""它的价值是多少？"。方案创新则是构思创造新方案，就是要通过对过去的经验和知识的合理分解和有机结合，使之实现新的功能，找到降低成本、使产品在保证必要功能的前提下达到成本最低的途径，回答"有无其他方法实现这个功能？"。因此，在方案创新过程中，要充分发挥价值工程分析人员的创造能力，尽可能多地提出改进设想和构思设计，从中选择最佳方案。

11.4.1　方案创新的概念

方案创新是在正确地分析和评价功能的基础上，根据用户的需要，以原有设计方案中的不足或缺陷作为工作对象，创造出提高其价值的设计方案。

在方案创新的过程中，要注意下列两个问题：

（1）充分发挥人才的作用。方案创新是一项开拓性的工作，它汇集了群体的思想和智慧。个人的知识、专长、经验及思考能力都是有限的，为此，要充分调动人的积极性和能动性，要组织不同专业、不同经验的人参与，使各自知识、经验互相补充、思想互相启发，以进行创造性思维。另外，要善于使用人才。方案创新包括形成设计构想和制定具体方案两个步骤，不同步骤对人才使用的要求不同。在形成设计构想阶段，需要人们的发散性思维，对人才的使用可以突破专业框架，因此，尽可能组织各类人才，利用他们的专业知识和独特见解，形成别具风格的设计构想。在制定具体方案阶段，要把设计构想具体化、方案化，要具有可操作性。因此，对专业知识和实际经验的依赖程度比较高，这时，需要有一批专业人才来完成方案设计。最后，要特别注重外行的启迪作用。在实际工作中，外行可以不受业内人士思维定式的影响，可从各种不同角度提出设想，有时，外行的建议可能产生一语中的的意外效果，因此，对一些看似幼稚的建议或离题的设想，应详细地、具体地分析，从其本质上看有无合理的成分，最终决定取舍。

（2）把握方案创新的指导思路。从方案创新阶段要解决的问题来看，它应包含这样两层含义：一是创新，方案创新不是原有方案的重复、补充或是数量上的堆砌，而是在否定原有方案的基础上出现质的飞跃，是对原有设计框架的挑战和突破；二是以用户需要为核心，价值工程的出发点是在满足用户必要功能的同时尽可能降低成本，或在成本不变的情况下尽可能提高功能。因此，各种方案设计都应围绕用户需求这个核心，必须准确、彻底地了解用户对各项功能的不同要求，从而寻找出既能满足用户需求的功能、又能最大限度地降低成本的设计方案。

11.4.2　方案创新的原则

方案创新的基本原则如下：

（1）不受时间、空间的限制，从长远着想，吸收先进技术和工艺。

（2）不受任何权威限制，广开思路，发挥创造性。

（3）不受原有产品和设备的限制，大胆革新，促进产品更新换代。

（4）不受现有技术和材料的限制，大胆开发，寻求代用品。

（5）力求彻底改革，注意上级功能。

方案创新要充分发挥人的创造能力，发挥所有价值工程分析人员的主观能动性，破除迷信，积极思考，勇于创新，将理论与实际结合起来，构思更加合理的新方案。

11.4.3　方案创新的主要方法

方案创新的方法比较多，主要包括下面几种。

1. 头脑风暴法

头脑风暴（brain storming）法是美国 BBDO 广告公司的奥斯本（Osborm）于 1947 年首创的方法，原意是提案人不要受到任何限制，打破常规，自由思考，努力捕捉瞬时的灵感，构想新方案。

头脑风暴法通常以开小组会议的形式进行，一般以 10 人左右参加为宜。会议只给出一个总设想，让与会者紧紧围绕主题无拘束地发表个人意见。会议的主持者应富有实践经验，熟悉产品及相关技术，头脑清醒，思维敏捷，技术作风民主，既善于活跃会议气氛，又善于启发引导，使到会者充分发表看法。会议应遵守下述规则：

（1）每人只提自己的意见，不评价别人的看法。

（2）真正敞开思想，自由地发表设想。

（3）不迷信权威，尽可能多地提出方案。

（4）善于取长补短，可以在结合和改善别人意见的基础上提出自己的见解。

按照上述规则，给与会者创造一个宁静、温馨的环境，努力引发与会者的灵机一动或突发奇想，尽可能提出高质量的提案，并以此为基础，归纳出有价值的内容。会议时间不宜过长，以一个小时左右为宜。根据国外的经验，采用头脑风暴法创建方案，比同样的人数单独提方案的效率高 65%～90%。

2. 哥顿法

哥顿法是美国价值工程工程师哥顿（Gordon）于 1964 年提出来的。这种方法也是以会议的形式请有关人员提方案，但主持人不把具体问题交给与会者，而是只提出一个抽象的功能概念，以启发提案者更广泛地提出较多的方案。由于面对抽象的概念，使得思考的范围较大，解决的方法也较多，主持人可以用各种类比的方法加以引导，时机成熟时，再提出要解决的问题。这种方法往往可收到较好的效果。例如，要在玻璃板上打一个孔。主持人首先提出如何在板状物上打孔的问题，与会者根据要在板状物上打孔这一功能，广泛地思考，提出了冲、钻、凿、熔、磨等方法。针对提案者提出的这些方法，主持人再具体指出是在玻璃板上打一个圆孔，且要求圆孔周围应光滑。与会者都认为冲、钻、挖、凿、磨等方法不能达到在玻璃板上打孔的目的，而从高温熔孔得到了启发，有人提出用激光打孔，从而圆满解决了问题。哥顿法是一种抽象类比法，主要是抽象功能定义中的谓语部分，使参与者不受具体问题的束缚，广开思路。另外，通过抽象的阶梯，逐级地分析问题，最终得出解决问题的方法。

哥顿法与头脑风暴法的不同之处在于允许参与者相互评论，相互比较，达到共同创新的目的。一般情况下，会议时间较长，所提的方案也比较多，但总会在各种方案中找出一个较圆满的解决问题的答案。

3. 德尔菲法

德尔菲法是美国著名的咨询机构兰德公司率先采用的。德尔菲是古希腊阿波罗神殿所在地，传说阿波罗神经常派遣使者到各地去搜集聪明人的意见，用以预卜未来，故以德尔菲而名之。

采用德尔菲法，组织者将所要提的方案分解为若干内容，以信函的形式寄给有关专家。待专家们将方案寄回后，组织者将其整理、归纳，提出若干建议和方案后，再寄给专家们供其分析，提出意见。如此反复几次后，形成比较集中的几个方案。

德尔菲法的特点如下：

（1）匿名性。参加方案的专家互不了解，并且不知道各自提了哪些方案，避免了所提意见容易受权威左右而出现随大流的情况。另外，专家们可在前一轮提案的基础上修改自己的意见，不需做出公开说明，无损专家的威望。

（2）反复修改，逐步集中。专家们所提的方案经组织者汇总后再寄给专家，在一定的层次高度上再征询专家的意见，这种带有反馈的信息闭环系统能使专家所提方案越来越集中、越来越有针对性。专家们了解所提方案的全部情况，也有利于进一步开拓他们的思路。

（3）预测结果的统计特性。对反馈回来的方案进行统计处理。

如果认为书面提方案所需时间太长，也可以将专家请到一起，采取"背对背"的形式提各自方案，反复几次后，形成比较集中的方案。

除上述几种创新方案的方法外，还有检查提问法、输入输出法、类比法、635法、列举法等，可针对不同的对象和专业特点参考有关文献选择采用。

11.4.4 方案制定

在方案创新过程中，提案人从不同的角度，采用不同的方法，提出了多种设想和方案，对此要先进行概略评价，去掉一部分价值比较低的方案，留下可提高价值的方案进一步使之具体化。

在方案的具体化过程中，要把功能结构系统和实物结构系统联系起来考虑，也就是说，既要考虑各部分的结构设想方案，又要考虑能否实现其各项功能，还要研究其相互间的关系，使其能够较好地相互补充、相互配合和协调，在总体结构系统中保证各种功能得以实现。同时，还可以从不同的技术经济要求出发，将有关方案中的适当因素组合成更有价值的新方案。

11.4.5 方案评价

方案评价是从许多创造的方案中筛选出一个最佳方案进行评价，一般分为概略评价和详细评价。概略评价是从大量可供选择的设想方案中，筛选出价值较高的方案。详细评价是对筛选出的方案进行经济技术论证，并最终确定实施的具体方案。

方案的概略评价和详细评价都包括技术评价、经济评价、社会评价和综合评价。

技术评价主要是评价方案实现指定功能及可实现程度；经济评价是针对成本进行评价；社会评价主要考察方案对社会的影响；综合评价则是在技术评价、经济评价和社会评价基础上进行的整体评价。方案评价框图如图 11.4 所示。

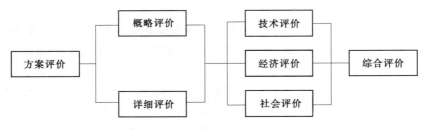

图 11.4　方案评价内容示意图

1. 方案概略评价

有多种创新方案时，由于人力、物力、财力等因素的影响，不可能对所有的方案均制定具体的实施内容并进行评价。方案概略评价就是从节省资源的目的出发，从众多的方案中，选择出若干个具有价值的备选方案作为初选方案的方法。其工作步骤如下：

（1）方案评价前的整理和筛选。方案概略评价前，为了减少工作量，可对众多方案进行整理、筛选，整理的基本内容包括：确定各种方案的实质内容，明确主要工作目标，即把各种方案中一些较抽象的概念、功能含糊的内容重新定义；挑选出价值提高明显的方案；把各个方案中的内容、构思等比较接近或类似地合并为一类，从中选出较好的一种方案以备评价。

（2）方案的概略评价。概略评价是以粗线条的方法对众多的备选方案进行评比、筛选，其评价的参照对象是现有的方案，评价将从技术性、经济性及社会性三方面入手，分析比较新老方案在实现功能的技术上的可行程度、经济效益以及社会效益的变化及差异。通过概略评价，从中选择 2～3 个方案，以备制定具体的实施内容。

（3）方案的具体化。方案的具体化是使方案更具可操作性，其主要内容有产品和零部件的结构设计、产品的生产流程、零部件的加工工艺及装配设计、产品及零部件的检测方法及体系、外购材料、配件及专用设备等。

为了进一步评价，对新方案中涉及新工艺、新材料的生产环节，应做具体的试验，以检验其是否达到预定的设计效果，如存在某些问题，则应及时调整或修改方案，使其更具可操作性。

2. 方案详细评价

方案详细评价是对经过概略评价并具体化的几个可行方案进行进一步的评价，从中选择出最优方案，以便正式提案审批和付诸实施。详细评价的主要内容包括：技术评价、经济评价和社会评价，有时还需在此基础上，对方案进行综合评价。

（1）技术评价。技术评价评估各种方案对产品功能的实现程度及方案在技术上的可行程度，以各项技术性能指标为标准，评定的内容包括产品的整体功能及各项性能；产品的外观造型、商标图案及外包装；产品的可操作性、安全性和可靠性；产品的使用期限及可维修性；产品生产工艺的可实施性；生产流程的协调性等。

（2）经济评价。经济评价是对方案实施后的经济效益评价，通常采用一些经济指标来反映方案的投入与产出之间的关系，这些指标包括：

1）成本指标：单位产品生产成本、维修成本、产品寿命周期成本以及成本降低率。

2）利润指标：单位产品利润、产品税后利润总额、利润增长率。

3）投资回收指标：投资回收期、内部收益率、投资利润率等。

在经济评价中，不能只从企业的短期利益和局部利益来决定方案的优劣，应更多地兼顾企业长远发展规划，兼顾国家、企业、用户三者之间的利益，从而确定最佳方案。

（3）社会评价。社会评价是指从宏观角度评价方案实施后对社会利益产生影响的一种方法，主要内容包括：是否符合国家和有关行政部门的政策、法规、条例和产业结构政策；是否符合本地区发展规划的要求；是否影响生态和环境；是否影响周边生产资源的布局。

（4）综合评价。综合评价是在技术评价、经济评价和社会评价基础上进行的总体评价。技术、经济和社会评价的评价方法都着眼于对方案的技术性、经济性和社会性某一方面的单项评价，实际工作中，经常会遇到若干个方案在上述三个方面各存在着不同的优劣差距，仅靠单项指标很难做出正确的选择，在这种情况下就需要对方案进行综合评价，以综合优势来决定方案的取舍。综合评价的方法有多种，常用的有下列几种：

1）优缺点列举法。优缺点列举法是列出每一个方案在技术、经济及社会等方面的优缺点，然后进行综合分析评价。该方法的实施是通过各方案的优缺点的对照、比较、不断筛选，直到选出最优方案。

2）加权平均法。加权平均法又称矩阵评分法，它是在确定评分要素及权重的基础上，对各方案采用加权评分累计，从而选择最优方案的评价方法。该方法实施步骤是：①确定评分要素，列出重要的技术因素和经济因素；②根据各方案对评分要素的满足度评分，评分可采用十分制；③根据这些评分要素的重要程度赋予权数，并与其评分值相乘；④把各方案的诸要素加权评分值相加，取评分值最高的方案为最优方案。详见表11.6。

表 11.6　　　　　　　　　　　加 权 评 分 计 算 表

评分要素	方　案								
	A			B			C		
	评分值	权重	加权评分	评分值	权重	加权评分	评分值	权重	加权评分
使用性	8	0.30	2.4	9	0.30	2.7	10	0.30	3.0
维修性	9	0.10	0.9	8	0.10	0.8	7	0.10	0.7
操作性	10	0.15	1.5	8	0.15	1.2	6	0.15	0.9
适销性	3	0.20	0.6	4	0.20	0.8	5	0.20	1.0
经济性	4	0.25	1.0	6	0.25	1.5	8	0.25	2.0
合计	34	1.0	6.4	35	1.0	7.0	36	1.0	7.6
选择	放弃			保留			采纳		

3）综合系数法。综合系数法是根据各方案的技术指标和经济指标的分值系数相乘之和，来确定最优方案的评分法。该方法的实施步骤如下：

首先，确定各方案技术指标的评分标准，见表 11.7。

其次，列出各评分对象，进行评分并计算技术价值系数。评分对象可以是产品的各项功能，也可以是各项技术指标。技术价值系数的计算公式为

$$X = \frac{\sum_{i=1}^{n} P_i}{n P_{\max}} \qquad (11.7)$$

式中：X 为技术价值系数；P_i 为各方案三项评价（技术、经济、社会评价）对象的得分；$P_{\max}$ 为评价对象的最高得分；n 为评价对象的个数。

技术价值系数的具体计算可列表进行，见表 11.8。

表 11.7　评　分　标　准

方案接近标准的程度	评分值
很好的方案	4
较好的方案	3
过得去的方案	2
勉强过得去的方案	1
不能满足要求的方案	0

表 11.8　　各方案评分及技术价值系数计算

方案	A	B	C	理想
甲	4	3	2	4
乙	3	2	1	4
丙	3	3	3	4
丁	2	3	4	4
合计	12	11	10	16
技术价值系数	0.75	0.69	0.63	1.00

再者，计算各方案的预计成本，确定其经济价值系数。计算公式为

$$Y = \frac{C - C_1}{C} \qquad (11.8)$$

式中：Y 为经济价值系数；C 为原方案的目前成本；C_1 为新方案的预计成本。

原方案的目前成本通常是以现有成本作为计算依据，只要测算出新方案的预计成本，根据式（11.8）就可以计算出各方案的经济价值系数。例如，现有产品的成本为 36 元/个，上述各方案的预计成本及经济价值系数见表 11.9。

表 11.9　　经济价值工程系数计算表

方案	新方案预计成本 C_1 /元	目前成本 C /元	经济价值系数 Y /%
A	33	36	0.08
B	32	36	0.11
C	34	36	0.06

最后，计算各方案的综合系数，以技术价值系数和经济价值系数作为计算依据，

根据式（11.9），算出各方案的综合系数。

$$K = \sqrt{XY} \qquad (11.9)$$

式中：K 为综合系数。

综合系数反映各方案的技术、经济因素相互作用下的满足程度，在多方案比较时，以 K 值最高的方案作为最优方案。表 11.10 中，方案综合系数最高的应选为最优方案。

表 11.10 　　　　　　　　　　　综 合 系 数 计 算 表

方案	技术价值系数 X	经济价值系数 Y	综合系数 K	建议
A	0.75	0.08	0.25	
B	0.69	0.11	0.28	采纳
C	0.63	0.06	0.19	

11.4.6 方案实施与活动评定
11.4.6.1 方案试验和审定

经过评价后选定的最佳方案，在尚未实施前需对其进行某些必要的试验验证，只有经过验证才能为审定提案提供科学依据。

方案试验验证内容包括产品结构、零部件、新材料、新工艺、新方法、样品的性能、使用等。

通过试验验证的改进方案，再经过必要的整理后即可作为正式提案上报审批的方案。主管部门应视改进设计项目的内容、重要程度、价值大小来确定其审批权限和程序。

改进方案上报审批时，应提交价值分析提案表，包括原产品的技术经济指标体系，用户要求，存在的主要问题，拟达到的目标，原产品的成本、质量、销售量等内容。另外，产品功能分析、改进的对象目标、依据、改进前后的试验数据、图纸、改进后的预计成本、预计效果等均应一同上报主管部门审查批准。

11.4.6.2 活动评定

当一个产品的价值工程分析完成后，要进行活动成果的评定。成果评定包括技术评定、经济评定和社会评定。

技术评定可通过价值改进系数来进行，其表达式为

$$\Delta V = \frac{V_2 - V_1}{V_1} = \frac{V_2}{V_1} - 1 \qquad (11.10)$$

式中：ΔV 为价值改进系数；V_2 为改进后产品的价值；V_1 为改进前产品的价值。

当 $\Delta V > 0$ 时，$V_2 > V_1$，说明价值工程活动的技术性良好，ΔV 越大，其效果越好。

当 $\Delta V < 0$ 时，$V_2 < V_1$，说明开展的价值工程活动技术性不良，效果不好。

评定的指标如下：

全年净节约额＝（改进前单位成本－改进后单位成本）×年产量－价值工程活动费用

$$(11.11)$$

$$节约百分数 = \frac{改进前成本 - 改进后成本}{改进前成本} \times 100\% \qquad (11.12)$$

$$节约倍数 = \frac{全年净节约额}{价值工程活动经费} \qquad (11.13)$$

$$原材料利用率 = \frac{产品产量}{产品原材料消耗数量} \qquad (11.14)$$

11.4.6.3　社会效益评定

通过价值工程活动，使产品满足了用户的需求，企业取得了效益，降低了能源消耗，减少了环境污染等，说明社会效益良好，这一方案可取。如果产品满足了用户的要求，企业也获得了利润，但由于产品生产造成过多的能源消耗，污染了环境，破坏了生态平衡，甚至影响了国家经济结构的合理布局，造成人力、物力、财力的极大浪费，则说明该项活动社会效益不好，这一方案不可取。

11.5　应　用　案　例

【例 11.1】　某保温瓶厂，原来生产高档气压式保温瓶，经营的方向是满足国外市场。为了满足国内市场的需求，该厂开发一种物美价廉的普及型气压保温瓶，深受消费者的欢迎。

1. 对象选择

气压式保温瓶由 28 个主要零部件构成。其功能是保持水温、气压出水、外观装饰和使用方便等。该厂为满足国内市场需要制造普及型产品，认为美观功能可以调整，瓶身转动的功能可以取消，这样就可以节约一些费用，降低成本。

运用 ABC 分析法，对 28 个零部件的成本进行分析，确定占总成本 80% 以上的 9 个零部件为价值工程活动的对象，组织 10 位专家按照 0—1 打分法对各零件的功能重要性系数进行打分，见表 11.11，功能评价系数见表 11.12，价值系数见表 11.13。

表 11.11　　　　　　　　　　某专家 0—1 打分法计算结果表

序号	零部件名称	气泵体	壳体	瓶胆	嘴肩	气泵壳	吸水管	塞圈	提环	转座	评分值
1	气泵体	—	1	0	1	1	1	1	1	1	7
2	壳体	0	—	0	1	0	1	0	1	1	4
3	瓶胆	1	1	—	1	1	1	1	1	0	6
4	嘴肩	0	0	0	—	1	1	1	1	1	5
5	气泵壳	0	1	1	0	—	1	0	1	1	4
6	吸水管	0	0	0	0	0	—	0	0	1	2
7	塞圈	0	1	0	0	1	0	—	1	0	3
8	提环	0	0	0	0	0	1	0	—	1	2
9	转座	0	0	1	0	0	0	1	0	—	2

表 11. 12　　　　　　　　　　　　**功能评价系数确定表**

序号	零部件名称	一	二	三	四	五	六	七	八	九	十	总计	平均分	功能评价系数 F/%
1	气泵体	5	7	7	6	6	7	6	6	7	8	65	6.5	18.0
2	壳体	5	4	5	6	5	5	5	6	6	6	53	5.3	14.7
3	瓶胆	5	6	5	4	5	4	4	4	5	3	45	4.5	12.5
4	嘴肩	4	5	3	5	4	4	4	5	4	3	41	4.1	11.4
5	气泵壳	4	4	3	4	4	4	3	4	4	4	37	3.7	10.2
6	吸水管	3	2	4	4	4	4	3	4	3	4	34	3.4	9.4
7	塞圈	3	3	3	4	3	4	4	3	3	2	31	3.1	8.6
8	提环	3	3	2	3	3	3	2	3	2	4	28	2.8	7.8
9	转座	4	2	4	1	2	3	4	3	2	2	27	2.7	7.5
合计		36	36	36	36	36	36	36	37	36	360	36	100	

表 11. 13　　　　　　　　　　　　**价 值 系 数 确 定 表**

序号	零部件名称	功 能 评 价		成 本 评 价		价值系数 V
		评分值	功能评价系数 F/%	单位产品成本/元	成本系数 C/%	
1	气泵体	6.50	18.01	1.15	3.86	4.67
2	壳体	5.30	14.68	3.68	12.34	1.19
3	瓶胆	4.50	12.47	1.58	5.32	2.35
4	嘴肩	4.10	11.36	8.10	27.17	0.42
5	气泵壳	3.70	10.25	3.85	12.93	0.79
6	吸水管	3.40	9.42	5.81	19.50	0.48
7	塞圈	3.10	8.59	2.21	7.42	1.16
8	提环	2.80	7.76	1.14	3.82	2.03
9	转座	2.70	7.48	2.30	7.72	0.97
合计		36.10	100.00	29.82	100.00	

由表 11.12 和表 11.13 可以看出，价值系数小于 1 的零部件有 4 个：嘴肩、气泵壳、吸水管和转座。特别是嘴肩和吸水管的功能评价系数与成本系数相比相差甚远，应该成为重点降低成本的对象。从成本的角度来看，其余 5 个价值系数大于 1 的零部件都不作为考虑的对象。

2. 改进措施

经上述功能评价后，该厂组织技术、质量、计划、财务及供销等部门的有关人员进行研究，确定下列零部件予以改进。

（1）嘴肩。价值系数为 0.42，每只成本 8.10 元，成本太高，原设计成本是为增加品位功能，在塑料件表面镀上一层金属，每只电镀费为 6.00 元。经分析，可以取消电镀工艺，这样每只成本降为 2.10 元，降低了 74.1%。

（2）气泵壳。这个零件旧的材料均为 ABS 塑料，成本偏高，改为聚丙烯原料代替。于是这个零件的费用由 3.85 元，下降为 2.48 元，降低了 35.6%。

（3）吸水管。价值系数 $V=0.48$，说明 C 大于 F，成本过高。原因是采用进口不锈钢管制造，因料太贵而导致成本提高。于是拟采用下列措施，如图 11.5 所示。

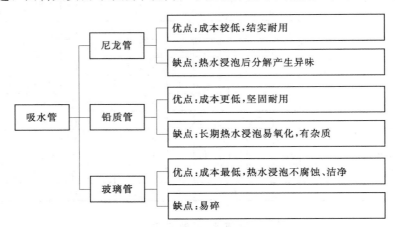

图 11.5　吸水管材料选择

经分析比较后，决定采用玻璃管。为解决易碎问题，采取备用配件或通过修配办法来解决。于是，该零件成本从 5.81 元降为 0.80 元，降低了 86.2%。

（4）转座。价值系数为 0.97，接近于 1。虽然功能与成本大致匹配，仅考虑产品是国内销售的普及型产品，故将转动功能剔除。减少底部转座和滚珠两种零件。于是，该部件成本由 2.30 元降为 1.84 元，降低了 20%。

经过上述改进后，除关键性部件——气泵体偏高外，其他零部件的设计基本合理，见表 11.14。

表 11.14　　　　　　　　　价 值 系 数 的 计 算

序号	零部件名称	功 能 评 价		成 本 评 价		价值系数 V
		评分值	功能评价系数 F /%	单位产品成本 /元	成本系数 C /%	
1	气泵体	24.50	18.05	1.15	6.77	2.67
2	壳体	20.00	14.74	3.68	21.66	0.68
3	瓶胆	17.00	12.53	1.58	9.33	1.34
4	嘴肩	15.30	11.27	2.10	12.34	0.91
5	气泵壳	14.00	10.32	2.48	14.61	0.71
6	吸水管	12.80	9.43	0.80	4.72	2.00
7	塞圈	11.60	8.55	2.21	13.02	0.66
8	提环	10.50	7.74	1.14	6.70	1.15
9	转座	10.00	7.37	1.84	10.82	0.68
合计		135.70	100.00	16.98	100.00	

3. 成果评价

（1）功能比较。

保持水温：同出口产品，该功能没有改变。

气压出水：同出口产品。

品位装饰：比出口产品功能有所下降，但尚能满足国内市场的需求。

底座转动：普及型取消该功能，故使用方便功能有所降低。

（2）单位产品成本比较。出口气压式保温瓶的单位产品成本为 29.82 元，普及型气压式保温瓶的单位产品成本为 16.98 元，每只下降 12.84 元，降低了 43.1%，见表 11.15。

表 11.15　　单位产品成本比较

零部件名称	出口气压式保温瓶	普及型气压式保温瓶	
		费　用	措　施
吸水管	5.81	0.80	玻璃管代替不锈钢
嘴肩	8.10	2.10	取消电镀，聚丙烯代替 ABS 塑料
转座	2.30	1.84	减少底座转座和滚珠
气泵壳	3.85	2.48	聚丙烯代替 ABS
⋮	⋮	⋮	
单位产品成本/元	29.82	16.98	

（3）新旧设计方案比较。出口产品（原设计方案）和普及型产品（新设计方案）的主要经济指标综合比较见表 11.16。

表 11.16　　新旧设计方案比较

序号	名　称	原设计方案	新设计方案	增减/%
1	单位产品成本/元	29.82	16.98	−43.1
2	耗用进口材料比重/%	50	18	−64.0
3	单位出厂价格/元	34.30	23.09	−32.7
4	单位产品利润/元	4.48	6.11	36.4
5	预测年销售量/万只	20	40	100
6	企业利润/万元	89.6	244.4	172.8

根据以上分析可以看出：

（1）新方案的出厂价格降低了 32.7%，这样既适应国内消费水平满足人民生活需要，同时，又扩大了产品的销售数量。

（2）尽管普及型气压式保温瓶的出厂价格降低 32.7%，但因单位产品成本同步降低 43.1%，因此，仍对该厂有利，而且预测年销售量能增长一倍，故该企业年总利润较原来将增加 172.8%。

（3）新方案中所用的进口材料比重较原方案下降 64.0%，为国家节省了外汇。

因此，该厂决定实施新方案。

【例 11.2】　某纺织厂年耗水量为 570 万 t，其中 64％消耗于空调用水，通过对空调用水的改进，回水利用率达到 58.64％，但目前依然有 325t/h 的废水流失，为了进一步进行节水，只有充分利用废水，才能真正实现节水和节支的目的，因此该厂准备通过价值分析进一步提高回水利用率。

1. 选择对象

挖掘新的水源费用要远远大于废水净化费用，因此废水净化工程既是急需解决的问题，又能取得较显著的经济效果，所以被选为价值分析的对象。

2. 收集资料

针对以下几点进行调查和收集资料：

（1）对空调用水改进后，只能解决 2/3 废水的回收问题，目前依然有大量的废水流失，因此需要增加设备，提高过滤、回收能力。

（2）空调回水含有大量的棉纤维等杂物，经空调用水改进并回用后，又加大了水中的杂质含量，不能直接再回用，需对废水进行过滤、消毒、软化等工作。

（3）为了提高废水的净化质量和数量，每隔一段时间要对净化系统进行一次反冲。

（4）为保证流水通畅，需改造管路，调整供水系统。

3. 功能分析

（1）功能定义。净化废水，提高可利用水质量及废水利用率。图 11.6 为功能系统图。

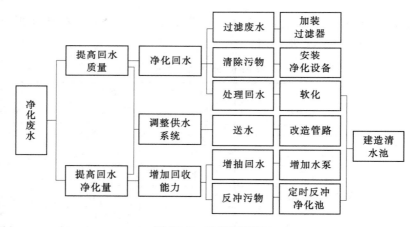

图 11.6　功能系统图

（2）功能评价。采用 0—1 打分法比较功能的重要次序，见表 11.17。

为了避免出现功能评价系数为零的不合理现象，可以对评分结果的累计得分进行修正。当评委人数比较多时也可以不进行修正。

4. 提出方案

根据对其他地区同类设备的分析和比较及功能分析所确定的基本功能和功能评分所确定的各种功能的重要次序，技术人员和管理人员集思广益，提出了以下三个改进方案：

表 11.17　　　　　　　　　　各功能的重要次序得分

项目	清除污物	过滤废水	储存清水	反冲污物	增抽回水	处理回水	送水	累计得分	修正得分
清除污物	—	1	1	1	1	1	1	6	7
过滤废水	0	—	1	1	1	1	1	5	6
储存清水	0	0	—	1	1	1	1	4	5
反冲污物	0	0	0	—	1	1	1	3	4
增抽回水	0	0	0	0	—	1	1	2	3
处理回水	0	0	0	0	0	—	1	1	2
送水	0	0	0	0	0	0	—	0	1

方案 1：废水→净化池（反冲间隔 24h）→水处理→用水部门。

方案 2：废水→过滤池→净化池（反冲间隔 24h）→水处理→用水部门。

方案 3：废水→过滤池→净化池（反冲间隔 12h）→水处理→用水部门。

5. 方案评价与选择

各方案费用与净化量见表 11.18。

表 11.18　　　　　　　　　　各方案费用与净化量

方案	投资/元				废水净化量及费用				
	材料设备	人工	土建	总投资	运行费/元	年平均投资/元	净化成本/(元/100t)	净化速率/(t/d)	净化率/%
1	79000	7500	15000	101500	65820	5075	5.05	3900	50
2	86000	8000	15000	109000	67510	5450	4	5064	65
3	86000	8000	15000	109000	69180	5450	3.32	6240	80

从表 11.18 可以看出，三个方案中第三个方案的净化率提高，说明其功能最好，第二个方案次之，第一个方案最差，但各方案的投资和费用与其功能成正比，为从功能和成本两个方面综合评价方案，用加权评分法对各方案进行评价。各方案价值系数的计算见表 11.19。

表 11.19　　　　　　　　　　各方案价值系数的计算

项　　目	修正得分	满　足　性　得　分		
		方案 1	方案 2	方案 3
清除污物	7	6.25	6.25	6.25
过滤废水	6	0	10	10
储存清水	5	10	10	10
反冲污物	4	4	4	8
增抽回水	3	10	10	10
处理回水	2	10	10	10
送水	1	9.6	9.6	9.6

续表

项　目	修正得分	满 足 性 得 分		
		方案 1	方案 2	方案 3
功能加权得分		169.35	229.35	245.35
功能系数		0.263	0.356	0.381
净化成本/(元/100t)		5.05	4	3.32
成本系数		0.408	0.323	0.268
价值系数		0.644	1.101	1.419

　　满足性评分依据：净化池净化回水的能力最高可达 80% 定为 10 分。以上三个方案的净化能力均为 50%，所以均评为 6.25 分。第一方案没有过滤池，所以其过滤功能评分为 0 分，其他两个方案均安有过滤器，能满足水质要求，评为 10 分，其他评分略。

　　通过加权评分，可以看出第三个方案价值系数最大，所以为最优方案。

6. 成果评价

　　若该纺织厂采用第三方案，由于把目前放掉的废水利用了 80%，每年节约 134784 元，而年支出为 74630 元，净节约 60154 元，并且该方案为国家节约了宝贵的水资源，每年少开采水量 22464 万 t。

　　所以，该纺织厂采用第三方案进行废水净化，从而实现回水利用。

思 考 与 习 题

　　1. 什么是价值工程？它的基本原理是什么？

　　2. 为什么说开展价值工程活动是事前控制成本的重要手段？

　　3. 价值工程基本公式中的"功能""成本""价值"有什么特定的含义？

　　4. 简述价值工程的工作程序。

　　5. 如何选择价值工程对象？

　　6. 如何评价价值工程实施的经济效果？

　　7. 某产品由 5 个零件构成，各零件的成本等见表 11.20。产品目前成本为 15 元，要想通过价值工程技术使成本降低至 10 元，试求该零件的功能评价系数、成本系数、价值系数并确定价值工程的重点对象。

表 11.20　　　　　　　　　各 零 件 的 成 本

零件名称	A	B	C	D	E	合计
目前成本/元	3	2	4	1	5	
得分	2	2	1	2	3	

　　8. 某产品由 13 种零件组成，各种零件的个数和每个零件的成本见表 11.21。试用 ABC 分析法选择价值工程目标，并画出 ABC 分析图。

表 11. 21   各 零 件 的 成 本

零件名称	A	B	C	D	E	F	G	H	I	J	K	L	M
零件个数	1	1	2	2	18	1	1	1	1	1	1	2	1
每个零件成本/元	3.42	2.61	1.03	0.80	0.10	0.73	0.67	0.33	0.32	0.19	0.11	0.05	0.08

第12章

建设项目经济评价案例

12.1 水电工程经济评价

某枢纽为流域梯级电站的第三级电站,以发电为主,兼顾航运,投产后担任电网的调峰、调频和事故备用等任务。

12.1.1 基础数据

1. 投资

该工程只计入发电效益,其工程投资在航运与发电部门已分摊,发电部门分摊的投资情况见表12.1,其建设投资全部形成固定资产,其中总投资的70%从银行贷款,30%为资本金。

表 12.1 总投资及资金筹措 单位:万元

序号	项 目	第 1 年	第 2 年	第 3 年	第 4 年	第 5 年	合 计
1	总投资	24190.3	49995.1	63814.1	48928.2	110.0	187037.7
1.1	建设投资	23683.0	47923.0	59318.0	41932.0	0	172856.0
1.2	建设期利息	507.3	2072.1	4496.1	6941.2	0	14016.7
1.3	流动资金	0	0	0	55.0	110.0	165.0
2	资金筹措	23683.0	47923.0	59318.0	41987.0	110.0	173021.0
2.1	资本金	7104.9	14376.9	17795.4	12596.1	33.0	51906.3
其中	用于流动资金	0	0	0	16.5	33.0	49.5
2.2	建设投资贷款	16578.1	33546.1	41522.6	29352.4	0	120999.2
2.3	流动资金贷款	0	0	0	38.5	77.0	115.5

2. 上网电量

该工程装机 $110(4 \times 27.5) \times 10^6$ W,开工后第4年开始2台机组发电,扣除上网端损耗和其他电量损失,第5年至生产期末上网电量每年为 483×10^6 kW·h。

3. 基准收益率、贷款利率

按规定,全部投资的基准收益率采用8%,贷款利率采用6.12%,项目资本金的回报率正常发电后每年按资本金额的8%计算。

4. 计算期

建设期为4年,第4年开始发电,正常运行期为50年,计算期为54年。

12.1.2 投资计划及资金筹措方式

1. 固定资产投资

根据国家规定和贷款条件，业主在项目建设时必须注入一定量的资本金。本项目资本金总额按建设投资的 30% 计算，每年按资本金额占建设投资的比例逐年投入，直到建设期末，其余资金从银行贷款。资本金不还本付息，贷款还清后，每年按资本金总额的 8% 取得回报。

2. 建设期利息

贷款利息按复利计算。由于建设期内有机组投产发电，具有还贷能力，因此，若贷款利息计入固定资产价值的建设期利息，就不再计入发电成本。

3. 流动资金

流动资金按装机 15 元/kW 估算。其中 30% 使用资本金，其余 70% 从银行贷款，贷款利率取为 6.12%。流动资金随机组投产投入使用，利息计入发电成本，本金在计算期末一次回收。投资计划及资金筹措情况见表 12.1。

12.1.3 财务评价

12.1.3.1 发电成本费用计算

1. 发电成本

电站发电成本主要包括折旧费、修理费、职工工资及福利费、材料费、库区维护费、摊销费、流动资金贷款利息和其他费用等。

(1) 折旧费=（建设投资＋建设期利息）×综合折旧率（取综合折旧率为 3.1%）
$$=(24190.3+49995.1+63814.1+48928.2)\times3.1\%=5795（万元/年）$$

(2) 修理费=建设投资×修理费率（修理费率取 1.0%）
$$=(23683.0+47923.0+59318.0+41932.0)\times1.0\%=1729（万元/年）$$

(3) 固定资产保险费=建设投资×0.25%
$$=(23683.0+47923.0+59318.0+41932.0)\times0.25\%$$
$$=432（万元/年）$$

资源 12-1
摊销费

(4) 工资按职工人数乘以年人均工资计算，定员编制为 55 人，参照基准年邻近地区同类工程运行管理人员工资水平，职工年工资取 1.5 万元，职工福利费、住房基金、劳动保险按规定为工资总额的 14%、10%、17%；则职工工资及福利费为：$55\times1.5\times(1+14\%+10\%+17\%)=116$（万元/年）。

(5) 库区维护费按厂供电量取 0.001 元/(kW·h)，则
$$库区维护费=483\times10^6\times0.001\times10^{-4}=48（万元/年）$$

资源 12-2
库区维护
基金

(6) 库区移民后期扶持基金按移民人数乘以年人均扶持基金计算，移民人数为 2120 人，年人均扶持基金为 400 元，扶持时间为 10 年（即从第 5 年至第 14 年），则
$$库区移民后期扶持基金=400\times2120\times10^{-4}=85（万元/年）$$

(7) 材料费定额按装机取 5 元/kW，其他费用定额取 10 元/kW，则
$$材料费=110\times1000\times5\times10^{-4}=55（万元/年）$$
$$其他费用=110\times1000\times10\times10^{-4}=110（万元/年）$$

资源 12-3
移民后期
扶持基金

（8）在试运行期，以上其他各项按年发电量占正常运行的年发电量的比例计算。

（9）利息支出：根据还本付息计算结果列出，数据取自表 12.4。

2. 发电经营成本

发电经营成本指除折旧费、摊销费和利息支出外的全部费用，相当于年运行费。发电成本费用及发电经营成本计算见表 12.2。

12.1.3.2　发电效益计算

1. 发电收入

本项目上网电价估算为 0.416 元/(kW·h)，上网电价中不含增值税。

发电收入＝上网电量×上网电价＝$483×10^6×0.416×10^{-4}$＝20093（万元/年）

2. 税金

税金包括增值税和营业税金附加。增值税率为 13%，增值税为价外税，此处仅作为计算营业税金附加的基础，简化为发电收入乘增值税率。营业税金附加包括城市维护建设税和教育费附加，以增值税额为基础征收，按规定税率分别采用 5% 和 3%。达产年税金计算如下：

$$增值税＝20092.8×13\%＝2612（万元/年）$$
$$城市维护建设税＝2612.1×5\%＝131（万元/年）$$
$$教育费附加＝2612.1×3\%＝78（万元/年）$$
$$营业税金附加＝城市维护建设税＋教育费附加＝209（万元/年）$$

3. 利润

$$发电利润＝发电收入－营业税金附加－总成本费用$$

企业利润按国家规定做调整后，依法征收所得税，税率为 25%。

$$税后利润＝发电利润－应缴所得税$$

税后利润提取 10% 的法定盈余公积金后，剩余部分为可供投资者分配的利润；再扣除分配给投资者的应付利润，即为未分配利润。

发电收入、税金、利润计算结果见表 12.3。

12.1.3.3　清偿能力分析

1. 还贷资金

还贷资金主要包括利润、折旧费和摊销费等。企业未分配利润全部用来还贷。在还贷期，90% 的折旧费和摊销费也用于还贷。

2. 贷款还本付息计算

按还贷期上网电价进行还本付息计算，结果见表 12.4。

3. 贷款偿还年限

贷款偿还年限是指项目投产后可用的还贷资金偿还贷款本利和所需的时间。计算结果表明，项目在开工后的第 17 年～第 18 年可还清贷款本息。

借款偿还期＝偿清债务年份数－1＋偿清债务当年应付本息/当年可用于偿债的资金总额
＝17.1 年

12.1.3.4　盈利能力分析

计算全部投资现金流量表和项目资本金现金流量表，据此计算财务盈利能力指

表 12.2

发电总成本费用及发电经营成本

序号	项目	计算方法	第4年	第5年	第6年	第7年	第8年	第9年	第10年	第11年	第12年	第13年	第14年	第15年	第16年	第17年	第18年	第19年	第20~53年	第54年
1	厂供电量/(万kW·h)	已知	24150	48300	48300	48300	48300	48300	48300	48300	48300	48300	48300	48300	48300	48300	48300	48300	48300	48300
2	发电成本/万元	Σ([2.1]+…+[2.9])	4200	16268	15799	15312	14808	14287	13748	13191	12615	12019	11403	10682	10020	9336	8628	8285	8285	8285
2.1	折旧费/万元	(固定资产投资+建设期利息)×3.1%	2897	5795	5795	5795	5795	5795	5795	5795	5795	5795	5795	5795	5795	5795	5795	5795	5795	5795
2.2	修理费/万元	固定资产投资×1.0%	864	1729	1729	1729	1729	1729	1729	1729	1729	1729	1729	1729	1729	1729	1729	1729	1729	1729
2.3	保险费/万元	固定资产投资×0.25%	216	432	432	432	432	432	432	432	432	432	432	432	432	432	432	432	432	432
2.4	工资+福利费/万元	1.5万×55人×1.41	116	116	116	116	116	116	116	116	116	116	116	116	116	116	116	116	116	116
2.5	库区维护费/万元	每度电0.001元	24	48	48	48	48	48	48	48	48	48	48	48	48	48	48	48	48	48
2.6	库区移民基金/万元	0.04万×2120人(共持10年)		85	85	85	85	85	85	85	85	85	85							
2.7	材料费/万元	每千瓦装机5元	28	55	55	55	55	55	55	55	55	55	55	55	55	55	55	55	55	55
2.8	其他费用/万元	每千瓦装机10元	55	110	110	110	110	110	110	110	110	110	110	110	110	110	110	110	110	110
2.9	利息支出/万元		0	7871	7405	6917	6409	5880	5330	4757	4161	3542	2898	2228	1529	802	47			
3	单位发电成本/[元/(kW·h)]	[2]/[1]	0.17	0.34	0.33	0.32	0.31	0.30	0.28	0.27	0.26	0.25	0.24	0.22	0.21	0.19	0.18	0.17	0.17	0.17
4	经营成本/万元	[2.2]+…+[2.8]	1303	2575	2575	2575	2575	2575	2575	2575	2575	2575	2575	2490	2490	2490	2490	2490	2490	2490

注 第4年，利息计入固定资产后，不再计入成本。

表12.3

发电收入、税金、利润计算成果

序号	项目	计算方法	第4年	第5年	第6年	第7年	第8年	第9年	第10年	第11年	第12年	第13年	第14年	第15年	第16年	第17年	第18年	第19年	第20~53年	第54年
1	发电销售收入/万元	[1.1]×0.416	10046	20093	20093	20093	20093	20093	20093	20093	20093	20093	20093	20093	20093	20093	20093	20093	20093	20093
1.1	上网电量/(万kW·h)		24150	48300	48300	48300	48300	48300	48300	48300	48300	48300	48300	48300	48300	48300	48300	48300	48300	48300
2	营业税金附加/万元	[2.1]+[2.2]	104	209	209	209	209	209	209	209	209	209	209	209	209	209	209	209	209	209
2.1	城市维护费等/万元	增值税的5%	65	131	131	131	131	131	131	131	131	131	131	131	131	131	131	131	131	131
2.2	教育费附加/万元	增值税的3%	39	78	78	78	78	78	78	78	78	78	78	78	78	78	78	78	78	78
3	发电成本/万元		4200	16268	15799	15312	14808	14287	13748	13191	12615	12019	11403	10682	10020	9336	8628	8285	8285	8285
4	税前利润/万元	[1]-[2]-[3]	5742	3616	4085	4572	5076	5597	6136	6693	7269	7865	8481	9202	9864	10548	11256	11599	11599	11599
5	所得税/万元	[4]×25%	1435	904	1021	1143	1269	1399	1534	1673	1817	1966	2120	2301	2466	2637	2814	2900	2900	2900
6	税后利润/万元	[4]-[5]	4306	2712	3064	3429	3807	4198	4602	5020	5452	5899	6361	6902	7398	7911	8442	8699	8699	8699
7	公积金/万元	[6]×10%	431	271	306	343	381	420	460	502	545	590	636	690	740	791	844	870	870	870
8	可供投资者分配的利润/万元	[6]-[7]	3876	2441	2757	3086	3426	3778	4142	4518	4907	5309	5725	6211	6658	7120	7598	7829	7829	7829
9	应付利润/万元	贷款还清后按8%	0	0	0	0	0	0	0	0	0	0	0	0	0	0	0	526	526	526
10	未分配利润/万元	[8]-[9]	3876	2441	2757	3086	3426	3778	4142	4518	4907	5309	5725	6211	6658	7120	7598	7303	7303	7303

单位：万元

表12.4　贷款还本付息计算成果表

序号	项目	计算方法	第1年	第2年	第3年	第4年	第5年	第6年	第7年	第8年	第9年	第10年	第11年	第12年	第13年	第14年	第15年	第16年	第17年	第18年
1	借款及还本付息	第1~3年无还款																		
1.1	年初借款本息累计	第 $t-1$ 年([1.1]+[1.2]+[1.3]-[1.4])	0	17085	52703	98722	128571	120992	113020	104719	96077	87084	77728	67995	57873	47349	36410	24983	13110	775
1.2	本年借款		16578	33546	41523	29391	77	0	0	0	0	0	0	0	0	0	0	0	0	0
1.3	本年应计利息	([1.1]+[1.2]/2)×6.12%	507	2072	4496	6941	7871	7405	6917	6409	5880	5330	4757	4161	3542	2898	2228	1529	802	47
1.4	本年还本付息	[1.4.1]+[1.4.2]	0	0	0	6484	15527	15377	15218	15050	14873	14686	14490	14283	14066	13837	13655	13402	13137	823
1.4.1	其中:还本					6484	7656	7972	8301	8641	8993	9357	9733	10122	10524	10940	11426	11873	12335	775
1.4.2	付息					0	7871	7405	6917	6409	5880	5330	4757	4161	3542	2898	2228	1529	802	47
1.5	年末借款余额	[1.1]+[1.2]+[1.3]-[1.4]				128571	120992	113020	104719	96077	87084	77728	67995	57873	47349	36410	24983	13110	775	0
2	还贷资金		0	0	0	6484	15527	15377	15218	15050	14873	14686	14490	14283	14066	13837	13655	13402	13137	12860
2.1	还贷利润		0	0	0	3876	2441	2757	3086	3426	3778	4142	4518	4907	5309	5725	6211	6658	7120	7598
2.2	还贷折旧费	年折旧费×90%	0	0	0	2608	5215	5215	5215	5215	5215	5215	5215	5215	5215	5215	5215	5215	5215	5215
2.3	计入成本中的利息		0	0	0	0	7871	7405	6917	6409	5880	5330	4757	4161	3542	2898	2228	1529	802	47
2.4	其他		0	0	0	0	0	0	0	0	0	0	0	0	0	0	0	0	0	0

注　经计算借款偿还期为17.1年。

标：某枢纽的财务内部收益率、财务净现值、投资回收期、总投资利润率、项目资本金利润率。

将整个分析期分为 4 段：试运行前期（第 1～3 年）；试运行—竣工（第 4 年）；竣工—还贷结束（第 5 年至还贷结束年）；还贷结束—期末（还贷结束年至第 54 年）。

（1）试运行前期：无收入，只有借贷和投入，涉及表 12.1 和贷款还本付息表。

（2）试运行—竣工：有部分收入，用于还贷款。另外，成本中包含的计算项在正常运行的数值上，按工程装机比例计算。

（3）竣工—还贷结束：竣工后，经营成本、收入不变，但每年"利息支出"不同，发电成本不同，用于还贷的资金不同。当贷款还本付息表计算为负时，表示还贷结束。

（4）还贷结束—期末：经营成本、发电成本、收入都不变，需要注意期末的资金回收。

根据以上计算，就可得到项目全投资和项目资本金两种情况下的现金流量表，从而可分别计算两种情况下的经济评价指标（税后）。

项目资本金现金流量表见表 12.5，经计算，项目资本金（占 30%）投资内部收益率 $FIRR=9.1\%$，大于 8% 的要求；财务净现值 $FNPV=10818.8$ 万元；项目资本金净利润率＝（项目运营期内年均净利润/项目资本金）×100%＝19.8%。说明项目资本金在财务上是可行的。

项目全部投资现金流量表见表 12.6。经计算：总投资利润率＝（项目运营期内的年平均息税前利润/项目总投资）×100%＝6.6%；静态投资回收期＝累计净现金流量开始大于 0 的年份－1＋上年累计净现金流量绝对值/本年净现金流量＝14.5 年；全部投资内部收益率 $FIRR=8.1\%$，大于 8% 的要求；财务净现值 $FNPV=2149.8$ 万元。

显然在全投资情况下，该项目在经济上也可行。

12.1.3.5　敏感性分析

主要考察投资、电价、施工期等不确定因素，这里只分析投资和效益单因素变化时对经济指标的影响程度，见表 12.7。

计算结果表明，投资和效益在一定范围变化时，对财务内部收益率影响较大。

12.1.4　国民经济评价

12.1.4.1　投资及费用的调整

1. 转移支付的处理

本项目设计的转移支付有各类税金及附加、国内银行贷款的利息等，在国民经济评价中这些费用属于国民经济内部转移支付，不会引起资源的增减，都不计入。

2. 固定资产投资的调整

固定资产估算中，各项费用所采用的现行价格同影子价格的差值，只有建筑工程费用中的钢材、木材、水泥调整系数不等于 1，分别是 0.85、0.80、0.80；另外在财务评价中，对人工费用一项按当地民工平均工资计算，基本与当地影子工资相同，调整系数为 1.0，以上几项费用的调整计算见表 12.8。

表12.5

项目资本金现金流量表

单位：万元

序号	项 目	第1年	第2年	第3年	第4年	第5年	第6年	第7年	第8年	第9年	第10年	第11年	第12年	第13年	第14年	第15年	第16年	第17年	第18年	第19年	第20~53年	第54年
1	现金流入	0	0	0	10046	20093	20093	20093	20093	20093	20093	20093	20093	20093	20093	20093	20093	20093	20093	20093	20093	28901
1.1	营业收入	0	0	0	10046	20093	20093	20093	20093	20093	20093	20093	20093	20093	20093	20093	20093	20093	20093	20093	20093	20093
1.2	回收固定资产余值	0	0	0	0	0	0	0	0	0	0	0	0	0	0	0	0	0	0	0	0	8643
1.3	回收流动资金	0	0	0	0	0	0	0	0	0	0	0	0	0	0	0	0	0	0	0	0	165
2	现金流出	7105	14377	17795	21922	19248	19182	19145	19103	19056	19004	18947	18884	18816	18742	18654	18567	18473	6336	5599	5599	5599
2.1	项目资本金投资	7105	14377	17795	12596	33	0	0	0	0	0	0	0	0	0	0	0	0	0	0	0	0
2.2	经营成本	0	0	0	1303	2575	2575	2575	2575	2575	2575	2575	2575	2575	2575	2490	2490	2490	2490	2490	2490	2490
2.3	营业税金及附加	0	0	0	104	209	209	209	209	209	209	209	209	209	209	209	209	209	209	209	209	209
2.4	所得税	0	0	0	1435	904	1021	1143	1269	1399	1534	1673	1817	1966	2120	2301	2466	2637	2814	2900	2900	2900
2.5	还本付息	0	0	0	6484	15527	15377	15218	15050	14873	14686	14490	14283	14066	13837	13655	13402	13137	823	0	0	0
3	净现金流量	-7105	-14377	-17795	-11876	845	911	948	990	1037	1089	1146	1209	1277	1351	1439	1526	1620	13757	14494	14494	23302

注 资本金财务内部收益率为9.1%；资本金净利润率为19.8%。

表 12.6　项目全投资现金流量表

单位：万元

序号	项目	第1年	第2年	第3年	第4年	第5年	第6年	第7年	第8年	第9年	第10年	第11年	第12年	第13年	第14年	第15年	第16年	第17年	第18年	第19年	第53年	第54年
1	现金流入	0	0	0	10046	20093	20093	20093	20093	20093	20093	20093	20093	20093	20093	20093	20093	20093	20093	20093	20093	28901
1.1	销售收入	0	0	0	10046	20093	20093	20093	20093	20093	20093	20093	20093	20093	20093	20093	20093	20093	20093	20093	20093	20093
1.2	回收固定资产余值	0	0	0	0	0	0	0	0	0	0	0	0	0	0	0	0	0	0	0	0	8643
1.3	回收流动资金	0	0	0	0	0	0	0	0	0	0	0	0	0	0	0	0	0	0	0	0	165
2	现金流出	23683	47923	59318	44775	3798	3805	3927	4053	4183	4318	4457	4601	4750	4904	4999	5165	5336	5513	5599	5599	5599
2.1	建设投资	23683	47923	59318	41932	110	0	0	0	0	0	0	0	0	0	0	0	0	0	0	0	0
2.2	经营成本	0	0	0	1303	2575	2575	2575	2575	2575	2575	2575	2575	2575	2575	2490	2490	2490	2490	2490	2490	2490
2.3	营业税金及附加	0	0	0	104	209	209	209	209	209	209	209	209	209	209	209	209	209	209	209	209	209
2.4	所得税	0	0	0	1435	904	1021	1143	1269	1399	1534	1673	1817	1966	2120	2301	2466	2637	2814	2900	2900	2900
3	净现金流量	−23683	−47923	−59318	−34729	16295	16288	16166	16040	15910	15775	15636	15492	15343	15189	15094	14928	14757	14580	14494	14494	23302

注　全部投资财务内部收益率（所得税后）为 8.1%；全部投资财务净现值（$i_c=8\%$，所得税后）$FNPV=2149.8$ 万元；全部投资利润率（所得税后）为 6.6%；全部投资回收期（所得税后）为 14.5 年。

表 12.7　　　　　　　　　　　财务分析敏感性分析表

项　　目		全部投资财务内部收益率/%	静态投资回收期/年
1. 基本方案		8.1	14.5
2. 固定资产投资变化	投资增加 5%	7.7	15.1
	投资增加 10%	7.4	15.7
	投资减少 5%	8.6	13.9
	投资减少 10%	9.1	13.3
3. 发电效益变化	效益增加 5%	8.5	14.0
	效益增加 10%	8.9	13.5
	效益减少 5%	7.7	15.1
	效益减少 10%	7.3	15.7

表 12.8　　　　　　　　　　　建筑工程费用调整计算表

费用名称	财务估算值/万元	调整系数	调整后费用值/万元	差额/万元
钢材	8643	0.85	9939	1296
木材	4321	0.80	5186	864
水泥	9586	0.80	10545	959
人工	3457	1.00	4149	691
合计	26007			3811

建筑工程费用调整后增加 3811 万元，可得出固定资产投资由原来的 172856 万元增加到 176667 万元，则综合调整系数为 $\dfrac{176667}{172856} = 1.02$。对应固定资产投资调整结果见表 12.9。

表 12.9　　　　　　　　　　　固定资产投资调整表　　　　　　　　　单位：万元

项　　目	第 1 年	第 2 年	第 3 年	第 4 年	合计
固定资产投资	23683.0	47923.0	59318.0	41932.0	172856.0
固定资产投资调整	24212.0	48977.0	60623.0	42855.0	176667.0

3. 年运行费用调整

年运行费用按财务评价中正常运行期的估计值乘以综合调整系数，即国民经济评价年运行费为 2490×1.02＝2540（万元/年）。

4. 流动资金

流动资金为 165 万元，在运行初期第一年初一次投入，分析期末一次收回，具体见国民经济评价效益费用流量表。

12.1.4.2　效益估算

1. 售电效益

在国民经济评价中，售电效益可由售电量乘以影子电价得出。由有关资料查得该地区影子电价为 0.45 元/(kW·h)，于是得出年售电效益为 $483 \times 10^6 \times 0.45 =$

21735（万元/年）。

2. 间接效益

本工程水库有一定的防洪、旅游等功能，并增加了对当地的电力供应，可增加地方的工农业产值。此外，水库的养殖、旅游等功能也有一定的社会效益，参考类似工程，间接效益按 8000 万元/年计。则年总效益为 21735＋8000＝29735（万元）。

3. 固定资产余值及流动资金回收

固定资产余值按固定资产影子投资静态的 10.0％计，即

$$176667 \times 10.0\% = 17667（万元）$$

固定资产余值 17667 万元和流动资金 165 万元均应在计算期末一次回收，并计入过程效益中。

12.1.4.3　国民经济盈利能力分析

根据以上调整后的基础数据，编制出项目投资经济费用效益流量表（表 12.10），由该表计算出：经济内部收益率 $EIRR＝13.0\%$（大于社会折现率 8％）；当取社会折现率 8％时，经济净现值 $ENPV＝100654.2$ 万元。经济效益费用比＝1.6。以上两项指标表明该工程国民经济评价是可行的。

表 12.10　　　　　　　　效 益 费 用 流 量 表　　　　　　　单位：万元

序号	项　目	建　设　期				正常运行期					合计
		第 1 年	第 2 年	第 3 年	第 4 年	第 5 年	第 6 年	…	第 53 年	第 54 年	
1	效益流量 B	0	0	0	0	29735	29735	…	29735	47567	1504582
1.1	项目各项功能的效益	0	0	0	0	29735	29735	…	29735	29735	1486750
1.1.1	发电效益					29735	29735	…	29735	29735	1486750
1.2	回收固定资产余值							…		17667	17667
1.3	回收流动资金							…		165	165
1.4	项目间接收益							…			0
2	费用流量 C	24212	48997	60623	42855	2705	2540	…	2540	2540	303852
2.1	固定资产投资	24212	48997	60623	42855			…			176687
2.2	流动资金					165		…			165
2.3	年运行费					2540	2540	…	2540	2540	127000
2.4	更新改造费							…			0
2.5	项目间接费用							…			0
3	净效益流量	−24212	−48997	−60623	−42855	27030	27195	…	27195	45027	1200730
4	累计净效益流量	−24212	−73209	−133832	−176687	−149657	−122462	…	1155698	1200730	

注　经济内部收益率为 13.0％；经济净现值为 100654.2 万元（社会折现率取 8％）；经济效益费用比为 1.6（社会折现率取 8％）。

12.1.4.4　敏感性分析

为了较具体、明确掌握有关因素的变化对评价指标的影响程度，分析售电收入和

费用两个因素的敏感性，计算结果表明效益和费用分别在10％之内变动，经济内部收益率仍高于社会折现率8％，经济效益费用比大于1，该工程国民经济评价仍是可行的。计算结果见表12.11。

表12.11 国民经济评价敏感性分析成果表

方案	效益增减比例/%	费用增减比例/%	经济内部收益率/%	经济效益费用比
1	10	0	14.2	1.8
2	5	0	13.6	1.7
3	0	0	13.0	1.6
4	−5	0	12.4	1.5
5	−10	0	11.7	1.4
6	0	10	12.9	1.6
7	0	5	12.9	1.6
8	0	0	13.0	1.6
9	0	−5	13.0	1.6
10	0	−10	13.1	1.6

12.1.5 结论

根据以上财务评价和国民经济评价的结果可知，在现行的价格因素下，该项目财务效果刚好达到可行的临界点，由财务评价以及国民经济评价敏感性分析结果可知，该项目抗风险能力不高，即增加投资或售电收入减少，项目在财务上或国民经济上就可能不可行。

12.2 灌溉工程经济评价

为了缓解某地区水资源短缺的矛盾，拟在某河上游修建一宗大型水库，水库开发目标以灌溉为主，兼顾防洪。水库防洪库容0.93亿 m^3，兴利库容2.14亿 m^3，死库容0.59亿 m^3，总库容合计3.66亿 m^3。灌区开发前主要种植中稻和小麦，一年两熟。

12.2.1 基础数据

12.2.1.1 灌区规模和投产过程

灌区开发规模为40万亩。

项目拟于2010年兴建，建设期3年，运行初期3年，正常运行期40年。灌溉面积的投产过程见表12.12。

表12.12 灌溉面积投产过程表 单位：万亩

年份	第1～3年	第4年	第5年	第6年	第7～46年
投产面积累计	0	8	16	28	40

12.2.1.2　计算期、折现率、税率等

灌溉工程计算期 46 年，基准年选在建设期第 1 年年初，社会折现率为 8%，行业基准折现率为 4%，税率为 0，特种基金为水费收入的 5%，用于移民扶贫。

12.2.1.3　投资估算及国民经济投资调整资料

1. 灌溉部门投资分摊

由于项目的水库服务于灌溉和防洪两个目标，所以根据库容比例对综合利用工程的共同工程投资进行分摊，考虑该水库开发目标以灌溉为主，故死库容分摊投资归灌溉部门承担，计算的分摊比例如下：

$$灌溉部门分摊的比例：(2.14+0.59)/3.66=0.746$$
$$防洪部门分摊的比例：0.93/3.66=0.254$$

经分摊后，灌溉分摊的投资成果见表 12.13。

表 12.13　　　　　　　　　水库及灌区工程投资概算成果表

项　　目	投资概算/万元	备　　注
建筑工程	17608	建筑工程计划利润 880 万元
机电设备及安装工程	1486	内含设备储备贷款利息 133 万元
金属结构设备及安装工程	2426	内含设备储备贷款利息 194 万元
临时工程	748	
水库淹没处理补偿费	1763.9	
其他费用	506	内含三税税金 182 万元
价差预备费	2454	
静态总投资	26991.9	
动态总投资	31311.10	

以上工程的"三材"耗用量中，木材较少，钢材及水泥的耗用量、概算价格见表 12.14。

表 12.14　　　　　　钢材、水泥用量及概算价格、影子价格

材料	用量/t	概算价格/(元/t)	影子价格/(元/t)
钢材	1071	3800	4669.24
水泥	16958	480	467.41

2. 灌溉工程分摊的征地投资

属于灌溉工程分摊的水库及渠道征地面积 504 亩，2010 年开始征地，征地期限 46 年，实际征地费 1763.90 万元，每亩平均为 3.50 万元。

土地补偿费和青苗补偿费属于土地机会成本性质，在国民经济评价中需按机会成本方法计算。粮食开发基金和耕地占用税属于国民经济内部转移支付，不计为费用。其余各项费用属于新增资源消耗，需换算成影子价格，其中拆迁总费用的影子价格换算系数为 1.1，其余各项影子价格换算系数为 1.0，见表 12.15。

该地处长江中下游，用地类别为耕地，土地的机会成本可按以下的公式计算：

$$OC = \sum_{t=1}^{n} NB_0 (1+g)^{\tau+t} (1+i) - t$$

$$= NB_0 (1+g)^{\tau+t} \frac{1 - (1+g)^n (1+i)^{-n}}{i-g} \qquad (i \neq g)$$

式中：OC 为土地机会成本，元/亩；n 为项目占用土地的年数，年；t 为年序数；NB_0 为基年土地最可行用途的单位面积年净效益，元，根据《建设项目经济评价方法与参数（第三版）》推荐的测算方法，经测算该区 2010 年小麦及水稻按影子价格换算的净效益分别为 184 元/亩及 462 元/亩，则总效益为 646 元/亩；τ 为基年距项目开工的年数，年，本例中，$\tau=0$；g 为土地最可行用途的年净效益平均增长率（本例中，经分析，$g=2\%$）；i 为社会折现率，$i=8\%$。

因每年土地机会成本不一致，为计算方便，本例将中间年份（第 23 年）的土地机会成本（经计算为 10048.9 元/亩）作为整个分析期平均土地机会成本。

表 12.15　　　　　　　　　　　灌溉工程土地影子费用计算表

费　用　类　别	征地实际费用额/万元	影子费用/万元
1. 土地补偿费	180.28	$504 \times 1.0048 = 504$
2. 青苗补偿费	15.02	
3. 撤组转户老年人保养费	69.56	69.56
4. 养老保险金	5.12	5.12
5. 粮食开发基金	151.20	0
6. 剩余农业劳动力安置费	371.30	371.3
7. 农转非人口粮食差价补贴	97.48	97.48
8. 耕地占用税	252.12	0
9. 拆迁总费用	549.81	$549.81 \times 1.1 = 604.8$
10. 征地管理费	74.01	74.01
合　计	1763.90	1726.3

12.2.1.4　其他资料

水稻的影子价格按出口货物计算，小麦的影子价格按减少进口计算。本例中：水稻离岸价为 120 美元/t；小麦到岸价为 145 美元/t；影子汇率为 1 美元=8.72 元人民币；国内影子运费为 76.42 元/t；贸易费用率为 6%。

12.2.2　费用计算

12.2.2.1　固定资产投资

参照《水利建设项目经济评价规范》（SL 72—2013）附录 B 水利建设项目国民经济评价投资编制办法进行计算，由于本项目不包含设备费用，劳动力影子工资和预算工资的调整系数为 1，故只对设计概估算中属于国民经济内部转移支付的费用、主要材料费用和土地费用进行调整。

1. 确定国民经济内部转移支付的费用

国民经济内部转移支付的费用主要包括计算利润、税金、利息等，由表 12.13 可知，该项目国民经济内部转移费用为：880+133+194+182=1389（万元）。

2. 主要投入物的影子投资调整

根据主要投入物的数量及表 12.14 中的影子价格、概算价格调整主要投入物的概算投资，结果见表 12.16。

表 12.16　　　　　　　　　主要投入物的影子投资调整

材料	单位	数量	概算价/元	影子价/元	概算价与影子价差额/元	影子投资调整额/万元
钢材	t	1071	3800	4669.24	869.2	93.1
水泥	t	16958	480	467.41	−12.6	−21.4
土地	亩	504	35000	34300	−700.0	−35.3
合计						36.5

工程概算中，影子工资、设备费的影子价格调整系数均为 1.0。

3. 项目占用土地影子费用

根据表 12.15，征地实际费用额与影子费用差额为 37.6 万元。

4. 计算国民经济评价投资

参照《水利建设项目经济评价规范》(SL 72—2013) 附录 B 提供的公式计算，其中基本预备费率为 5%，则

$$国民经济评价投资 = (26991.9 - 2454 - 37.6 - 1389 + 36.5) \times (1 + 5\%)$$
$$= 24305.2(万元)$$

根据概算投资在建设期各年度的分配比例，可得出各年的投资额，见表 12.17。

表 12.17　　　　　　　　分 年 投 资 使 用 计 划

项　　目	第 1 年	第 2 年	第 3 年	第 4 年	第 5 年	第 6 年	合计
投资比例/%	13.2	17.0	19.0	17.3	17.17	16.33	100
年度投资/万元	3208.3	4131.9	4618.0	4204.8	4173.2	3969.0	24305.2

12.2.2.2　年运行费用

1. 工资及福利费

工资及福利费包括职工工资、津贴和福利等费用，根据类似灌区调查，管理人员一般按 5 人/万亩计，全灌区（含枢纽）定员为 200 人，人均年工资及福利为 10000元，影子工资调整系数为 1.0，则该项目灌溉部门应承担的影子工资及福利费为 $200 \times 10000 = 200.0$ 万元/年。

2. 材料和燃料动力费

材料和燃料动力费包括灌溉工程进水闸、分水闸、节制闸等闸门启闭等及少数局部高地提水灌溉在运行和管理过程中所耗的材料、油料、电耗等。全灌区多年平均材料和燃料动力费按影子价格计算为 60.0 万元/年。

3. 维护费

维护费包括枢纽共用工程分摊给灌溉部门的，以及进水闸、分水闸、节制闸、灌溉渠道和渠系建筑物的维修、养护和大修费。根据类似灌区调查，年维护费按灌溉工

程分摊的固定资产影子投资静态的 2.5% 计，即

$$24305.2 \times 2.5\% = 607.6 (万元/年)$$

4. 其他费用

其他费用包括清除或减轻项目带来不利影响所需补救措施的费用，扶持移民生产生活每年所需补助费用以及日常行政开支、科学试验和观测、其他经常性支出等费用。该费用按工资及福利费、材料和燃料动力费、维护费三项总和的 40% 估算，即

$$(200.0 + 60.0 + 607.6) \times 40\% = 347.1 (万元/年)$$

综上所述，该灌溉工程正常运行期的年运行费为 $200.0 + 60.0 + 607.6 + 347.1 = 1214.7$ 万元/年，平均每亩灌溉面积上年运行费用为 30.4 元/年，见表 12.18。

表 12.18　　　　　　　正常运行期年运行费用表　　　　　　单位：万元/年

项目	工资及福利费	材料和燃料动力费	维护费	其他费用	合计
年运行费	200.0	60.0	607.6	347.1	1214.7
备注	影子工资调整系数为 1.0	按影子价格计算	按占影子投资的 2.5% 计	按占影子费用百分数计	

12.2.2.3 流动资金

灌溉工程流动资金应包括维持工程正常运行所需购置燃料、材料、备品、备件和支付职工工资等周转资金，参照类似工程分析，流动资金按年运行费的 30% 考虑，即

$$1214.7 \times 30\% = 364.4 （万元）$$

流动资金在运行初期第一年年初一次投入，分析期末一次收回，具体见国民经济评价效益费用流量表。

12.2.3　效益计算

12.2.3.1　灌溉效益

1. 计算公式

灌溉工程的经济效益是指有灌溉工程和无灌溉工程相比所增加的农、林、牧产品的产值。由于灌区开发后农作物的增产效益是水利和农业两种措施综合作用的结果，应该对其效益在水利和农业之间进行合理的分摊。本例采用分摊系数法计算灌溉工程的经济效益，其计算表达式为

$$B = \varepsilon \left[\sum_{i=1}^{n} A_i (Y_i - Y_{0i}) P_i + \sum_{i=1}^{n} A_i (Y_i' - Y_{0i}') P_i' \right] \tag{12.1}$$

式中：B 为灌区水利工程措施分摊的多年平均年灌溉效益，元；A_i 为第 i 种作物的种植面积，hm^2；Y_i、Y_i' 为采取灌溉后，第 i 种作物单位面积主、副产品的多年平均年产量，kg/hm^2，可根据相似灌区、灌溉试验站、历史资料确定；Y_{0i}、Y_{0i}' 为无灌溉措施时，第 i 种作物单位面积主、副产品的多年平均年产量，kg/hm^2，可根据无灌溉措施地区的调查资料分析确定；P_i、P_i' 为相应于第 i 种农作物产品主、副产品的价格，元/kg；i 为表示农作物种类的序号；n 为农作物种类的总数目；ε 为灌溉效益分摊系数。

2. 农产品的影子价格

水稻的影子价格按出口货物计算，小麦的影子价格按减少进口计算。计算公式分别为

水稻的影子价格＝（水稻离岸价×影子汇率－国内影子运费）÷（1＋贸易费用率）

$$＝（120×8.72－76.42）÷（1＋6\%）＝915（元/t）$$

小麦的影子价格＝小麦到岸价×影子汇率×（1＋贸易费用率）＋国内影子运费

$$＝145×8.72×（1＋6\%）＋76.42＝1416.7（元/t）$$

3. 多年平均灌溉效益

根据类似灌区灌溉试验站的灌溉效益试验资料，水稻、小麦有无项目条件下亩产量见表 12.19。

表 12.19　　　　　有无项目条件下水稻、小麦产量的多年平均统计分析资料

农作物	水稻（中稻）		冬小麦	
	有项目	无项目	有项目	无项目
亩产量/(kg/亩)	560	325	410	205
亩增产量/(kg/亩)	235		205	
灌溉效益分摊系数	0.4		0.3	
灌溉亩增产量/(kg/亩)	94.0		61.5	

根据类似灌区资料，按照发展两高一优农业的要求，灌区农作物以稻麦倒茬为主，复种指数为 1.8，其中水稻、小麦种植百分比各按 90％计。根据灌溉面积投产过程表 12.12，计算得到该灌溉工程的灌溉效益流量过程，见表 12.20。

表 12.20　　　　　　　　灌溉效益流量过程表

项 目	第 1～3 年	第 4 年	第 5 年	第 6 年	第 7～46 年
投产面积累计/万亩	0	8	16	28	40
水稻效益/万元	0	619.3	1238.5	2167.5	3096.4
小麦效益/万元	0	627.4	1254.9	2196.1	3137.2
合计/万元	0	1246.7	2493.4	4363.5	6233.6

12.2.3.2 固定资产余值及流动资金回收

固定资产余值按固定资产影子投资静态的 10.0％计，即

$$24305.2×10.0\%＝2430.5（万元/年）$$

固定资产余值 2430.5 万元和流动资金 364.4 万元均应在计算期末一次回收，并计入过程效益中。

12.2.4　国民经济评价

依据《建设项目经济评价方法与参数》（第三版）和《水利建设项目经济评价规范》（SL 72—2013），基准年定在建设年初（2010 年），建设期为 3 年，运行初期 3 年，正常运行期 40 年，社会折现率8％，固定资产在运行期末无残值，效益只计作物灌溉增产效益，不计算节水的转移效益。

12.2.4.1　效益费用流量

经济效益费用流量列于表 12.21。

表 12.21

国民经济评价效益费用流量表

单位：万元

序号	项 目	建设期			运行初期			正常运行期				合计
		第1年	第2年	第3年	第4年	第5年	第6年	第7年	第8年	…	第46年	
1	效益流量 B	0	0	0	1246.7	2493.4	4363.5	6233.6	6233.6	…	9028.52	260242.5
1.1	项目各项功能的效益	0	0	0	1246.7	2493.4	4363.5	6233.6	6233.6	…	6233.6	257447.6
1.1.1	灌溉效益				1246.7	2493.4	4363.5	6233.6	6233.6	…	6233.6	257447.6
1.2	回收固定资产余值									…	2430.52	2430.52
1.3	回收流动资金				364.4					…	364.4	364.4
1.4	项目间接效益									…		0
2	费用流量 C	3208.3	4131.9	4618	4812.14	4659.08	4819.29	1214.7	1214.7	…	1214.7	74836.71
2.1	固定资产投资（含更新改造投资）	3208.3	4131.9	4618	4204.8	4173.2	3969			…		24305.2
2.2	流动资金				364.4					…		364.4
2.3	年运行费				242.94	485.88	850.29	1214.7	1214.7	…	1214.7	50167.11
2.4	项目间接费用									…		0
3	净效益流量	−3208.3	−4131.9	−4618	−3565.44	−2165.68	−455.79	5018.9	5018.9	…	7813.82	185405.8
4	累计净效益流量	−3208.3	−7340.2	−11958.2	−15523.6	−17689.3	−18145.1	−13126.2	−8107.31	…	185405.8	

注 经济内部收益率为16.78%；经济净现值为23234.88万元（社会折现率取8%）；经济效益费用比为1.80（社会折现率取8%）。

12.2.4.2　经济评价指标

对于建设项目的国民经济评价指标，根据规范要求，采用动态分析方法计算内部收益率、净现值、效益费用比等，结果如下：经济内部收益率 $EIRR=16.78\%$；经济净现值 $ENPV=23234.88$ 万元；经济效益费用比 $EBCR=1.80$。

计算表明国家为该工程付出代价后，除得到符合社会折现率 8% 的社会盈余外，还可以得到 23234.88 万元现值的超额社会盈余，所以该工程在经济上是合理可行的。

12.2.4.3　敏感性分析

（1）效益变化。按效益增加或减少 10%、20% 分析该项目国民经济指标的变化情况，计算成果见表 12.22。

表 12.22　　　　　　　　　效益浮动士（10%～20%）敏感性分析表

国民经济评价指标	效　益　变　化				
	−20%	−10%	0	10%	20%
经济内部收益率/%	13.10	14.98	16.78	18.51	20.17
效益现值/万元	41764.51	46985.08	52205.64	57426.21	62646.77
投资现值/万元	18611.01	18611.01	18611.01	18611.01	18611.01
年运行费现值/万元	10172.98	10172.98	10172.98	10172.98	10172.98
经济净现值/万元	12793.76	18014.32	23234.88	28455.45	33676.01
效益费用比	1.44	1.62	1.80	1.98	2.16

（2）投资变化。考虑到预测误差等因素，敏感性分析按投资增加 10%、20% 浮动，同时考虑在施工中采用新技术及施工招标等因素，投资按减少 10%、20% 浮动，分别分析其对国民经济指标的影响程度，计算成果见表 12.23。

表 12.23　　　　　　　　　投资浮动士（10%～20%）敏感性分析表

国民经济评价指标	投　资　变　化				
	−20%	−10%	0	10%	20%
经济内部收益率/%	20.14	18.31	16.78	15.49	14.38
效益现值/万元	52205.64	52205.64	52205.64	52205.64	52205.64
投资现值/万元	14888.81	16749.91	18611.01	20472.11	22333.21
年运行费现值/万元	10172.98	10172.98	10172.98	10172.98	10172.98
经济净现值/万元	26942.99	25088.94	23234.88	21380.83	4065.27
效益费用比	2.06	1.92	1.80	1.69	1.60

（3）年运行费变化。考虑到在灌溉管理过程中采用新技术及自动化程度提高，一般管理人员减少，技术人员增加等因素，按年运行费增加或减少 10%、20%，分析其对国民经济指标的影响程度，计算成果见表 12.24。

12.2.4.4　评价结论

根据国民经济评价结果，该工程经济内部收益率 $EIRR=16.78\%$，经济净现值为 23234.88 万元，经济效益费用比 $EBCR=1.80$。各项指标都说明该工程在经济上是合理可行的。

表 12.24　　　　　　年运行费浮动士（10%～20%）敏感性分析表

国民经济评价指标	效 益 变 化				
	−20%	−10%	0	10%	20%
经济内部收益率/%	17.46	17.12	16.78	16.44	16.09
效益现值/万元	52205.64	52205.64	52205.64	52205.64	52205.64
投资现值/万元	18611.01	18611.01	18611.01	18611.01	18611.01
年运行费现值/万元	8138.38	9155.68	10172.98	11190.27	12207.57
经济净现值/万元	25269.48	24252.18	23234.88	22217.59	21200.29
效益费用比	1.94	1.87	1.80	1.74	1.68

从敏感性分析结果来看，不管是投资、效益、年运行费增加或减少 10%、20%，其成果仍是合理可行的，说明该灌溉工程能承担一定的风险。

12.3　供水工程经济评价

12.3.1　基础数据

12.3.1.1　基本依据

（1）国家计划委员会、建设部于 2006 年颁发的《建设项目经济评价方法与参数》（第三版）。

（2）水利部发布的《水利建设项目经济评价规范》（SL 72—2013）。

12.3.1.2　基础数据

（1）设计日供水量 20000t。

（2）工程估算建设投资 1822 万元，建设投资全部形成固定资产。

（3）建设投资中自筹和各种形式的财政拨款 922 万元，其余 900 万元由银行贷款，自工程建成 5 年内还清贷款本金和利息，贷款年利率 8.0%。

（4）工程建设期为 1 年。

（5）正常运行期为 15 年。

（5）水资源费：0.50 元/m³ 原水。

（6）固定资产折旧年限：土建工程折旧年限 20 年，设备折旧年限 15 年，车辆及电子设备 5 年。

（7）目前财政部规定供水增值税率为 13%，城市建设维护税按增值税的 5%，教育附加税按增值税的 3%。

（8）所得税率：25%。

（9）流动资金按建设投资的 10%。

（10）供水项目基准收益率为 6%，基准折现率为 8%。

12.3.2　财务评价

12.3.2.1　建设资金筹措方案

项目建设投资 1822 万元，其中自筹和各种形式的财政拨款 922 万元，其余 900

万元由银行贷款。

12.3.2.2　供水收入、税金、利润

1. 供水收入

根据工程所在地物价局文件，测算综合水价为 1.40 元/m³，详见表 12.25。

表 12.25　综合水价计算表

项　目	日用水量/m³	年用水量/万 m³	单价/(元/m³)	年水费/万元
1. 居民生活用水	4500	164.3	0.90	147.9
2. 机关团体用水	2250	82.1	1.30	106.7
3. 工商企业用水	12329	450.0	1.60	720.0
合计	19079	696.4	1.40	974.6

2. 税金

供水营业税金包括增值税和营业税金附加。增值税率为 13%，增值税为价外税，此处仅作为计算营业税金附加的基础，简化为供水收入乘增值税率。营业税金附加包括城市维护建设税和教育费附加，以增值税额为基础征收，按规定税率分别采用 5% 和 3%。

$$增值税＝974.6×13\%＝126.7(万元/年)$$
$$城市维护建设税＝126.7×5\%＝6.3(万元/年)$$
$$教育费附加＝126.7×3\%＝3.8(万元/年)$$
$$供水营业税金＝城市维护建设税＋教育费附加＝10.1 万元/年$$

3. 利润

$$供水利润＝供水收入－营业税金附加－总成本费用$$

企业利润按国家规定作调整后，依法征收所得税，税率为 25%。

$$税后利润＝供水利润－应缴所得税$$

税后利润提取 10% 的法定盈余公积金后，剩余部分为可分配利润；再扣除分配给投资者的应付利润，即为未分配利润。

供水收入、税金、利润计算结果见表 12.26。

12.3.2.3　供水成本

1. 工程总投资

工程总投资包括建设投资和建设期的贷款利息。根据资金筹措方案及银行贷款利率（年利率为 8.0%），计算工程总投资为

$$922＋900×(1＋8\%/2)＝1858(万元)$$

2. 年运行费

（1）工资及福利费。工资及福利费包括职工工资、津贴和福利等费用，按定员为 40 人，人均年工资及福利为 15000 元，则工资及福利费为 40×15000＝60.0（万元/年）。

（2）材料和燃料动力费。根据类似供水工程分析，多年平均材料和燃料动力费按影子价格计算为 40.0 万元/年。

表 12.26 供水收入、税金、利润计算结果

单位：万元

序号	项目	计算方法	第1年	第2年	第3年	第4年	第5年	第6年	第7年	第8年	第9年	第10年	第11年	第12年	第13年	第14年	第15年	第16年
1	供水销售收入			974.6	974.6	974.6	974.6	974.6	974.6	974.6	974.6	974.6	974.6	974.6	974.6	974.6	974.6	974.6
1.1	供水收入			974.6	974.6	974.6	974.6	974.6	974.6	974.6	974.6	974.6	974.6	974.6	974.6	974.6	974.6	974.6
2	营业税金附加	[2.1]+[2.2]		10.1	10.1	10.1	10.1	10.1	10.1	10.1	10.1	10.1	10.1	10.1	10.1	10.1	10.1	10.1
2.1	城市维护费等	增值税的5%		6.3	6.3	6.3	6.3	6.3	6.3	6.3	6.3	6.3	6.3	6.3	6.3	6.3	6.3	6.3
2.2	教育费附加	增值税的3%		3.8	3.8	3.8	3.8	3.8	3.8	3.8	3.8	3.8	3.8	3.8	3.8	3.8	3.8	3.8
3	供水成本			715.1	692.4	668.5	643.3	640.2	640.2	640.2	640.2	640.2	640.2	640.2	640.2	640.2	640.2	640.2
4	税前利润	[1]-[2]-[3]		249.4	272.1	295.9	321.1	324.3	324.3	324.3	324.3	324.3	324.3	324.3	324.3	324.3	324.3	324.3
5	所得税	[4]×25%		62.3	68.0	74.0	80.3	81.1	81.1	81.1	81.1	81.1	81.1	81.1	81.1	81.1	81.1	81.1
6	税后利润	[4]-[5]		187.0	204.0	222.0	240.8	243.2	243.2	243.2	243.2	243.2	243.2	243.2	243.2	243.2	243.2	243.2
7	公积金	[6]×10%		18.7	20.4	22.2	24.1	24.3	24.3	24.3	24.3	24.3	24.3	24.3	24.3	24.3	24.3	24.3
8	可分配利润	[6]-[7]		168.3	183.6	199.8	216.8	218.9	218.9	218.9	218.9	218.9	218.9	218.9	218.9	218.9	218.9	218.9
9	应付利润	贷款还清后按8%		0.0	0.0	0.0	14.3	14.8	14.8	14.8	14.8	14.8	14.8	14.8	14.8	14.8	14.8	14.8
10	未分配利润	[8]-[9]		168.3	183.6	199.8	202.5	204.1	204.1	204.1	204.1	204.1	204.1	204.1	204.1	204.1	204.1	204.1

（3）维护费。根据类似供水工程调查，年维护费按建设投资的 2.5% 计，即

$$1822 \times 2.5\% = 45.6(万元/年)$$

（4）其他费用。其他费用按工资及福利费、材料和燃料动力费、维护费三项总和的 10% 估算，即

$$(60.0 + 40.0 + 45.6) \times 10\% = 14.6(万元/年)$$

（5）水资源费。该供水工程设计日供水量 20000m³，原水水资源费按 0.5 元/m³，则年水资源费为 2.0 × 365 × 0.5 = 365（万元/年）。

综上所述，该供水工程正常运行期的年运行费为 60.0 + 40.0 + 45.6 + 14.6 + 365.0 = 525.2（万元/年）。

3. 流动资金

参照工程实际运营情况，流动资金按建设投资的 1.0% 估列为 18.2 万元。在分析期末一次回收。

4. 折旧费

折旧费按各类固定资产的折旧年限，采用平均年限计提，计算公式为

年折旧费＝固定资产原值×折旧率(采用均匀折旧法)

参照已建工程，建筑工程折旧年限采用 20 年，金属结构和机电设备折旧年限采用 15 年。计算年折旧费为 115 万元。

供水成本计算成果见表 12.27。

12.3.2.4　清偿能力分析

1. 还贷资金

还贷资金主要包括利润、折旧费和摊销费等。企业未分配利润全部用来还贷。在还贷期，折旧费和摊销费也用于还贷。

2. 贷款还本付息计算

按还贷期上网电价进行还本付息计算，结果见表 12.28。

3. 贷款偿还年限

贷款偿还年限是指项目投产后用可用的还贷资金偿还贷款本利和所需的时间。计算结果表明，项目在开工后的第 4 年～第 5 年可还清贷款本息。

借款偿还期＝偿清债务年份数－1＋偿清债务当年应付本息/
当年可用于偿债的资金总额＝4.1 年

12.3.2.5　盈利能力分析

计算全部投资现金流量表和资本金现金流量表，据此计算财务盈利能力指标：某枢纽的财务内部收益率、财务净现值、投资回收期。

以上计算完毕，就可得到全部投资和资本金两种情况下的现金流量表，从而可分别计算两种情况下的经济评价指标。

资本金现金流量表见表 12.29，经计算，资本金 922 万元投资财务内部收益率 $FIRR = 23.2\%$，大于供水项目基准收益率为 6% 的要求；财务净现值 $FNPV = 1640.6$ 万元；效益费用比 $FBCR = 1.2$。

全部投资现金流量表见表 12.30。经计算，全部投资财务内部收益率 $FIRR =$

表12.27 供 水 成 本 计 算 成 果

单位：万元

序号	项目	第1年	第2年	第3年	第4年	第5年	第6年	第7年	第8年	第9年	第10年	第11年	第12年	第13年	第14年	第15年	第16年
1	年供水量/万t		730	730	730	730	730	730	730	730	730	730	730	730	730	730	730
2	供水成本		715.1	692.4	668.5	643.3	640.2	640.2	640.2	640.2	640.2	640.2	640.2	640.2	640.2	640.2	640.2
2.1	折旧费		115	115	115	115	115	115	115	115	115	115	115	115	115	115	115
2.2	修理费		45.6	45.6	45.6	45.6	45.6	45.6	45.6	45.6	45.6	45.6	45.6	45.6	45.6	45.6	45.6
2.3	工资＋福利费		60	60	60	60	60	60	60	60	60	60	60	60	60	60	60
2.4	材料、燃料动力费		40	40	40	40	40	40	40	40	40	40	40	40	40	40	40
2.5	水资源费		365	365	365	365	365	365	365	365	365	365	365	365	365	365	365
2.6	库区移民基金		0	0	0	0	0	0	0	0	0	0	0	0	0	0	0
2.7	其他费用		14.6	14.6	14.6	14.6	14.6	14.6	14.6	14.6	14.6	14.6	14.6	14.6	14.6	14.6	14.6
2.8	利息支出		74.9	52.2	28.3	3.1	0	0	0	0	0	0	0	0	0	0	0
3	单位供水成本/(元/t)		0.98	0.95	0.92	0.88	0.88	0.88	0.88	0.88	0.88	0.88	0.88	0.88	0.88	0.88	0.88
4	经营成本		525.2	525.2	525.2	525.2	525.2	525.2	525.2	525.2	525.2	525.2	525.2	525.2	525.2	525.2	525.2

表 12.28　贷款还本付息计算成果

单位：万元

序号	项 目	计 算 方 法	第1年	第2年	第3年	第4年	第5年	第6年	第7年	第8年	第9年	第10年	第11年	第12年
1	借款及还本付息	第1年贷款												
1.1	年初借款本息累计	上年([1.1]+[1.2]+[1.3]−[1.4])	0	936.0	652.7	354.0	39.3							
1.2	本年借款		900	0.0	0.0	0.0	0.0							
1.3	本年应计利息	([1.1]+[1.2]/2)×8%	36	74.9	52.2	28.3	3.1							
1.4	本年还本付息	[1.4.1]+[1.4.2]	0	358.2	350.8	343.1	42.4							
1.4.1	还本		0	283.3	298.6	314.8	39.3							
1.4.2	付息		36	74.9	52.2	28.3	3.1							
1.5	本年末借款本息余额	[1.1]+[1.2]+[1.3]−[1.4]	936	652.7	354.0	39.3	0.0							
2	还贷资金来源		0	358.2	350.8	343.1	320.6							
2.1	还贷利润		0	168.3	183.6	199.8	202.5							
2.2	还贷折旧费		0	115.0	115.0	115.0	115.0							
2.3	计入成本中的利息		0	74.9	52.2	28.3	3.1							

注　贷款在第 4 年～第 5 年还清。

表 12.29

资本金现金流量表

单位：万元

序号	项目	第1年	第2年	第3年	第4年	第5年	第6年	第7年	第8年	第9年	第10年	第11年	第12年	第13年	第14年	第15年	第16年
1	现金流入	0	974.6	974.6	974.6	974.6	974.6	974.6	974.6	974.6	974.6	974.6	974.6	974.6	974.6	974.6	1125.8
1.1	销售收入	0	974.6	974.6	974.6	974.6	974.6	974.6	974.6	974.6	974.6	974.6	974.6	974.6	974.6	974.6	974.6
1.2	固定资产回收	0	0	0	0	0	0	0	0	0	0	0	0	0	0	0	133.0
1.3	流动资金回收	0	0	0	0	0	0	0	0	0	0	0	0	0	0	0	18.2
2	现金流出	922	597.7	961.6	960.2	958.7	658.8	616.4	616.4	616.4	616.4	616.4	616.4	616.4	616.4	616.4	616.4
2.1	资本金	922	0	0	0	0	0	0	0	0	0	0	0	0	0	0	0
2.2	经营成本	0	525.2	525.2	525.2	525.2	525.2	525.2	525.2	525.2	525.2	525.2	525.2	525.2	525.2	525.2	525.2
2.3	营业税金及附加	0	10.1	10.1	10.1	10.1	10.1	10.1	10.1	10.1	10.1	10.1	10.1	10.1	10.1	10.1	10.1
2.4	所得税	0	62.3	68.0	74.0	80.3	81.1	81.1	81.1	81.1	81.1	81.1	81.1	81.1	81.1	81.1	81.1
2.4	还本付息	0	0	358.2	350.8	343.1	42.4	0	0	0	0	0	0	0	0	0	0
3	净现金流量	−922	376.9	13.0	14.4	15.9	315.8	358.2	358.2	358.2	358.2	358.2	358.2	358.2	358.2	358.2	509.4

注 资本金财务内部收益率为 23.2%；财务净现值为 1640.6 万元；效益费用比为 1.2。

表 12.30

全部投资现金流量表

单位：万元

序号	项目	第1年	第2年	第3年	第4年	第5年	第6年	第7年	第8年	第9年	第10年	第11年	第12年	第13年	第14年	第15年	第16年
1	现金流入	0	974.6	974.6	974.6	974.6	974.6	974.6	974.6	974.6	974.6	974.6	974.6	974.6	974.6	974.6	1125.8
1.1	销售收入	0	974.6	974.6	974.6	974.6	974.6	974.6	974.6	974.6	974.6	974.6	974.6	974.6	974.6	974.6	974.6
1.2	固定资产回收	0	0	0	0	0	0	0	0	0	0	0	0	0	0	0	133
1.3	流动资金回收	0	0	0	0	0	0	0	0	0	0	0	0	0	0	0	18.2
2	现金流出	1822	597.7	603.3	609.3	615.6	616.4	616.4	616.4	616.4	616.4	616.4	616.4	616.4	616.4	616.4	616.4
2.1	建设投资	1822	0	0	0	0	0	0	0	0	0	0	0	0	0	0	0
2.2	经营成本	0	525.2	525.2	525.2	525.2	525.2	525.2	525.2	525.2	525.2	525.2	525.2	525.2	525.2	525.2	525.2
2.3	营业税金及附加	0	10.1	10.1	10.1	10.1	10.1	10.1	10.1	10.1	10.1	10.1	10.1	10.1	10.1	10.1	10.1
2.4	所得税	0	62.3	68.0	74.0	80.3	81.1	81.1	81.1	81.1	81.1	81.1	81.1	81.1	81.1	81.1	81.1
3	净现金流量	−1822	376.9	371.3	365.3	359.0	358.2	358.2	358.2	358.2	358.2	358.2	358.2	358.2	358.2	358.2	509.4

注 全部投资财务内部收益率为 18.6%；财务净现值为 1656.5 万元；效益费用比为 1.2；静态投资回收期为 6.0 年。

18.6％，大于供水项目基准收益率为 6％的要求；财务净现值 $FNPV=1656.5$ 万元；效益费用比 $FBCR=1.2$；静态投资回收期为 6.0 年，显然在全部投资情况下，该项目在经济上是可行的。

12.3.2.6　敏感性分析

主要考察投资、水价、施工期等不确定因素，这里只分析投资和效益单因素变化时对经济指标的影响程度。

表 12.31　　　　　　　　　　　财务分析敏感性分析表

项　　目		全投资财务内部收益率/％	静态投资回收期/年
1. 基本方案		18.6	6.0
2. 固定资产投资变化	投资增加 20％	14.6	7.0
	投资增加 10％	16.4	6.5
	投资减少 10％	21.1	5.5
	投资减少 20％	24.4	5.0
3. 供水效益变化	效益增加 20％	30.3	4.2
	效益增加 10％	24.5	4.9
	效益减少 10％	12.1	7.8
	效益减少 18.5％	6	11
	效益减少 20％	4.9	11.9

计算结果表明，投资减少 20％以内时，财务内部收益率均大于供水项目基准收益率（6％）；效益减少在 18.5％以内时，财务内部收益率均大于供水项目基准收益率（6％），说明该项目抗风险能力较好。

12.3.3　国民经济评价

12.3.3.1　影子价格计算

根据《水利建设项目经济评价规范》（SL 72—2013）附录 C 的规定计算，外汇按国家牌价采用 8.3 元/美元。

投入物除柴油、汽油、木材、钢筋、水泥及产出物除小麦、稻谷、玉米外，其他影子价格核算系数均用 1.0。货物离、到岸价采用"方法与参考"与"规范"的规定值或参考值，主要投入、产出物影子价格计算成果见表 12.32。

表 12.32　　　　　　　　　　　投入、产出物影子价格表

货物名称	单位	影子价格	备　　注
钢筋	元/t	2316	按非外贸货物计算
木材	元/m³	1457	
水泥	元/t	314	
汽油	元/t	1532	
柴油	元/t	1313	

续表

货物名称	单位	影子价格	备　注
稻谷	元/t	1490	
小麦	元/t	1487	
玉米	元/t	1037	

12.3.3.2　效益计算

国民经济评价中城镇供水效益不同于销售收入，也不同于一般工业项目对销售收入的调整。而应计算向城镇工矿企业和居民生活提供生产生活用水可获得的经济效益。县城现状日供水能力为 4800m³/日，工程建成投产后可供水 20000m³/日，每年增加供水量 555 万 m³。

经核算，单方城镇供水影子效益为 2.0 元，此工程年供水效益为 $555 \times 2.0 = 1110$（万元）。

12.3.3.3　费用计算

1. 工程投资调整

按"规范"附录 E 调整工程投资。投资估算中属于国民经济内部转移支付的计划利润、税金、设备储备贷款利息三项费用（A）为 144 万元，按影子价格计算工程所需主要材料的费用与工程投资估算中主要材料费用的差值（B）为 －9 万元，基本预备费为 100 万元，基本预备费率取 5%。

国民经济评价总投资＝（工程静态总投资－基本预备费－A＋B）×（1＋基本预备费率）＝（1822－100－144－9）×（1＋5%）＝1647（万元）。

则综合调整系数为 $\frac{1647}{1822} = 0.90$，调整后国民经济评价投资为 1647 万元。

2. 年运行费

前已核算年运行费为 525.2 万元，经调整后年运行费＝525.5×0.9＝473（万元/年）。

3. 流动资金

参照工程实际运营情况，流动资金按固定资产投资的 1% 估列为 16 万元。

4. 固定资产余值

固定资产余值按规定国民经济评价总投资的 10% 计，为 165 万元。

12.3.3.4　国民经济评价

根据效益、费用计算成果，编制国民经济效益费用流量表，详见表 12.33。

由表 12.33 可见，经济内部收益率为 38.1%；高于社会折现率（8%）；经济效益费用比为 1.7，大于 1.0；经济净现值为 3562.6 万元，大于 0，因此经济上是合理的。

12.3.3.5　敏感性分析

为分析工程投资、效益等基本数据对评价指标的影响，分别按投资、效益 ±10%、±5% 浮动进行敏感性分析，计算结果见表 12.34。

表 12.33 国民经济评价效益费用流量表

单位：万元

序号	项目	建设期 第1年	第2年	第3年	第4年	第5年	第6年	第7年	第8年	第9年	第10年	第11年	第12年	第13年	第14年	第15年	第16年	合计
1	效益流量 B	0	1110	1110	1110	1110	1110	1110	1110	1110	1110	1110	1110	1110	1110	1110	1291	16831
1.1	项目各项功能的效益	0	1110	1110	1110	1110	1110	1110	1110	1110	1110	1110	1110	1110	1110	1110	1110	16650
1.1.1	供水效益		1110	1110	1110	1110	1110	1110	1110	1110	1110	1110	1110	1110	1110	1110	1110	16650
1.2	回收固定资产余值																165	165
1.3	回收流动资金																16	16
1.4	项目间接收益																	0
2	费用流量 C	1647	489	473	473	473	473	473	473	473	473	473	473	473	473	473	473	8758
2.1	固定资产投资（含更新改造投资）	1647																1647
2.2	流动资金		16															16
2.3	年运行费		473	473	473	473	473	473	473	473	473	473	473	473	473	473	473	7095
2.4	项目间接费用																	0
3	净效益流量	−1647	621	637	637	637	637	637	637	637	637	637	637	637	637	637	818	8073
4	累计净效益流量	−1647	−1026	−389	248	885	1522	2159	2796	3433	4070	4707	5344	5981	6618	7255	8073	

注　经济内部收益率为 38.1%；经济效益费用比为 1.7（社会折现率 8%）；经济净现值为 3562.6（社会折现率取 8%）。

表 12.34   国民经济评价敏感性分析表

方案	效益增减比例/%	费用增减比例/%	内部收益率/%	经济净现值/万元	经济效益费用比
1	10	0	45.0	4447.6	1.8
2	5	0	41.6	4005.1	1.8
3	0	0	38.1	3562.6	1.7
4	−5	0	34.7	2677.6	1.5
5	−10	0	31.2	1742	1.4
6	0	10	31.9	3033.9	1.5
7	0	5	34.9	3298.2	1.6
8	0	0	38.1	3562.6	1.7
9	0	−5	41.7	3827.0	1.8
10	0	−10	45.7	4091.4	1.9

从敏感性分析结果看,该工程在经济上仍然是合理的,说明工程项目有较强的抗风险能力。

参 考 文 献

[1] 陈卫东，周华明. 工程经济分析简明教程 [M]. 上海：同济大学出版社，1997.

[2] 方兴君. 改扩建与技术改造项目经济评价的特点 [J]. 石油化工技术经济，1996（2）：40-43.

[3] 冯为民，付晓灵. 工程经济学 [M]. 北京：北京大学出版社，2006.

[4] 傅家骥，仝允桓. 工业技术经济学 [M]. 3版. 北京：清华大学出版社，1996.

[5] 傅治谦. 投资项目评估 [M]. 武汉：华中理工大学出版社，1993.

[6] 高鸿业，吴易风. 现代西方经济学：上、下册 [M]. 北京：经济科学出版社，1990.

[7] 国家发展改革委员会、建设部. 建设项目经济评价方法与参数 [M]. 3版. 北京：中国计划出版社，2006.

[8] 胡志范，李春波. 水利工程经济 [M]. 北京：中国水利水电出版社，2005.

[9] 蒋太才. 技术经济学基础 [M]. 北京：清华大学出版社，2006.

[10] 李泉，徐文红，周顺美. 建设项目经济寿命的分析与应用 [J]. 建筑管理现代化，2004（5）.

[11] 施熙灿. 水利工程经济学 [M]. 4版. 北京：中国水利水电出版社，2010.

[12] 刘晓君. 工程经济学 [M]. 3版. 北京：中国建筑工业出版社，2015.

[13] 王克强. 工程经济学 [M]. 上海：上海财经大学出版社，2004.

[14] 王琳. 港口建设项目中经济预测方法研究 [D]. 天津：天津大学，2003.

[15] 王永康，赵玉华，朱永恒. 水工程经济：技术经济分析 [M]. 北京：机械工业出版社，2006.

[16] 王勇，方志达. 项目可行性研究与评估 [M]. 北京：中国建筑工业出版社，2004.

[17] 吴添祖，冯勤，欧阳仲健. 技术经济学 [M]. 北京：清华大学出版社，2004.

[18] 伍开松，张明泉. 论现代经济预测方法的分类原理 [J]. 西南石油学院学报，2002（2）.

[19] 武献华，宋维佳，屈哲. 工程经济学 [M]. 大连：东北财经大学出版社，2002.

[20] 许志方，沈佩君. 水利工程经济学 [M]. 北京：水利电力出版社，1987.

[21] 张勤，张建高. 水工程经济 [M]. 北京：中国建筑工业出版社，2002.

[22] 张展羽，蔡守华. 水利工程经济学 [M]. 北京：中国水利水电出版社，2005.

[23] 赵国杰. 工程经济学 [M]. 天津：大津大学出版社，2004.

[24] 赵建华，高风彦. 技术经济学 [M]. 北京：科学出版社，2000.

[25] 钟契夫. 投入产出分析 [M]. 北京：中国财政经济出版社，1993.

[26] 朱永达. 农业系统工程 [M]. 北京：中国农业出版社，1993.

[27] 李景宗，王海政. 工程经济学理论与实践 [M]. 郑州：黄河水利出版社，2008.

[28] 苏健民. 化工技术经济 [M]. 2版. 北京：化学工业出版社，1999.

[29] 王积欣. 增量指标是判断改扩建项目可行与否的充分必要条件 [J]. 化工技术经济. 2005（6）：36-37，44.